MSP430
单片机入门与提高

—— 全国大学生电子设计竞赛实训教程

主　编　施保华　赵　娟
　　　　田裕康
副主编　郑恭明　高　云

U0333880

华中科技大学出版社
http://www.hustp.com
中国·武汉

内 容 简 介

本书以 TI 公司的 MSP430 系列单片机为例,详细介绍了该系列超低功耗单片机的结构特点和基本工作原理。书中注重由浅入深、学以致用、理论与实践紧密集合的学习原则,以综合资源丰富、性能优异的 MSP430F249 为例,在 IAR for MSP430 集成开发环境中讲述用 C 语言进行结构化程序设计的方法。全书面向工程实践,以目前流行的单片机硬件仿真软件 Proteus 为核心,通过大量实例,对初学者进行单片机软硬件综合设计能力的培养。

全书主要内容包括:MSP430 单片机的基本原理、单片机 C 语言开发环境、I/O 端口程序设计方法、定时器/计数器、模数转换器、通用串口和单片机最小系统设计。

本书既可以作为全国大学生电子设计竞赛单片机平台培训教程,也可以作为高等院校计算机应用、电子信息工程、自动化、电气工程等相关专业的教材。

图书在版编目(CIP)数据

MSP430 单片机入门与提高——全国大学生电子设计竞赛实训教程/施保华,赵娟,田裕康 主编.
—武汉:华中科技大学出版社,2013.7(2025.1重印)
ISBN 978-7-5609-9271-6

Ⅰ.①M… Ⅱ.①施… ②赵… ③田… Ⅲ.①单片微型计算机 Ⅳ.①TP368.1

中国版本图书馆 CIP 数据核字(2013)第 170161 号

MSP430 单片机入门与提高——全国大学生电子设计竞赛实训教程

施保华 赵 娟 田裕康 主编

策划编辑:王红梅
责任编辑:王红梅
封面设计:三 禾
责任校对:刘 竣
责任监印:周治超

出版发行:华中科技大学出版社(中国·武汉)   电话:(027)81321913
　　　　　武汉市东湖新技术开发区华工科技园   邮编:430223
录　　排:武汉市洪山区佳年华文印部
印　　刷:武汉邮科印务有限公司
开　　本:787mm×1092mm　1/16
印　　张:19
字　　数:448 千字
版　　次:2025 年 1 月第 1 版第 5 次印刷
定　　价:58.00 元

前言

由于单片机芯片的体积小、硬件成本低,并且面向控制的设计,使得它作为智能控制的核心器件被广泛地应用于工业控制、智能仪器仪表、家用电器、电子通信产品等各个领域。可以说,由单片机为核心构成的单片机嵌入式系统已成为现代电子系统中的电子设备和电子产品最重要的组成部分。目前,单片机(嵌入式系统)技术已经渗透到社会生活的各个领域。

国内高等院校的单片机技术课程的教学与研究已经历了 20 多年,随着科学技术的迅猛发展,单片机技术课程的教学内容和形式也进行了大量革新。到目前为止,理工科类的很多专业都开设了这门课,由此可以看出这门课的重要性与应用前景。

传统的单片机技术课程的教学内容主要分为三个方面:某款单片机的工作原理、硬件外围电路的设计和相关的软件开发。但是,很多"学习过"单片机技术这门课程的大学生,面对实际应用还是无从下手、无法应对工程实践的需求。单片机(嵌入式系统)技术课程的教学绝不能纸上谈兵,学生不动手是学不会的!注重实践动手能力的培养是由本门课程的性质所决定的。用纸上谈兵的方法去教学,让学生用不动手的办法去学习,学生就会越学习越觉得枯燥、越学习越觉得没有信心。

本书以 IAR for MSP430 软件开发环境和 Proteus 硬件仿真环境为依托,以综合资源丰富、性能优异的 MSP430F249 单片机为主要学习对象,在介绍单片机的基本体系结构、内部资源的应用、外部器件的扩展应用和 C 语言编程基础上,以实例展开教学,以阶段任务为主线,目标明确、可操作性强、趣味性强。

关于单片机的学习实践有两种方法可以选择,一种是购买一块单片机的学习板或制作单片机的最小系统板,另一种是在 Proteus 硬件仿真环境中实践。建议初学者暂时不用购买单片机学习板,首先采用计算机仿真方法进行初步学习,有台电脑就可以做单片机仿真实验。随着现代科学技术的发展,计算机仿真实验已经很接近实物实践效果了。而且,在随后做单片机实际课题或项目前,先在计算机上完成设计、仿真,往往会少走弯路、事半功倍。

全书共分为 9 章。第 1 章 MSP430 单片机入门第一例,在介绍单片机的基本概念、单片机软件开发环境和硬件仿真环境的基础上,以实例的形式介绍单片机程序开发方法,并在 Proteus 硬件仿真环境中实现单片机入门第一例——跑马灯;第 2 章 MSP430 单片机原理与 C 语言基础,较详细地介绍了 MSP430 单片机的基本结构和工作原理,重点介绍 MSP430 单片机的 C 语言基础及单片机程序设计的特点;第 3 章 MSP430 单片机通用 I/O 端口,介绍单片机通用 I/O 端口基本结构和工作原理,以实例的形式介绍单片机程序设计方法,主要实例包括彩灯控制、数码管静态显示和动态显示等;第 4 章键盘和显示器的应用,介绍按键输入和 LED 点阵显示,主要实例包括独立按键输入、矩阵键盘输入、LCD 字符液晶显示、LED 点阵显示原理和汉字显示;第

5 章 MSP430 单片机的定时器/计数器,介绍了定时器基本结构和工作寄存器配置,主要实例包括定时器定时模式应用、比较模式应用、PWM 模式应用、脉冲捕捉和分频电路设计;第 6 章 A/D、D/A 转换器的应用,介绍 D/A、A/D 转换器的工作原理,实例包括三角波发生器、正弦波发生器、简易数字电压表、多路模拟电压巡检;第 7 章通用串口的应用,介绍通信的基本概念、MSP430F249 的通用串口基本结构,实例包括大量串口通信实验 UART、I2C、SPI 等;第 8 章 MSP430F249 单片机最小系统,介绍单片机最小系统硬件设计、ISP 程序调试、下载工具的制作;第 9 章应用实例。

参与本书编写工作的有三峡大学施保华、中国地质大学(武汉)赵娟、华中农业大学高云、武汉纺织大学田裕康、长江大学郑恭明。其中,第 1 章、第 2 章(部分内容)由高云编写;第 3 章、第 4 章由赵娟编写;第 5 章、第 6 章、第 2 章(部分内容)和第 9 章(部分内容)由施保华编写;第 7 章由郑恭明编写;第 8 章、第 9 章(部分内容)由田裕康编写。本书的编写综合了单片机技术同类教材的长处,参考了相关网站技术资料,在此表示由衷的感谢!

一本书的编写,更是一种教学方法的革新:以理论教学为引导,以实践动手为主,培养卓越工程师。本书作者都是多年来参与指导全国大学生电子设计竞赛并取得优异成绩的老师及教练。本书历经多年磨炼,是电子大赛教练们呕心沥血、集体智慧的结晶。

由于作者水平有限,书中难免有不妥之处,诚请读者批评指正。

编　者

2013 年 5 月

目　　录

1

MSP430 单片机入门第一例

1.1 单片机简介

单片微型计算机简称单片机,是典型的嵌入式微控制器(micro controller unit),常用缩写 MCU 表示单片机。单片机是一种集成电路芯片,采用超大规模集成电路技术把具有数据处理能力的中央处理器 CPU、随机存储器 RAM、只读存储器 ROM、多种 I/O 端口和中断系统、定时器/计时器等功能(可能还包括显示驱动电路、脉宽调制电路、模拟多路转换器、A/D 转换器等电路)集成到一块硅片上构成的一个小而完善的微型计算机系统。单片机已广泛地应用于军事、工业、家用电器、智能玩具、便携式智能仪表和机器人制作等领域。

目前,常用的单片机有 Intel 8051 系列单片机、C8051F 系列单片机、ATMEL 公司的 AVR 系列单片机、TI 公司的 MSP430 系列单片机、Motorola 单片机、PIC 系列单片机、飞思卡尔系列单片机、STM32 系列单片机、ARM 系列嵌入式单片机,等等。单片机种类繁多,不同品种的单片机有着不同的硬件特性和软件特征,做产品设计时单片机的选型是一项重要工作。

对于初学者而言,学习的时候千万不要贪多求全,最好的学习方法是选择一款单片机进行深入学习,学好这一款单片机后再触类旁通、举一反三,可以方便自己选择最合适的单片机完成实际工程任务。

1.1.1 超低功耗的 MSP430 单片机

MSP430 系列单片机是 TI(Texas Instruments,美国德州仪器)公司近年来推出的一系列优秀的混合型微处理器产品。MSP430 单片机是一种基于 RISC(精简指令集计算机)的 16 位混合信号处理器,专为满足超低功耗需求而精心设计的单片机,同时具备很好的数字/模拟信号处理能力,具有智能外设、易用性、低成本、业界最低功耗等优异特性,能满足仪器仪表、工业自动化、国防、家居智能化、医疗保健、智能农业等多方面的需求环境。

MSP430 总体结构如图 1.1 所示,可分为以下八个部分。

(1) CPU:MSP430 的 CPU 运行正交的精简指令集,采用 16 位的 ALU(运算器)、指令控制逻辑和 16 个 16 位寄存器、27 条内核指令及 7 种寻址模式。16 个寄存

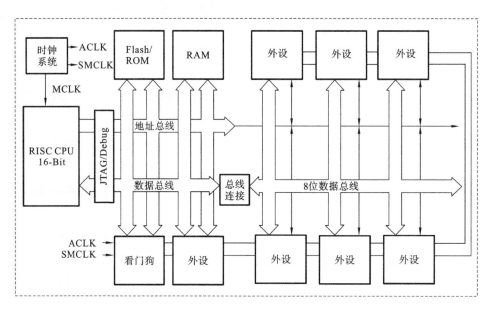

图 1.1 MSP430 总体结构

器中的 4 个具有特殊用途,即程序计数器 R0/PC,堆栈指针 R1/SP,状态寄存器和常数发生器 R2/SR/CG1、R3/CG2;其他 12 个寄存器可以作为通用寄存器,用于所有的指令操作。

(2) 程序存储器:对于程序代码总是以字形式取得,而对于数据可以用字或字节指令进行访问。每次访问需要 16 位数据总线(MDB)和访问当前存储器模块所需要的地址总线(MAB)。Flash 存储器的顶部(0FFFFH~0FFE0H)保留用作复位及中断的向量地址。

(3) 数据存储器:其访问形式与程序存储器相同,经地址总线(MAB)和数据总线(MDB)与 CPU 相连。

(4) 外围模块:外围模块经 MAB、MDB 和中断服务及请求线与 CPU 相连。0100H~01FFH 为 16 位的外围模块保留,这些模块的访问采取字操作模式;如果使用字节操作,则只有偶地址是被允许的。010H~0FFH 为 8 位的外围模块保留。

(5) 时钟系统:MSP430 具有两个外部晶体振荡器接口,一个是低频晶振,专门为低功耗而设计;一个是高频晶振。除了可外接晶体振荡器外,其内部有一个数控 RC 振荡器(DCO),可以实现数字控制及频率调节。

(6) 看门狗:在发生软件问题后可执行受控系统重启。如果达到设定的时间间隔,将重新生成系统。如果应用不需要监控功能,则模块可配置为内部定时器,并在设定的时间间隔生成中断。

(7) 接口:MSP430 器件拥有多达 10 个数字 I/O 端口:P1~P10。每个端口均有 8 个 I/O 引脚。每个 I/O 引脚均可配置为输入或者输出,并可被独立地读取或者写入。P1 与 P2 端口都具备中断能力。MSP430F2××,5×× 以及部分 4×× 器件拥有可单独配置的内置上拉或下拉电阻。

(8) JTAG 接口:所有 MSP430 器件都支持通过 JTAG 编程。芯片内部专用的嵌入式仿真逻辑(EEL)通过 JTAG 接口实现芯片的在系统开发。安全保险丝的熔断用于切断 JTAG 的访问,并防止逆向工程。

1.1.2 MSP430 单片机的命名规范

MSP430 系列单片机的命名规范如图 1.2 所示,说明如下。

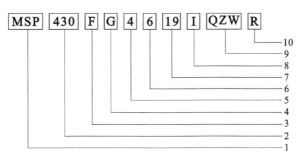

图 1.2 MSP430 的命名规范

1——混合信号处理器类型;MSP 为标准型,MSX 为实验型,PMS 为原始型。

2——430 单片机平台中的一员。

3——存储器类型;C 代表 ROM,P 代表 OTP,F 代表 Flash,E 代表 Eprom,U 代表 User。

4——特殊功能(可选项);G 代表医药,E 代表仪表,W 代表水表。

5——产品代数,如 1XX、2XX、3XX、4XX、5XX。

6——相似功能分类。

7——家族分类(存储容量大小或外设配置)。

8——温度范围;I 表示 $-40℃\sim85℃$,T 表示 $-40℃\sim105℃$。

9——封装类型。

10——编带(可选项)。

1.2 MSP430 单片机的开发环境

所有 MSP430 单片机都包含一个嵌入式仿真模块(EEM),此模块可实现通过易于使用的开发工具进行高级调试和编程。要对 MSP430 系统进行开发,需要配备合适的硬件环境和软件环境。本书以 MSP430F249 为例进行介绍,其他产品的开发过程与此类似。

1.2.1 MSP430 硬件环境

MSP430 系统开发的硬件环境非常简单,只需要一台 PC 机、一个 JTAG 仿真器和 MSP430 系统开发板就够了。由于目前的 PC 机一般不配备并口,因此优选 USB 口的 JTAG 仿真器进行下载和仿真。图 1.3 所示为 MSP430 系统开发设备图。图中 USB 口的 JTAG 仿真器通过 USB 口与 PC 机相连,仿真器的另一端连接到 MSP430 最小系统板的 JTAG 接口上。下载程序进行调试时,通过 PC 机上安装的 IAR 软件平台将程序下载到单片机的 Flash 中,并在 IAR 软件平台下通过 JTAG 接口读取芯片信息并控制程序运行,从而达到程序开发的目的。

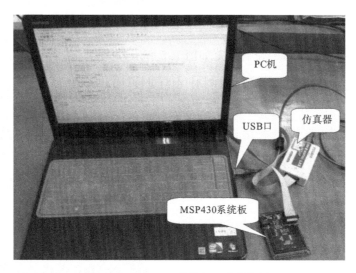

图 1.3　MSP430 单片机开发设备图

1.2.2　MSP430 软件开发环境

1. IAR 软件介绍

国内普及的 MSP430 开发软件种类不多,主要有 IAR 公司的 Embedded Workbench for MSP430 和 AQ430。成立于 1983 年的 IAR 公司是全球领先的嵌入式系统开发工具和服务的供应商,提供的产品和服务涉及嵌入式系统的设计、开发和测试的每一个阶段,包括带有 C/C++ 编译器和调试器的集成开发环境(IDE)、实时操作系统和中间件、开发套件、硬件仿真器以及状态机建模工具。本书中用 IAR Embedded Workbench for MSP430 V5.10 为例,介绍该软件的基本操作。

1) 软件组成

IAR Embedded Workbench For MSP430 V5.10 的关键组成包括如下内容。

(1) 带项目管理器和编辑器的集成开发环境。

(2) 高度优化的 MSP430 C/C++ 编译器。

(3) 集成所有 MSP430 芯片,包括 MSP430X 的配置文件。

(4) 带完整源代码的 Run-time 库。

(5) MSP430 汇编器。

(6) 链接器和库工具。

(7) 带 MSP430 模拟器和 RTOS 内核识别调试插件的 C-SPY 调试器。

(8) MSP430 代码例程。

2) V5.10 版本的特色

(1) MSP430X 的新数据模式。

(2) 更改了 Calling Convention。

(3) 支持新的芯片 Support for New Devices。

(4) 支持 Elprotronic 和 Olimex 的调试模块。

2. IAR 软件的安装

IAR EW430 软件可在 IAR 的官方网站(www.iar.com)上下载,下载位置位于

Service Center 目录下的 Downloads 栏中。选择 MSP430 的对应软件,进入软件说明对话框中下载。

双击安装文件夹中图标为、文件名为 EW430-EV-Web-5104.exe 的文件,出现如图 1.4 所示的安装对话框。

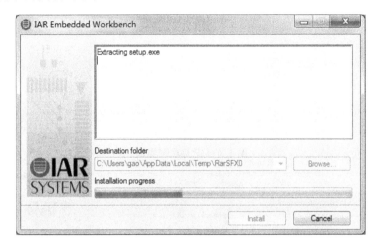

图 1.4　安装对话框

等待图 1.4 中任务条走完,将出现图 1.5 所示的对话框。

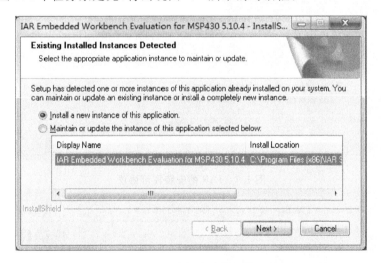

图 1.5　选择安装新软件

选择 Install a new instance of this application 项,表示要安装新的软件。点击 Next 按钮进入下一步,如图 1.6 所示。

图 1.6 所示为 IAR 软件的安装欢迎界面,点击 Next 按钮,继续进入下一个对话框,如图 1.7 所示。

图 1.7 所示是 IAR 软件安装许可协议,选择 I accept the terms of the license agreement项,点击 Next 按钮,进入下一个对话框。

如图 1.8 所示为许可证输入对话框,输入相关信息,其中 License 可从光盘上获得,或通过 e-mail 注册获得。输入完成后,点击 Next 按钮。

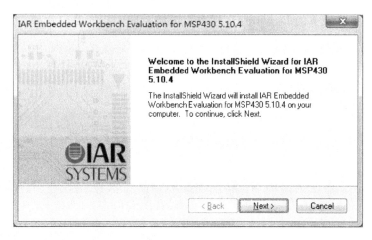

图 1.6　安装欢迎界面

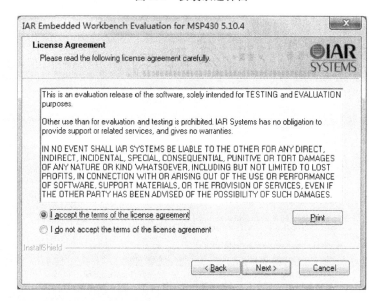

图 1.7　IAR 的安装许可协议

图 1.8　许可证输入对话框

在图 1.9 所示的 License Key 框内输入邮箱注册后获得的许可密钥,也可通过点击 Browse… 按钮选择 License. lic 文件,完成后,点击 Next 按钮。

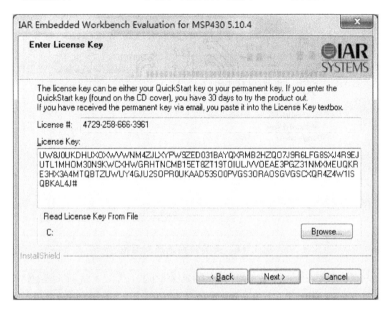

图 1.9 许可密钥输入

图 1.10 所示为安装类型选择对话框,选择 Complete,所有的程序特性都会被安装;选择 Custom,则需要选择你想安装的程序特性。选择 Custom 后,点击 Next 按钮,将进入图 1.11 所示的特性选择对话框;选择 Complete 后,则直接进入图 1.12 所示的安装路径选择对话框。

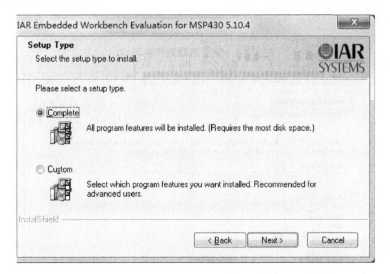

图 1.10 安装类型选择

在图 1.12 中点击 Change… 按钮,可以选择软件的安装路径,默认安装路径为:C:\Program Files\IAR Systems\Embedded Workbench 6.0 Evaluation_2。点击 Next 按钮,进入创建图标对话框,如图 1.13 所示。

选择程序启动图标的安装目录,这里的默认选择为 IAR Embedded Workbench

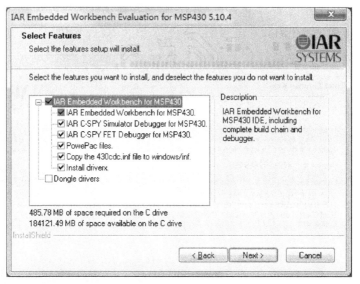

图 1.11 安装特性选择对话框

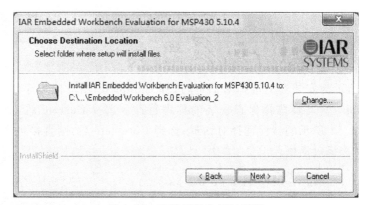

图 1.12 安装路径选择对话框

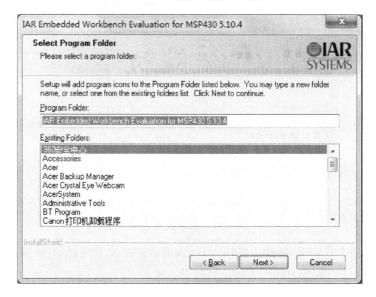

图 1.13 图标创建目录选择

Evaluation for MSP430 5.10.4,点击 Next 按钮,进入图 1.14 所示对话框。

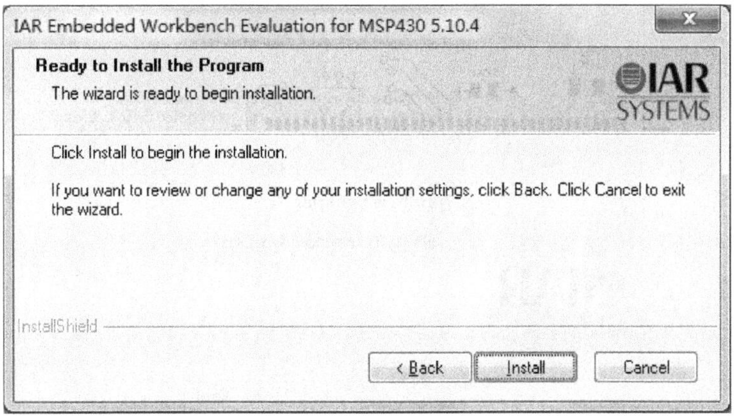

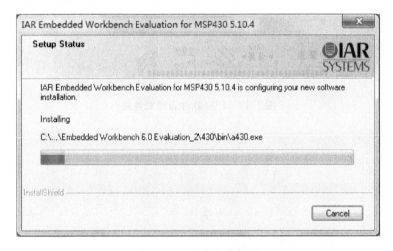

图 1.14　准备安装界面

进入到准备安装界面,如果前面的选项没有需要修改的内容,则选择 Install 按钮,开始安装;否则点击 Back,退回到前面的对话框,修改选择。点击 Install 按钮后,进入图 1.15 所示的安装界面对话框,等待安装结束。

图 1.15　程序安装界面

在安装过程中,点击 Cancel 可退出安装。最后显示安装完成界面,如图 1.16 所示;点击 Finish 按钮,安装完成。上述安装过程若在 WIN7 操作系统下安装,安装程序和注册机都要用管理员权限运行,否则会导致破解失败。

3. IAR 软件的使用简介

IAR for MSP430 是目前最常用的 MSP430 单片机开发平台,该软件使用方便快捷。一个 MSP430 工程的开发需要经过创建、编辑、编译、连接、下载、调试过程。

1) 创建新的工程

安装完成后,在"开始"菜单的"所有程序"中可以看到安装好的 IAR 软件启动文件夹,如图 1.17 所示。

点击图 1.17 中所示的 IAR Embedded Workbench 选择打开 IAR 软件,出现图 1.18 所示界面。

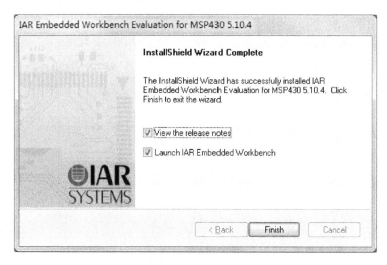

图 1.16   安装完成界面

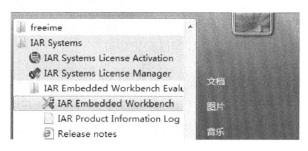

图 1.17   IAR 软件启动文件夹

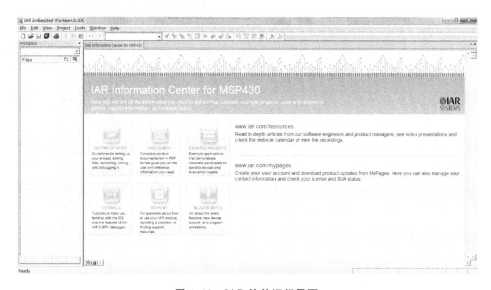

图 1.18   IAR 软件运行界面

执行主菜单中的 File→New→Workspace,建立一个新的工作区,如图 1.19 所示。

建立了新的 Workspace 后,点击主菜单上的 Project→Create New Project 命令,创建一个新的设计,如图 1.20 所示。

出现新工程对话框,如图 1.21 所示。

图 1.19 建立新的空间

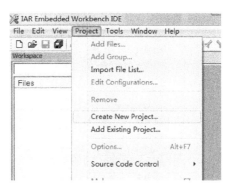

图 1.20 创建新的工程选项

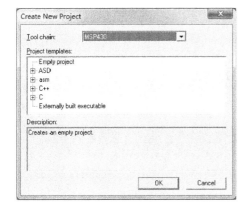

图 1.21 创建新工程对话框

图 1.22 选择 C 语言模板创建

在图 1.21 所示对话框内,Tool chain 中对应工程建立的目标器件为 MSP430。Project templates 工程模板下可选择用哪个工程模板来建立新工程,选项中包括有 ASD、asm、C++、C 模板以及创建一个外部可执行文件类型。这里我们以 MSP430 常用开发语言——C 语言作为例子来进行说明。点击 C 语言模板前面的"+"号,展开为如图 1.22 所示界面,选择 main 选项,然后点击 OK 按钮,创建一个 C 语言工程,出现图 1.23 所示对话框。

在图 1.23 所示的对话框中,选择工程文件要存放的文件夹,该文件夹可以在生成新的工程前建好。本例中,已在文档中建立了一个名为 test 的新文件夹用来存放新建工程。这里将新建的工程文件也取名为 testproject,扩展名为 ewp(工程文件),然后点击"保存"按钮。

图 1.24 所示为新建好的工程,左边 Workspace(工作区)中显示该新建的工程所包括的 main.c 文件以及 Output 文件夹。右边为 main.c 文件自动生成的内容,包含 include 语句和 main()程序。include 语句中包含了"io430.h"头文件,即 MSP430 的标准输入输出文件。"main()"是 MSP430 工程的主程序,MSP430 工程运行时,必须从主程序开始执行。在 main()程序中,自动生成的程序语句包括"WDTCTL=WDT-PW+WDTHOLD"上面双斜杠后面的内容是对该语句的说明,即停止看门狗定时器来防止时间重置。"return 0"表示正常退出。

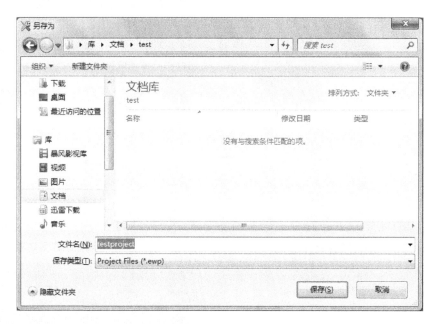

图 1.23 保存新的工程文件

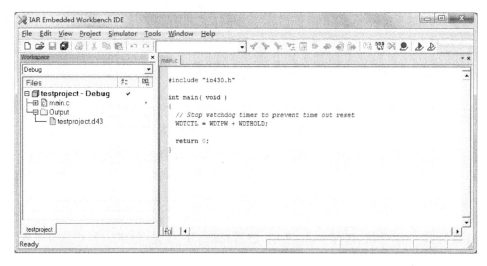

图 1.24 新建好的工程

用户根据自己的需要对该工程文件进行修改、添加等操作,编辑完成后,点击主菜单上的保存 🖫 或是直接点击 ▇▇X▇▇ 退出时,会出现图 1.25 所示对话框,保存当前 Workspace 文件,在对话框中输入文件名 testproject,点击保存按钮。

保存成功后,在 test 文档库中已经生成了一系列的文件夹及子文件夹,如图 1.26 所示。

2) 工程配置

建立 MSP430 工程,需要对工程进行配置。打开工程后,点击主菜单栏中的 Project 选项,在下拉菜单中选择 Options 选项,或是在 Workspace 窗口中工程名字上点击右键,在弹出的快捷菜单中选择 Options 选项,如图 1.27 所示。弹出 Options for node"testproject"对话框,如图 1.28 所示。

图 1.25　保存工作区文件

图 1.26　新建工程包括内容

在图 1.28 对话框中所示的是对当前工程项目进行编译(compile)和创建(make)时的各种控制选项,系统的默认配置已经能够满足大多数应用的需求,这里我们介绍主要的两项修改——单片机型号以及仿真器配置。

在图 1.28 左侧的 Category 中选中 General Options 项,右侧出现相应页面,找到 Target 下的 Device 框。点击 Device 框右侧的 ⧉,在下拉菜单中找到当前工程项目使用的单片机型号,如图 1.29 所示。

本书以 MSP430F249 单片机为例,因此这里选择 MSP430×2×× 家族中

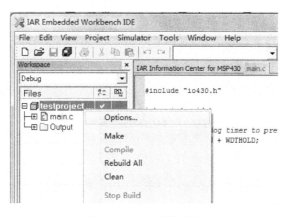

图 1.27 工程快捷菜单

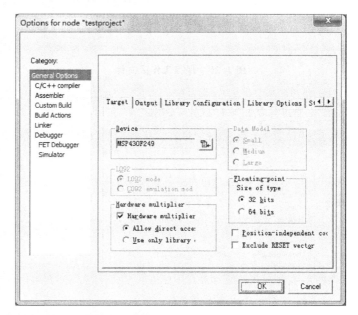

图 1.28 工程配置选择

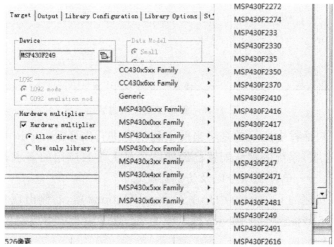

图 1.29 单片机型号选择

的 MSP430F249。

选择图 1.28 左侧的 Category 中的 Debugger 选项，在对话框右侧的 Setup 页面找到 Driver 框。Driver 框中的下拉菜单有两个选项：一个为 Simulator，用于软件仿真；一个为 FET Debugger，用于硬件仿真，如图 1.30 所示。

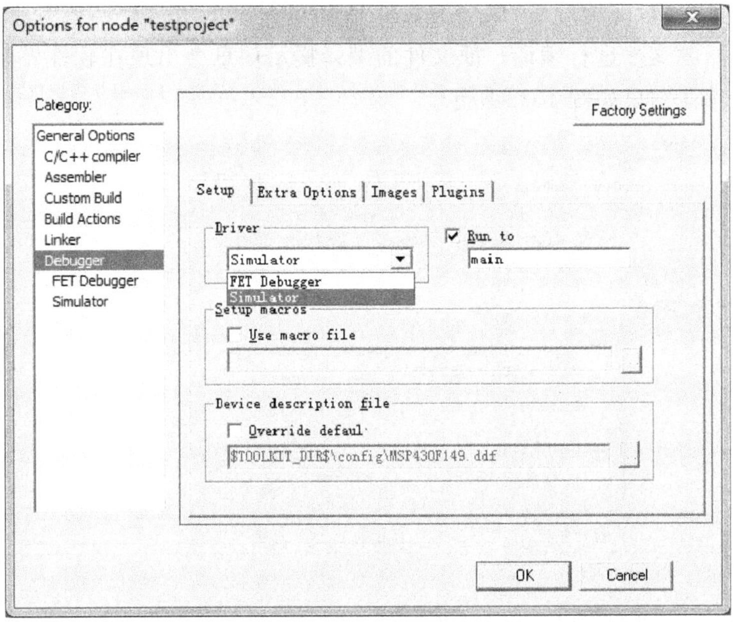

图 1.30　仿真选择

如果当前选择用硬件仿真，则需要选择左侧的 Category 中的 Debugger 选项下面的 FET Debugger 选项，在右侧的 Setup 页面中的 Connection 对话框中，选择所使用的仿真器类型选项，如图 1.31 所示。选择好后，点击 OK 按钮，结束配置。

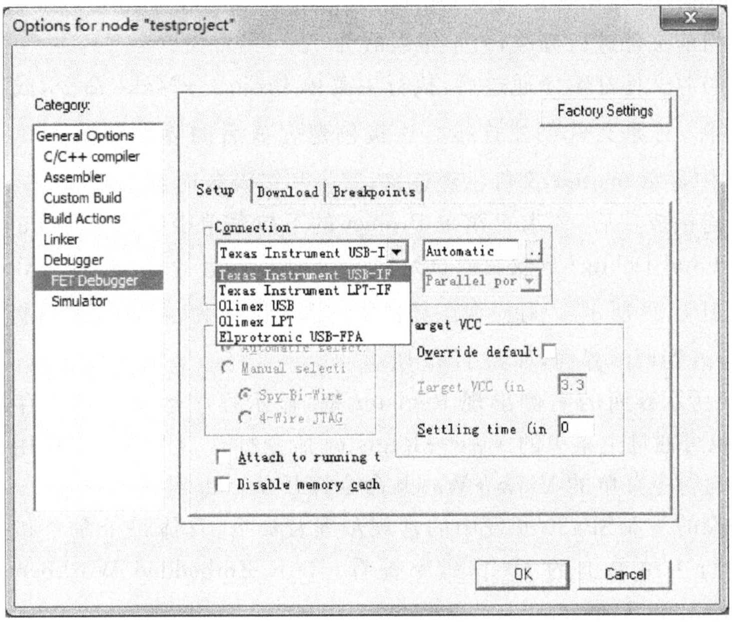

图 1.31　仿真器选择

配置完成后,将当前 Workspace 保存。系统会为每个 Workspace 保存一套对应的配置,因此开发中常常为一个工程项目建立一个 Workspace,这样不同的工程项目可以保存不同的配置。

3) 编译连接及调试

工程文件编辑、配置好后,执行主菜单 Project→Compile 命令,或者单击工具栏中的图标 ,对源文件进行编译。原文件的编译提示信息会出现在软件界面下的 Messages 框中,编译结果如图 1.32 所示。

图 1.32 编译完成

如果 Messages 框中显示为 0 个错误,0 个警告,表明编译完成。如果错误数不为 0,则需要对当前文件进行修改,直至错误数为 0。

当所有的源文件都编译通过后,执行主菜单 Project→Make 命令,或者单击工具栏中的图标 ,对原文件创建连接。连接创建完成后的界面如图 1.33 所示,图中 Messages 框中显示 main.c 文件已经连接,警告和错误数均为 0。

源文件连接成功后,要求主菜单 Project 的下拉菜单中有两个 Debug 命令,一个为 Download and Debug(下载及调试),另一个为 Debug without Downloading(不下载调试),如图 1.34 所示。对应在工具栏中的图标分别为 和 。选择当前要用的命令运行,进入到调试界面,如图 1.35 所示。

图 1.35 所示界面的右侧出现 Register 框,显示程序运行时各寄存器信息。该 Register 框也可通过主菜单的 View→Register 命令打开。程序中所使用到的变量信息可以通过运行主菜单的 View→Watch 命令打开 Watch 对话框查看。

以上讨论的是 MSP430 开发中的常规步骤及命令,具体每个命令和选项的说明可以通过运行主菜单上的 Help 命令查看。IAR Embedded Workbench Help for MSP430 如图 1.36 所示。

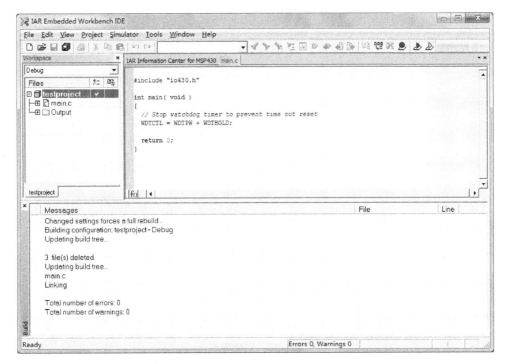

图 1.33　连接完成

1.2.3　仿真软件 Proteus 的使用简介

Proteus 软件是英国 Labcenter Electronics 公司出版的 EDA 工具软件,Labcenter Electronics 公司的官方网址为 http://www.labcenter.com。Proteus 软件不仅具有其他 EDA 工具软件的仿真功能,还能仿真单片机及外围器件。在没有硬件设备的条件下,用户可通过 Proteus 软件快速地学习单片机软件的开发过程。

图 1.34　Debug 命令

Proteus 软件中组合了高级原理布图、混合模式 Spice 仿真、PCB 设计以及自动布线来实现一个完整的电子设计系统。Proteus 软件包括的系统特性如下:

● 易用而又功能强大的 Proteus ISIS 原理布图工具;

● 可升级到虚拟系统模型技术的工业标准 SPICE3F5f 仿真器的 Prospice 混合模型 Spice 仿真;

● 具有 32 位数据库、元件自动布置、撤销和重试的自动布线功能的 Ares PCB 设计。

1. Proteus ISIS 界面简介

Proteus 软件的功能强大,这里我们只介绍与单片机仿真相关内容。Proteus 软

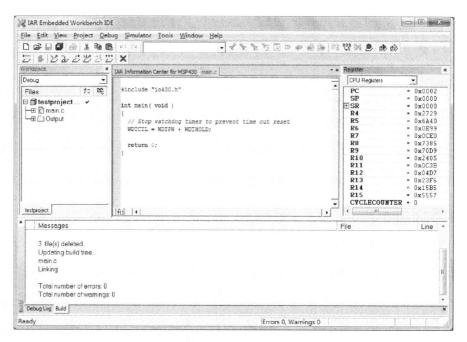

图 1.35　调试界面

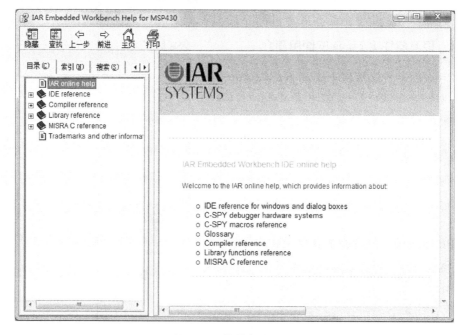

图 1.36　软件帮助界面

件中的 ISIS 软件仿真系统是一款集单片机和 Spice 分析于一身的仿真软件,具有模拟电路仿真、数字电路仿真、单片机及其外围电路组成的系统的仿真、RS232 动态仿真、I2C 调试器、SPI 调试器、键盘和 LCD 系统仿真的功能,包含各种虚拟仪器,如示波器、逻辑分析仪、信号发生器等。目前 ISIS 软件仿真系统支持的单片机类型有:68000系列、8051 系列、AVR 系列、PIC12 系列、PIC16 系列、PIC18 系列、Z80 系列、HC11

系列、MSP430 系列以及各种外围芯片,支持大量的存储器和外围芯片。Proteus 软件安装完成后,在"开始"菜单的"所有程序"中可以看到安装好的 Proteus 软件启动文件夹,如图 1.37 所示。点击 ISIS 7 Professional,出现如图 1.38 所示界面。

图 1.37　Proteus 软件启动文件夹

在图 1.38 中,"原理图编辑窗口"用来绘制原理图;"预览窗口"根据用户当前鼠标的选择内容显示元件预览图或是原理图的缩略图;"元件列表框"放置当前挑选的元件(components)、终端接口(terminals)、信号发生器(generators)、仿真图表(graph)等。

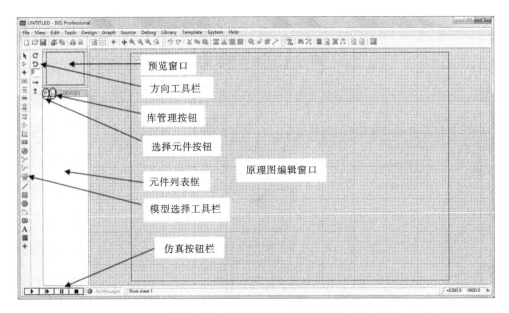

图 1.38　ISIS 软件仿真系统界面

2. Proteus ISIS 常用编辑工具简介

ISIS 中常用的编辑工具包括:选择元件按钮、库管理按钮、模型选择工具栏、方向工具栏、仿真按钮栏,常用工具功能列举如下。

(1)元件按钮 P,点击后出现如图 1.39 所示元件选择对话框,在对话框中选择绘制原理图所需的元件。

(2)库管理按钮 L,点击后出现如图 1.40 所示元件库管理对话框,选择要使用的元器件。

(3)模型选择工具栏,其中的每个图标及功能说明如表 1-1 所示。

3. Proteus ISIS 绘图操作简介

在 Proteus ISIS 界面中,用于单片机仿真的常用工具有两种,一种是 ISIS 原理图绘制,另一种是 Proteus VSM 虚拟系统模型。

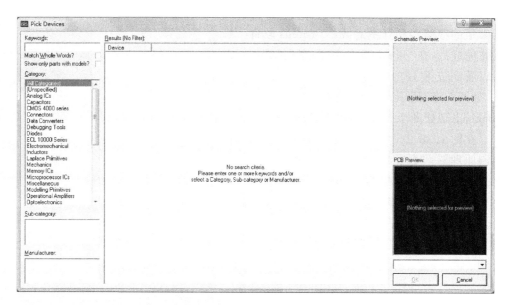

图 1.39   元件选择对话框

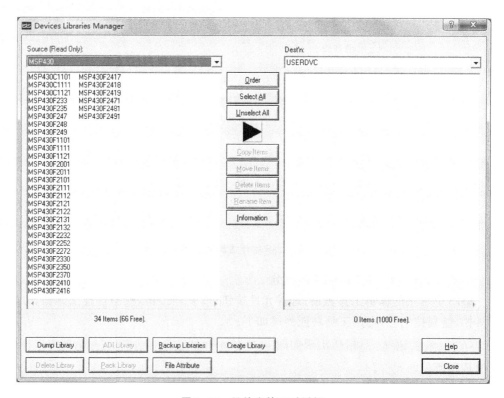

图 1.40   元件库管理对话框

1）绘制原理图

建立设计文件时，单击 File→New Design，新建一个 DEFAULT 模板，如图 1.38 所示。执行 File→Save Design，弹出 Save ISIS Design File 对话框。选择要保存的文件夹，填入文件名，保存为.DSN 文件。

表 1-1 工具图标及功能

分类	图标	功能说明	分类	图标	功能说明
主要模型类	↖	选择模型	配件类	⊟	端点模型
	⇥	元件模型		-▷-	元件引脚模型
	✛	连接点模型		〰	图形模型
	LBL	导线标签模型		⊟	录音机模型
	☰	文本描述模型		◉	信号发生器模型
	⊣⊢	总线模型		✎	电压测量模型
	▯	子电路模型		✎	电流测量模型
方向工具栏	↻	顺时针旋转		▣	虚拟仪器模型
	↺	逆时针旋转	2D图形类	╱	2D图形直线模型
	0	旋转角度输入框		▢	2D图形方框模型
	↔	水平镜像翻转		●	2D图形圆模型
	↕	垂直镜像翻转		◠	2D图形圆弧模型
仿真工具栏	▶	仿真运行		◖◗	2D图形闭合回路模型
	▮▶	仿真单步运行		A	2D图形文本模型
	▮▮	仿真暂停		S	2D图形符号模型
	▪	仿真停止		✛	2D图形标记模型

使用 System→Set Sheet Size… 设置图纸的大小,如图 1.41 所示。

使用元件按钮 P,或执行 Library→Pick Device/Symbol,出现图 1.39 所示对话框,选择需要添加的元件。

使用方向工具栏改变元件在图纸上的放置方向。

使用模型选择工具栏,放置电源、接地等其他模型符号。

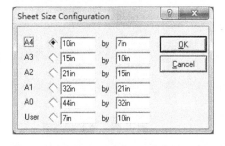

图 1.41 图纸大小设置

原理图编辑窗口的操作规则为用左键放置元件;右键选择元件;双击右键删除元件;右键拖选多个元件;先右键后左键编辑元件属性;先右键后左键拖动元件;连线用左键,删除用右键;改连接线的过程是先右击连线,再左键拖动;中键滚轮用于缩放原理图。

2) Proteus VSM 虚拟系统模型

Proteus VSM 提供了一系列可视化虚拟仪器及激励源,借助这些可进行虚拟仿真及图形分析。

激励源通过点击信号发生器模型 ◉ 来添加。点击 ◉ 后,元件列表框出现多种激励源列表,如图 1.42 所示。各激励源的功能介绍如下。

DC:直流信号发生器。

SINE:幅值、频率和相位可控的正弦波发生器。

PULSE:幅值、周期和上升/下降。

EXP:指数发生器,可产生与 RC 充电/放电电路相同的脉冲波。

SFFM:单频率调频波信号发生器。

PWLIN:任意分段线性信号发生器。

FILE:FILE 信号发生器,数据来源于 ASCII 文件。

AUDIO:音频信号发生器,使用 Windows WAV 文件作为输入文件。

DSTATE:数字单稳态逻辑电平发生器。

DEDGE:单边沿信号发生器。

DPULSE:脉冲发生器。

DCLOCK:数字时钟信号发生器。

DPATTERN:数字序列信号发生器。

可视化虚拟仪器通过点击虚拟仪器模型 打开元件列表框,出现虚拟仪器列表如图 1.43 所示。各可视化虚拟仪器功能介绍如下。

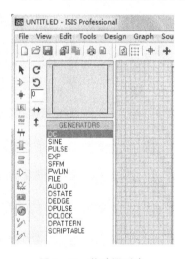

图 1.42 激励源列表

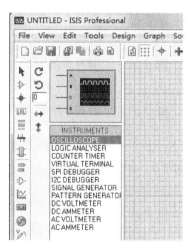

图 1.43 虚拟仪器列表

OSCILLOSCOPE:虚拟示波器。

LOGIC ANALYSER:逻辑分析仪。

COUNTER TIMER:计数/定时器。

VIRTUAL TERMINAL:虚拟终端。

SPI DEBUGGER:SPI 总线调试器。

I2C DEBUGGER:I2C 总线调试器。

SIGNAL GENERATOR:信号发生器。

PATTERN GENERATOR:序列发生器。

DC VOLTMETER:直流电压表。

DC AMMETER:直流电流表。

AC VOLTMETER:交流电压表。

AC AMMETER:交流电流表。

实例 1.1 单片机入门第一例——跑马灯

任务要求:使用单片机的 I/O 端口实现 8 个 LED 发光二极管的跑马灯控制。

1) 硬件电路设计

在桌面上双击 ![ISIS], 打开 ISIS 7 Professional 窗口。单击菜单 File→New Design, 新建一个 DEFAULT 模板, 保存文件名为 "horse_light. DSN"。点击选择元件按钮 ![P], 或运行菜单栏中 Library→Pick Device/Symbol 命令, 添加单片机 MSP430F249、发光二极管 LED-RED、电阻 RES、电容 CAP 10μF。

在 ISIS 原理图编辑窗口中绘制如图 1.44 所示硬件电路图。左键双击各元件, 设置相应元件参数。

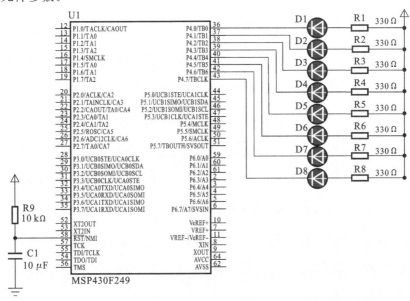

图 1.44 跑马灯硬件电路图

2) 程序设计

跑马灯要实现 8 个 LED 发光二极管按一定时间间隔顺序点亮。8 个 LED 发光二极管接到 MSP430 单片机的 8 个 I/O 端口上, 通过一个 8 位的二进制数来控制 8 个 I/O 端口的输出。由于图 1.44 中发光二极管是 I/O 端口输出低电平时点亮, 一个循环周期分为 8 个时间段, 每一时间段送至 I/O 端口中的数据如表 1-2 所示, 实现 8 个 LED 发光二极管依次点亮的效果。表 1-2 中 "0" 表示 I/O 端口输出低电平, 发光二极管点亮; "1" 表示 I/O 端口输出高电平, 发光二极管熄灭。程序如图 1.45 所示。

表 1-2 I/O 端口输出数据

时间段	P4.7(D8)	P4.6(D7)	P4.5(D6)	P4.4(D5)	P4.3(D4)	P4.2(D3)	P4.1(D2)	P4.0(D1)	说明
1	1	1	1	1	1	1	1	0	D1 亮
2	1	1	1	1	1	1	0	1	D2 亮
3	1	1	1	1	1	0	1	1	D3 亮
4	1	1	1	1	0	1	1	1	D4 亮

续表

时间段	P4.7(D8)	P4.6(D7)	P4.5(D6)	P4.4(D5)	P4.3(D4)	P4.2(D3)	P4.1(D2)	P4.0(D1)	说明
5	1	1	1	0	1	1	1	1	D5 亮
6	1	1	0	1	1	1	1	1	D6 亮
7	1	0	1	1	1	1	1	1	D7 亮
8	0	1	1	1	1	1	1	1	D8 亮

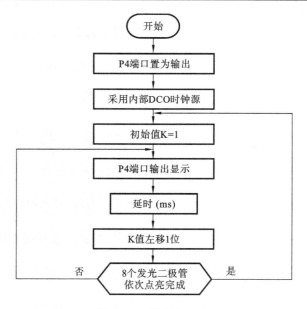

图 1.45　程序流程图

```
#include <msp430f249.h>
void main(void)
{       unsigned int i;
        char j,k;
        WDTCTL=WDTPW+WDTHOLD;          //停止看门狗
        P4DIR=0xff;                     //设置 P4 端口为输出
        while(1)
        {
            k=1;
            for (j=0;j<8;j++)           //循环 8 次,即 D1~D8 轮流闪亮
            {   P4OUT=~k;               //反相输出,低电平有效
                for(i=65535;i>0;i--);   //延时
                k=k<<1;                 //左移一位
            }
        }
}
```

3) 仿真结果与分析

(1) 工程建立及配置。

在 IAR EW430 软件平台下建立新的工作空间以及新的工程,空间名和工程名取为"light_water",如图 1.46 所示,用上述源程序生成.C 文件,并对工程进行编译和创建。

工程配置时,修改输出文件设置。在工程目录窗口右击 light_water→Debug,选择 Options 项,选择 general options→Taget 选项,在 device 页面中,选择目标器件

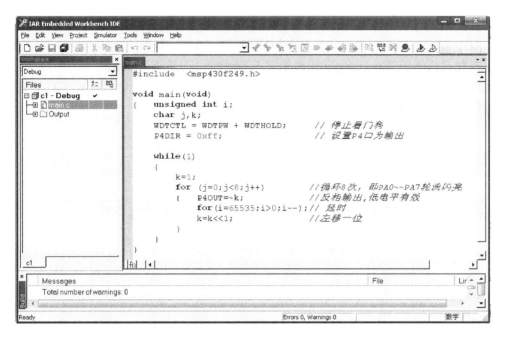

图 1.46 light_water 工程文件

MSP430F249;选择 Linker→Output 选项,在 Output File 一栏中选择 Override default,将 light_water. d43 修改为 light_water. hex;在 Format 一栏中选中 Other,将 Output 项修改为 msd-i,如图 1.47 所示。设置完成后,点击 OK 按钮保存配置。

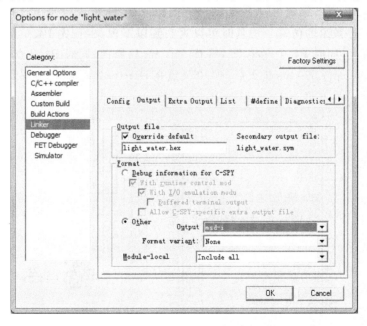

图 1.47 修改工程配置

点击工具栏 图标编译工程。注意查看屏幕下方的错误和警告信息,错误必须改正;警告可以修正,也可以不管。然后点击工具栏 图标生成 hex 文件,hex 文件存放在工程目录下的 Debug 目录下的 Exe 文件夹里。

（2）使用 Proteus ISIS 调试和仿真。

在 Proteus ISIS 编辑窗口中双击 MSP430F249 元件，弹出"Edit Component"对话框，在此对话框的"Program File"栏中单击 🖳 图标，选择刚才生成的 hex 文件，其他保持默认即可，如图 1.48 所示。然后在 Proteus ISIS 编辑窗口的"File"栏下拉菜单中选择"Save Design"。

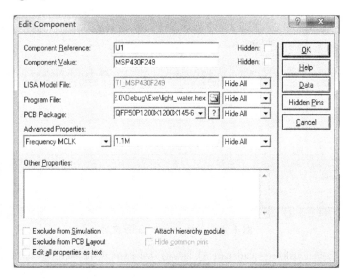

图 1.48　添加 hex 文件

在 Proteus ISIS 编辑窗口下单击 ▶ 图标或在"Debug"菜单下选择 ⇛ Execute 按钮，进行程序效果的仿真。仿真时可以观察到以下现象：首先 P4.0 点亮 D1，等待 500 ms 后熄灭；同时 P4.1 点亮 D2，等待 500 ms 后熄灭；同时 P4.2 点亮 D3······当 P4.7 点亮 D8，等待 500 ms 熄灭后，P4.0 又点亮 D1······如此循环，跑马灯仿真结果如图 1.49 所示。

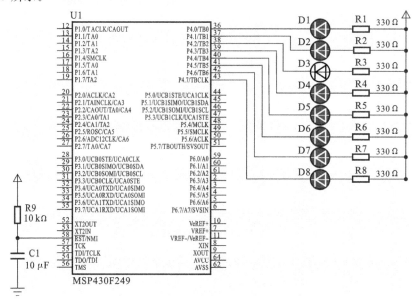

图 1.49　跑马灯仿真效果图

思考与练习

1. 常用单片机有哪些型号？单片机如何选型？

2. 查阅资料，学习 IAR for MSP430 开发工具的使用。

3. 查阅资料，学习 Proteus 单片机仿真软件的使用。

4. 在 IAR for MSP430 编程环境中实现 8 个花样灯控制程序，规律如下：亮一个，亮两个，亮三个……，亮八个，每次间隔时间 0.5 s，循环进行。在 Proteus 中观察仿真效果。

5. 阅读"MSP430F249.h"文件，路径 D:\Program Files\IAR Systems\Embedded Workbench 6.0 Evaluation\430\inc。

6. 查阅资料，阅读 MSP430x2xx Family.pdf 和 MSP430F249.pdf 文档。

2

MSP430 单片机原理与 C 语言基础

MSP430 系列超低功耗单片机有 200 多种型号,TI 公司用 3～4 位数字表示其型号。其中第一位数字表示大系列,如 MSP430F1xx 系列、MSP430F2xx 系列、MSP430F4xx 系列、MSP430F5xx 系列等。在每个大系列中,又分若干子系列,单片机型号中的第二位数字表示子系列,一般子系列号数越大,所包含的功能模块越多。最后 1～2 位数字表示存储容量,数字越大表示 RAM 和 ROM 容量越大。MSP430 家族中还有针对热门应用而设计的一系列专用单片机,如 MSP430FW4xx 系列水表专用单片机、MSP430FG4xx 系列医疗仪器专用单片机、MSP430FE4xx 系列电能计量专用单片机等。这些专用单片机都是在同型号的通用单片机上增加专用模块而构成的。最新的 MSP430 型号列表可以通过 TI 公司网站下载。

在开发单片机应用系统时,第一步就是单片机的选型,选择合适的单片机型号往往能事半功倍。单片机选型基本方法是选择功能模块最接近项目需求的系列,然后根据程序复杂程度估算存储器和 RAM 空间,并留有适当的余量,最终决定选用的单片机型号。

本章以 MSP430F249 单片机为学习目标,介绍单片机的基本结构和工作原理,读者可以举一反三、触类旁通,而不必每种型号都去学习却无法深入掌握。

2.1 MSP430F249 单片机基本结构与原理

2.1.1 MSP430F249 的主要结构特点

- 供电电压范围 1.8 V～3.6 V。
- 超低功耗:活动状态为 270 μA(1 MHz,2.2V);待机模式为 0.3 μA;关机模式为 0.1 μA。
- 16 位 RISC 精简指令集处理器。
- 时钟系统:有多种时钟源,可灵活使用。时钟频率达到 16 MHz;具有内部振荡器;可外接 32 kIIz 低频晶振;外接时钟输入。
- 12 位 A/D 转换器,内部参考电压,采用保持电路。
- 16 位定时器 A,3 个捕获/比较寄存器。
- 16 位定时器 B,7 个捕获/比较寄存器。

- 4 个通用串口：USCI_A0 和 USCI_A1、USCI_B0 和 USCI_B1（I2C、SPI）。
- 60kB+256B 的 Flash 程序存储器，2kB 的 RAM 数据存储器。
- 64 引脚 QFP 封装。

MSP430F249 单片机的芯片封装形式如图 2.1 所示，各引脚的功能描述如表 2-1 所列。

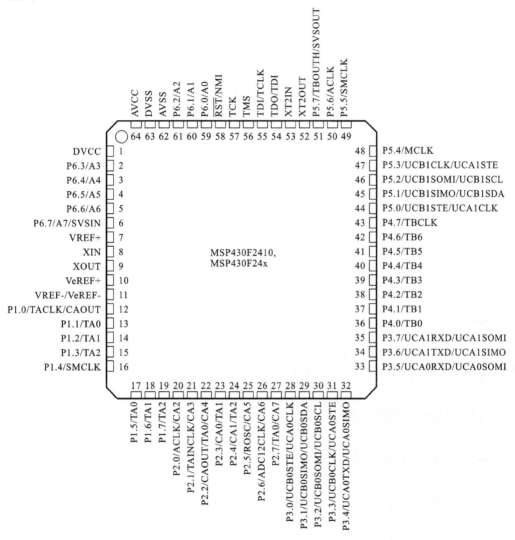

图 2.1 MSP430F249 单片机封装形式

2.1.2 MSP430F249 单片机的基本结构

MSP430F24x 系列单片机功能结构示意图如图 2.2 所示。

1. CPU 简介

MSP430 单片机的 CPU 为 16 位 RISC 精简指令集的处理器，只有 27 条正交汇编指令和 7 种寻址方式。RISC 处理器基本上是为高级语言所设计的，编译程序对正交指令系统很容易做到最优化，利于产生高效紧凑的代码。MSP430 单片机的 CPU 中集成了 16 个 16 位通用寄存器 R0～R15，其中 R0～R3 分别复用为程序指针 PC、堆栈指针 SP、状态寄存器 SR 和常数发生器 CG1/CG2。这些寄存器之间的操作只需要一个 CPU 周期。

表 2-1　MSP430F249 单片机引脚功能

引 脚 名 称	引脚号	说　　明
AVCC	64	模拟电源正端,仅用于 ADC12 模块
AVSS	62	模拟电源负端,仅用于 ADC12 模块
DVCC	1	电源正端,1.8 V~3.6 V
DVSS	63	电源负端
P1.0/TACLK/CAOUT	12	通用数字 I/O/定时器 A 时钟信号输入/比较器 A 输出
P1.1/TA0	13	通用数字 I/O/定时器 A 比较 OUT0 输出或捕获 CCI0A 输入/BSL
P1.2/TA1	14	通用数字 I/O/定时器 A 比较 OUT1 输出或捕获 CCI1A 输入
P1.3/TA2	15	通用数字 I/O/定时器 A 比较 OUT2 输出或捕获 CCI2A 输入
P1.4/SMCLK	16	通用数字 I/O/SMCLK 输出
P1.5/TA0	17	通用数字 I/O/定时器 A 比较 OUT0 输出
P1.6/TA1	18	通用数字 I/O/定时器 A 比较 OUT1 输出
P1.7/TA2	19	通用数字 I/O/定时器 A 比较 OUT2 输出
P2.0/ACLK/CA2	20	通用数字 I/O/ACLK 输出/比较器 A 输入
P2.1/TAINCLK/CA3	21	通用数字 I/O/定时器 A 时钟信号 INCLK/比较器 A 输入
P2.2/CAOUT/TA0/CA4	22	通用数字 I/O/定时器 A 捕获 CCI0B 输入/比较器 A 输出/BSL 接收/比较器 A 输入
P2.3/CA0/TA1	23	通用数字 I/O/比较器 A 输入/定时器 A 比较 OUT1 输出
P2.4/CA1/TA2	24	通用数字 I/O/比较器 A 输入/定时器 A 比较 OUT2 输出
P2.5/ROSE/CA5	25	通用数字 I/O/DCO 外部电阻输入/比较器 A 输入
P2.6/ADC12CLK/CA6	26	通用数字 I/O/ADC12 转换时钟/比较器 A 输入
P2.7/TA0/CA7	27	通用数字 I/O/定时器 A 比较 OUT0 输出/比较器 A 输入
P3.0/UCB0STE/UCA0CLK	28	通用数字 I/O/USCI B0 从模式传输允许/USCI A0 时钟
P3.1/UCB0SIMO/UCB0SDA	29	通用数字 I/O/USCI B0 从模式输入/主模式输出 SDA
P3.2/UCB0SOMI/UCB0SCL	30	通用数字 I/O/USCI B0 从模式输出/主模式输入 SPI
P3.3/UCB0CLK/UCA0STE	31	通用数字 I/O/USCI B0 时钟/USCI A0 从模式传输允许

续表

引 脚 名 称	引脚号	说　　明
P3.4/UCA0TXD/UCA0SIMO	32	通用数字 I/O/UART 模式 USCI A0 数据输出/SPI 模式 SIMO
P3.5/UCA0RXD/UCA0SOMI	33	通用数字 I/O/UART 模式 USCI A0 数据输入/SPI 模式 SOMI
P3.6/UCA1TXD/UCA1SIMO	34	通用数字 I/O/UART 模式 USCI A1 数据输出/SPI 模式 SIMO
P3.7/UCA1RXD/UCA1SOMI	35	通用数字 I/O/UART 模式 USCI A1 数据输入/SPI 模式 SOMI
P4.0/TB0	36	通用数字 I/O/定时器 B 比较 OUT0 输出或捕获 CCI0A/B 输入
P4.1/TB1	37	通用数字 I/O/定时器 B 比较 OUT1 输出或捕获 CCI1A/B 输入
P4.2/TB2	38	通用数字 I/O/定时器 B 比较 OUT2 输出或捕获 CCI2A/B 输入
P4.3/TB3	39	通用数字 I/O/定时器 B 比较 OUT3 输出或捕获 CCI3A/B 输入
P4.4/TB4	40	通用数字 I/O/定时器 B 比较 OUT4 输出或捕获 CCI4A/B 输入
P4.5/TB5	41	通用数字 I/O/定时器 B 比较 OUT5 输出或捕获 CCI5A/B 输入
P4.6/TB6	42	通用数字 I/O/定时器 B 比较 OUT6 输出或捕获 CCI6A/B 输入
P4.7/TBCLK	43	通用数字 I/O/定时器 B 时钟输入
P5.0/UCB1STE/UCA1CLK	44	通用数字 I/O/USCI B1 从模式传输允许/USCI A1 时钟
P5.1/UCB1SIMO/UCB1SDA	45	通用数字 I/O/USCI B1 SPI 模式 SIMO/I2C 模式 SDA
P5.2/UCB1SOMI/UCB1SCL	46	通用数字 I/O/ USCI B1 SPI 模式 SOMI/I2C 模式 SCL
P5.3/UCB1CLK/UCA1STE	47	通用数字 I/O/USCI B1 时钟/USCI A1 从模式传输允许
P5.4/MCLK	48	通用数字 I/O/MCLK 输出
P5.5/SMCLK	49	通用数字 I/O/SMCLK 输出
P5.6/ACLK	50	通用数字 I/O/ACLK 输出
P5.7/TBOUTH/SVSOUT	51	通用数字 I/O/定时器 TB0～TB6PWM 输出高阻态选择位/SVS 比较器输出
P6.0/A0	59	通用数字 I/O/模拟量输入 A0
P6.1/A1	60	通用数字 I/O/模拟量输入 A1
P6.2/A2	61	通用数字 I/O/模拟量输入 A2

引 脚 名 称	引脚号	说 明
P6.3/A3	2	通用数字 I/O/模拟量输入 A3
P6.4/A4	3	通用数字 I/O/模拟量输入 A4
P6.5/A5	4	通用数字 I/O/模拟量输入 A5
P6.6/A6	5	通用数字 I/O/模拟量输入 A6
P6.7/A7/SVSIN	6	通用数字 I/O/模拟量输入 A7/SVS 输入
XT2OUT	52	晶振 XT2
XT2IN	53	晶振 XT2
RST/NMI	58	复位输入/非屏蔽中断输入
TCK	57	JTAG 口测试时钟
TDI/TCLK	55	JTAG 口测试数据输入/测试时钟输入
TDO/TDI	54	JTAG 口测试数据输出
TMS	56	JTAG 口测试模式选择
VeREF+	10	外部参考电压输入
VREF+	7	ADC12 参考电压正端输出
VREF-/VeREF-	11	参考电源负端
XIN	8	晶振 XT1
XOUT	9	晶振 XT1

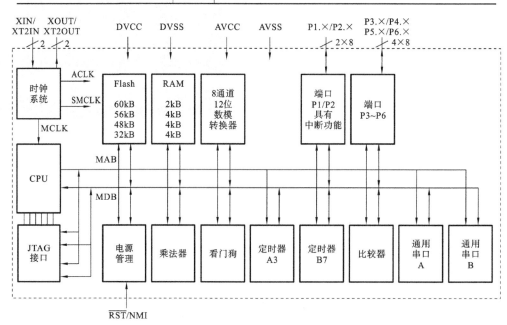

图 2.2 MSP430F24x 系列单片机功能结构示意图

(1) 程序计数器(PC 指针)也就是 CPU 专用寄存器 R0,PC 指针是一个 16 位寄存器,可以寻址 64kB 的空间。MSP430 单片机的指令长度以字(16 位)为最小单位,而程序存储器单元以字节(8 位)为单位,所以 PC 的值总是偶数。

(2) 堆栈指针 SP 为 CPU 专用寄存器 R1,SP 指针为 16 位寄存器,也总是偶数的。堆栈是在片内 RAM 中实现的,通常将堆栈指针设置为片内 RAM 的最高地址加 1。使用 C 语言编程时,集成编译软件 IAR 会自动设置堆栈指针初始值。对程序员来说无须关心细节,编译结束后在信息窗提示的编译结果会给出 RAM 使用量的大小,只要不超过 RAM 区实际容量并稍留余量给堆栈用即可。使用汇编语言编程时必须注意堆栈指针的正确设置,否则堆栈可能会覆盖变量区,导致程序出错。

(3) 状态寄存器 SR(见表 2-2)和常数发生器 CG1、CG2(见数据手册)。

表 2-2　状态寄存器 SR

15~9	8	7	6	5	4	3	2	1	0
保留	V	SCG1	SCG0	OSCOFF	CPUOFF	GIE	N	Z	C

V　溢出标志,当算术运算结果超出有符号数范围时置位。

SCG1　系统时钟控制位 **1**,该位置位时关闭 SMCLK。

SCG0　系统时钟控制位 **0**,如果 DCO 未用作 MCLK 或 SMCLK,该位置位时关闭 DCO。

OSCOFF　晶振控制位,如果 LFXT1 未用作 MCLK 或 SMCLK,该位置位时关闭 LFXT1。

CPUOFF　CPU 控制位,该位置位时关闭 CPU。

GIE　总中断允许位,该位置位时允许可屏蔽中断;复位时禁止所有的可屏蔽中断。

N　负数标志位,当运算结果为负时置位;否则复位。

Z　零标志位,当运算结果为零时置位;否则复位。

C　进位标志位,当运算结果产生进位时置位;否则复位。

2. 片内存储器

MSP430 单片机采用冯·诺依曼结构,程序存储器 Flash、数据存储器 RAM、特殊功能寄存器以及中断向量全部映射到 64kB 内部地址空间。MSP430 不同型号单片机地址空间略有不同,MSP430F249 的存储器结构如表 2-3 所示。

表 2-3　MSP430F249 存储器结构

名　称	地　址　范　围	大　小
中断向量	0xFFFF~0xFFC0	64 B
程序存储区 Flash	0xFFC0~0x1100	约 60 kB
信息存储区	0x10FF~0x1000	256 B
引导区	0x0FFF~0x0C00	1 kB
数据存储区 RAM	0x09FF~0x0200	2 kB
16 位外围模块	0x01FF~0x0100	256 B
8 位外围模块	0x00FF~0x0010	240 B
特殊寄存器	0x000F~0x0000	16 B

1) 数据存储区

MSP430F249 的数据存储区 RAM 有 2kB 大小，地址范围 0x0200～0x09FF。RAM 为堆栈、全局变量和局部变量提供空间。使用 C 语言来开发项目，注意观察编译结束后在信息窗口中提示的 RAM 使用量的大小，只有不超过 RAM 区的实际容量并稍留余量即可。

2) 引导区

引导区使得用户可以通过 UART 串口对 MSP430 单片机的程序存储器 Flash 或 RAM 区实现程序代码的写操作。详细内容参见 TI 公司的相关技术文档《Features of the MSP430 Bootstrap Loader》。

3) 信息存储区

MSP430F249 单片机有 256B 的信息存储区，它分为两段，每段 128B。信息存储区用来存放那些掉电后需要保存的变量，一般用来保存项目的设定值或量程转换参数。Flash 信息存储区只允许块擦除或写入操作，且有擦除次数的限制。需要频繁（几秒钟一次）擦除写入的变量，这些变量不能存放在信息存储区，这时可以外接铁电存储器 EEPROM 器件来保存这些变量。

4) 程序存储区

MSP430F249 单片机的程序存储区位于 0x1100～0xFFC0，约 60kB，程序存储区用于存放用户程序、常数以及表格等。程序存储区可以通过 JTAG、BSL 和 ISP 方式下载得到用户程序。

关于 Flash 存储器，我们介绍几个基本概念。Flash 的结构决定了写操作只能将存储单元中的各比特位从 **1** 改写成 **0**，而不能将 **0** 改写成 **1**。所以 Flash 中每个单元可以一次性写入数据，数据一旦写入，在擦除前不能被再次改写。Flash 可以被擦除，擦除后所有单元的比特位都恢复为 **1**，但擦除操作只能针对整个段进行。所以在改写某单元之前，必须先擦除整个段。Flash 存储器较适合做大批量连续数据存储，而且一般控制器都会提供连续写功能以提高速度。

在 Flash 中，将每次能擦除的最小区块单位称为"段"（Segment），将每次能连续写入的最大区块单位称为"块"（Block）。

MSP430 单片机有五种低功耗模式，一种活动模式，如表 2-4 所示。任何一种低功耗模式只能与活动模式进行切换。

表 2-4　工作模式表

模　式	说　明
活动模式	CPU、所有时钟与外设都为激活状态
LPM0	CPU 关闭、ACLK 和 SMCLK 外设时钟可用
LPM1	CPU 关闭、ACLK 和 SMCLK 外设时钟可用，若活动模式中 DCOCLK 未使用，则 DCO 发生器也禁用
LPM2	CPU 关闭、MCLK 和 SMCLK 禁用，DCO 发生器使能，ACLK 可用
LPM3	CPU 关闭、MCLK 和 SMCLK 禁用，DCO 发生器禁用，ACLK 可用
LPM4	CPU 关闭且禁用所有时钟

3. 单片机工作原理

单片机自动完成赋予它的任务的过程,也就是单片机执行程序的过程,即一条条指令的执行过程。所谓指令就是把要求单片机执行的各种操作,用命令的形式写下来,一条指令对应着一种基本操作。单片机所能执行的全部指令,就是该单片机的指令系统,不同种类的单片机,其指令系统亦不同。为使单片机能自动完成某一特定任务,必须把要解决的问题编成一系列指令(这些指令必须是选定的单片机能识别和执行的指令),这一系列指令的集合就成为程序。程序需要预先存放在具有存储功能的部件——存储器中。存储器由许多存储单元(最小的存储单位)组成,指令就存放在这些单元里。每一个存储单元有唯一的地址号,该地址号称存储单元的地址,这样只要知道了存储单元的地址,就可以找到这个存储单元,其中存储的指令就可以被取出,然后再被执行。

程序的执行通常是顺序的,所以程序中的指令也是一条条顺序存放的。单片机在执行程序时要能够把这些指令一条条取出并加以执行,必须有一个部件能追踪指令所在的地址,这一部件就是程序计数器 PC(包含在 CPU 中)。在开始执行程序时,给 PC 赋以程序中第一条指令所在的地址,然后取得每一条要执行的命令,PC 之中的内容就会自动增加,增加量由本条指令长度决定,以指向下一条指令的起始地址,保证指令顺序执行。

在程序顺序执行时,PC 指针的内容自动增加,指向正在执行的指令的下一条指令;当发生中断或调用子程序时,当前的 PC 值被保存到堆栈,然后 PC 指针置入新的值(中断向量地址或子程序入口地址),程序的流动发生变化,执行完这些程序后,PC 指针的值要恢复为堆栈中保存的旧的 PC 值,程序从断点处继续顺序执行。

2.2 MSP430 单片机的 C 语言基础

C 语言是一种结构化的高级语言,其优点是语言简洁、表达能力强、使用方便灵活、可读性好、可移植性强。C 语言程序本身不依赖单片机硬件,如果更改工程项目中的单片机型号,对 C 语言程序稍加修改就可以进行程序移植,而且移植程序时不一定要求程序开发人员详细掌握新型号单片机的指令系统。

C 语言程序的书写格式十分自由。一条语句可以写成一行,也可以写成几行;还可以在一行内写多条语句;但需要注意的是,每条语句都必须以分号“;”作为结束符。为了 C 语言程序能够书写清晰,便于阅读、理解和维护,在书写 C 语言程序时最好遵循以下规则。

(1) 一个声明或一条语句占一行;

(2) 不同结构层次的语句,从不同的起始位置开始,并且缩进相同的字数;

(3) 用{}括起来的部分表示程序的某一层次结构。

目前有几种 C 编译器可以进行 MSP430 单片机程序开发,这些 C 编译器基本功能大致相同,但在某些细节上还是有所区别的。因此,当选择了某个 C 编译器后应该学习掌握相应的 C 编译器语言用法。本章将以 IAR for MSP430 编译器为例讲解 C430 程序设计的 C 语言基础。

2.2.1 C 语言的标识符和关键字

1. 关键字的用途

C 语言的关键字的用途和说明如表 2-5 所示。

表 2-5　C 语言的关键字用途及说明

关　键　字	用　　　途	说　　明
char	声明字符型变量或函数	数据类型
double	声明双精度变量或函数	
void	声明函数无返回值或无参数,声明无类型指针	
unsigned	声明无符号类型变量或函数	
signed	声明有符号类型变量或函数	
short	声明短整型变量或函数	
long	声明长整型变量或函数	
int	声明整型变量或函数	
float	声明浮点型变量或函数	
sizeof	计算数据类型长度	
volatile	说明变量在程序执行中可被隐含地改变	
typedef	重新进行数据类型定义	
const	声明常量	
static	声明静态变量	存储种类的说明
register	声明寄存器变量	
extern	声明外部变量	
return	函数返回语句,返回一个值	程序语句
case	开关语句分支	
default	switch 语句的失败选择项	
switch	开关语句	
goto	无条件跳转语句	
else	构成 if…else 选择语句	
if	if 条件语句	
continue	结束当前循环,开始下一轮循环	
break	跳出当前循环体	
while	构成 while 和 do…while 循环语句	
do	循环语句的循环体	
for	for 循环语句	

（1）C 语言的标识符是用来标志源程序中某个对象名字的。这些对象可以是函

数、变量、常量、数组、数据类型、存储方式、语句等。一个标识符由字符串、数字和下划线等组成,第一个字符必须是字母或下划线,通常以下划线开头的标识符是编译系统专用的,因此在编写 C 语言源程序时一般不要使用以下划线开头的标识符,而将下划线用作分段符。标识符的长度由系统决定,标识符最长可达 255 个字符,编写源程序时标识符的长度不要超过 32 个字符。

(2) 关键字是一类具有固定名称和特定含义的特殊标识符,又称为保留字。在编写 C 语言源程序时一般不允许将关键字另作别用,换句话说就是标识符的命名不要与关键字相同。表 2-5 所列的 C 语言关键字由系统保留,不能用作用户标识符。

(3) 程序中对于标识符的命名应当简洁明了,含义清晰,便于阅读理解,如用标识符"max"表示最大值,用"TIMER0"表示定时器 0 等。尽量不要取名"aa"、"bb"等没有特定意义的标识符,这样虽然没有违反 C 语言的规则,但是在程序里不容易理解。

(4) C 语言区分大小写字母,C 语言编译器在对程序进行编译时,对于程序中同一个字母的大小写作为不同的变量来处理。例如定义一个延时函数的形式参数 time,但是如果程序当中再出现一个由大写字母定义的标识符 TIME,那么它们在程序当中是两个不同的标识符,是没有冲突的。

(5) C 语言程序中有且只有一个 main 函数,一个 C 语言程序,无论 main 函数的物理位置在哪里,总是从 main 函数开始执行。

(6) 每句程序语句后面一定要加分号,分号是 C 语言结构的一部分,如果缺少就会语法出错。

(7) 注释,在程序中添加注释是为了能更加容易读懂和理解程序,IAR 有两种风格的注释方法:"//"和"/ * …… * /"。"//"的意思是在其后面的全部引导为注释;而"/ * …… * /"的意思是从"/ *"开始,一直到" * /"为止的内容都被认为是注释。

2. 变量类型

不同的 C 语言编译器中变量类型略有差别,表 2-6 列出了 IAR for MSP430 支持的变量类型。

表 2-6　变量类型

数 据 类 型	值　　域	字节数	备　　注
char	$-128 \sim +127$	1	可设置
unsigned char	$0 \sim 255$	1	$2^8 - 1$
int	$-32768 \sim +32767$	2	
unsigned int	$0 \sim 65535$	2	$2^{16} - 1$
long	$-2147483648 \sim +2147483647$	4	
unsigned long	$0 \sim 4294967295$	4	$2^{32} - 1$
long long	-9223372036854775808 $+9223372036854775807$	8	—
unsigned long long	$0 \sim 18446744073709551615$	8	$2^{64} - 1$
float	$-3.4 \times 10^{-38} \sim +3.4 \times 10^{-38}$	4	1 位符号位,8 位指数位, 23 位尾数位
double	$-1.79 \times 10^{-308} \sim$ $+1.79 \times 10^{-308}$	8	可设置,1 位符号位, 11 位指数位,52 位尾数位

float 和 double 的指数位是按补码的形式来表示的，所以 float 的指数范围为 $-128\sim+127$；而 double 的指数范围为 $-1024\sim+1023$。float 的范围为 $-2^{128}\sim+2^{128}$，也即 $-3.4\times10^{-38}\sim+3.4\times10^{-38}$；double 的范围为 $-2^{1024}\sim+2^{1024}$，也即 $-1.79\times10^{-308}\sim+1.79\times10^{-308}$。

float 和 double 的精度是由尾数的位数来决定的。float：$2^{23}=8388608$，一共 7 位，这意味着最多能有 7 位有效数字，float 的精度为 7 位；double：$2^{52}=4503599627370496$，一共 16 位，double 的精度为 16 位。

IAR for MSP430 允许改变某些变量的特性。在打开工程后，选择菜单项 Project\Options，在 General Option\Target 项中可以设置浮点数长度，Floating Point 决定了 double 变量的字节数，默认是 32 bit，可以设置为 64 bit。在 C/C++ Compile\Language 项中 Plain char 可以设置 char 是否等效为 unsigned char。

3. 变量定义

在变量定义中，增加某些关键字可以给变量赋予某些特殊性质。

const：定义常量。在 C430 语言中，const 关键字定义的常量实际上放在程序存储器 flash 中，经常用 const 关键字定义显示表之类的常数数组。

extern：声明外部变量，外部变量是指在函数或文件外部定义的全局变量。使用时，extern 置于变量或函数前，表示变量或函数的定义放在别的文件中，提示编译器在遇到此变量和函数时应在其他模块中寻找它的定义。

static：定义静态局部变量或静态函数，静态局部变量或静态函数只有本文件内的代码才能访问它，它的名字在其他文件中不可见。有时候希望函数中的局部变量的值在函数调用结束后不消失而保留原值，即其占用的存储单元不释放，在下次调用该函数时，该变量保留上一次函数调用结束时的值。这时就应该指定局部变量为静态局部变量。

volatile：定义"挥发性"变量。编译器将认为该变量的值会随时改变，对该变量的任何操作都不会被优化过程删除。volatile 用在如下几个地方：中断服务程序中修改的供其他程序检测的变量需要加 volatile；多任务环境下任务间共享的标志应该加 volatile；存储器映射的硬件寄存器通常也要加 volatile 说明，因为每次对它的读写都可能有不同意义。

volatile 提醒编译器它后面所定义的变量随时都有可能改变，因此编译后的程序每次需要存储或读取这个变量的时候，都会直接从变量地址中读取数据。如果没有 volatile 关键字，则编译器可能优化读取和存储，可能暂时使用寄存器中的值，如果这个变量由别的程序更新了的话，将出现不一致的现象。

全局变量：只要定义在函数体（包括主函数）外，就是全局变量了，编译器为全局变量安排特定的数据区，这些数据区为全局变量专用。全局变量一般定义在 C 程序的开头部分、主函数之前，在与该程序有关的所有文件中都可以使用该变量。程序开始时分配空间，程序结束时释放空间，默认初始化为 **0**。对于多文件 C 语言程序，如果全局变量定义在其他文件中，那么别的程序文件里面的函数要访问另一个文件里面的全局变量，须对全局变量进行外部变量声明，使用关键字 extern。

局部变量：它是在一个函数内部定义的变量，它只在定义它的那个函数范围以内有效，在此函数之外即失去意义，因而也就不能使用这些变量了。不同的函数可以使用相同的局部变量名,由于它们的作用范围不同,不会相互干扰。函数的形式参数也属于局部变量。局部变量在每次函数调用时分配存储空间,在每次函数返回时释放存储空间。

　　静态局部变量:静态局部变量在函数内进行定义,但不像其他局部变量在调用时存在、退出函数时消失,静态局部变量始终存在着。静态局部变量的生存期为整个源程序执行期间,但是其作用域仍与局部变量相同,即只能在定义该变量的函数内使用;退出该函数后,尽管静态局部变量还继续存在,但不能使用它。静态局部变量有全局变量的优点,也有局部变量的优势。

　　全局变量和静态局部变量会在程序刚开始运行时进行初始化,也是唯一的一次初始化,默认初始化值为 **0**。不过和全局变量比起来,static 可以控制变量的可见范围。在同时编译多个文件时,所有未加 static 前缀的全局变量和函数都具有全局可见性。

　　例如,要同时编译两个源文件,一个是 a.c 函数,另一个是 main.c 函数。a.c 函数的内容为:

```c
char a='A';
void msg()
{
    printf("Hello\n");
}
```

main.c 函数的内容为:

```c
int main( void )
{
    extern char a;        //声明外部变量
    printf( "%c",a);
    msg();
    while(1);             //循环等待
}
```

　　程序的运行结果是:

　　　　A Hello

　　为什么在 a.c 函数中定义的全局变量 a 和函数 msg 能在 main.c 中使用? 前面说过,所有未加 static 前缀的全局变量和函数都具有全局可见性,其他的源文件也能访问。此例中,a 是全局变量,msg 是函数,并且都没有加 static 前缀,因此对于另外的源文件 main.c 是可见的。

　　如果加了 static,就会对其他源文件隐藏。例如在 a.c 函数中的 a 和 msg 的定义前加上 static,在 main.c 就看不到它们了。利用这一特性可以在不同的文件中定义同名函数和同名变量,而不必担心命名冲突。

2.2.2　C 语言的运算符

1. 运算符及其说明

C 语言运算符的名称及符号如表 2-7 所示。

表 2-7　C 语言的运算符

名　　称	符　　号
算术运算符	＋ － ＊ ／ ％ ＋＋ －－
关系运算符	＞ ＜ == ＞= ＜= ！=
逻辑运算符	&& ‖ ！
位操作运算符	& ｜ ～ ˆ ＜＜ ＞＞
赋值运算符	= += -= ＊= /= ％= &= ｜= ˆ= ～= ＞＞= ＜＜=

（1）自增、自减运算符说明。

＋＋i：i 自增 1 后再参与运算。

－－i：i 自减 1 后再参与运算。

i＋＋：i 参与运算后，i 的值再自增 1。

i－－：i 参与运算后，i 的值再自减 1。

（2）复合赋值运算符说明。在赋值运算符"＝"的前面加上其他运算符，就构成了所谓复合赋值运算符。

＋= 加法赋值，＞＞= 右移位赋值，-= 减法赋值，&= 逻辑与赋值，

＊= 乘法赋值，｜= 逻辑或赋值，/= 除法赋值，ˆ= 逻辑异或赋值，

％=取模赋值，～=逻辑非赋值，＜＜= 左移位赋值。

采用这种复合赋值运算符，可以使程序简化，同时还可以提高程序的编译效率。例如，a＋=b 表示 a=a+b；a-=b 表示 a=a-b；a＊=b 表示 a=a＊b；a/=b 表示 a=a/b；a％-b 表示 a=a％b。

2. 运算符的优先级与结合性

运算符的运算优先级的操作符、功能及结合性如表 2-8 所示。

表 2-8　运算符的优先级

优先级	操作符	功　　能	结合性
1 （最高）	（　）	改变优先级	从左至右
	［　］	数组下标	
	→	指向结构成员	
	.	结构体成员	
2	＋＋ －－	自增 1 自减 1	从右至左
	&	取地址	
	＊	取内容	
	！	逻辑取反	
	～	按位取反	
	＋ －	正数 负数	
	（　）	强制类型转换	
	sizeof	计算内存字节数	

续表

优先级	操作符	功 能	结合性
3	* / %	乘法 除法 求余	
4	+ −	加法 减法	
5	<< >>	左移位 右移位	
6	< <= > >=	小于 小于等于 大于 大于等于	
7	== ! =	等于 不等于	从左至右
8	&	按位与	
9	^	按位异或	
10			按位或	
11	&&	逻辑与	
12	||	逻辑或	
13	?:	条件运算符	从右至左
14	= += -= * = /= %= &= ^= |= <<= >>=	复合赋值运算符	从右至左
15(最低)	,	逗号运算符	从左至右

从表 2-8 可知,C 语言中的运算符的运算优先级共分为 15 级。1 级最高,15 级最低。在表达式中,优先级较高的要比优先级较低的先进行运算。而在一个运算量两侧的运算符优先级相同时,则按运算符的结合性所规定的结合方向处理。C 语言中各运算符的结合性分为两种,即左结合性(自左至右)和右结合性(自右至左)。需要时可在算术表达式中采用圆括号来改变运算符的优先级。

C 语言中提供了一种用于求取数据类型、变量以及表达式的字节数的运算符为 sizeof,该运算符的一般使用形式为:

sizeof(表达式)或 sizeof(数据类型)

应该注意的是,sizeof 是一种特殊的运算符,不要错误地认为它是一个函数。实际上,字节数的计算在程序编译时就完成了,而不是在程序执行的过程中才计算出来的。例如:int a＝sizeof(float),执行这条命令的结果是把 4 赋给了整型变量 a,这意味着一个单精度数存储时占有 4 个字节内存。

3. 运算应注意的问题

(1)尽可能避免浮点运算。对于单片机来说,浮点数的运算速度很慢,RAM 开销也大,且有效位数有限;在低功耗应用中 CPU 运算时间直接关系到平均功耗。因此在编程初期就要养成尽量避免使用浮点数的习惯。

(2)防止定点数溢出。定点数运算首先要防止数据溢出。例如:

```
long x;
int a;
x＝a * 1000;
```

虽然 x 是 long 变量,但 a 和常数 1000 都是 int 型,相乘结果仍然是 int 型。在 a

>65 的情况下,结果就会溢出。程序应该修改为:

$$x=a*(long)1000; 或 x=(long)a*1000;$$

若遇到多个变量相乘,更需要细心检查。所以,在测试每一段软件的时候,一定要取边界条件进行极限测试。

(3) 小数的处理。遇到需要保留小数的运算,可以采用浮点数,但是软件开销较大。用定点数也可以处理小数,其原理就是先扩大,再运算。例如,我们需要计算温度并保留 1 位小数,假设温度计算公式为:

$$Deg\_C = ADC*1.32/1.25-273$$

为了让小数 1.32 能被定点运算,先扩大 100 倍变成 132,当然,除数 1.25 也要随之扩大 100 倍,公式变为:

$$Deg\_C = (long)ADC*132/125-273$$

这样运算结果只能保留到整数,为了让结果保留 1 位小数,需要人为地将所有数值都扩大 10 倍,得到最终计算公式:

$$Deg\_C = (long)ADC*1320/125-2730$$

假设温度应该是 23.4 度,上述公式的运算结果将是 234。在显示的时候,将小数点添加在倒数第 2 位上,即可显示 23.4。用定点数处理小数,如需要保留 N 位小数,就要将数值扩大 $10N$ 倍。注意防止溢出,且要记住每个数值所扩大的倍数,在程序中应添加注释。

(4) 尽量减少乘除法。MSP430 单片机没有乘法/除法指令,乘除操作会被编译器转换成移位和加法来实现。如果乘除的数值刚好是 2 的幂,那么可以用移位直接替代乘除法,运算速度会提高很多。例如对 16 次采样数据求平均,程序为:

```
for(i=0;i<16;i++) Sum+=ADC_Value[i];        //求和
Aver=Sum/16;                                //这一句的运算较慢
```

对于除 16 写成如下形式,运行速度会提高很多:

```
Aver=Sum>>4;                                //除以 16
```

若将编译器优化级别设置得比较高,在遇到乘除 2 的幂表达式时,编译器会自动用移位替代除法(编译器很聪明),从而加快执行速度。

位操作指令大部分存在于早期速度不高的 CISC 处理器上(以 8051 为代表),以提高执行效率,弥补 CPU 运算速度的不足。目前几乎所有的 RISC 型处理器都取消了位操作指令,MSP430 单片机也不例外。在 MSP430 的 C 语言中,也不支持位变量,因为位操作完全可以由变量与掩模位(mask bits)之间的逻辑操作来实现。

例如将 P2.0 置高、将 P2.1 置低、将 P2.2 取反,可以写成:

```
P2OUT |= 0x01;          //P2.0 置高
P2OUT &= ~0x02;         //P2.1 置低
P2OUT ^= 0x04;          //P2.2 取反
```

在寄存器头文件中,已经将 BIT0～BIT7 定义成 0x01～0x80,上述程序也可以写成：

```
P2OUT |= BIT0;                    //P2.0 置高
P2OUT &= ~BIT1;                   //P2.1 置低
P2OUT ^= BIT2;                    //P2.2 取反
```

对于多位可以同时操作,例如将 P1.1、P1.2、P1.3、P1.4 全部置高/低可以写成：

```
P1OUT |= BIT1+BIT2+BIT3+BIT4;          //P1.1/2/3/4 全置高
P1OUT &= ~(BIT1+BIT2+BIT3+BIT4);       //P1.1/2/3/4 全置低 注意括号!
```

实际上,这条语句相当于：

```
P1OUT |= 0x1e;                    //P1.1/2/3/4 全置高
```

对于读操作,也可以通过寄存器与掩模位(mask bits)之间的"与"操作来实现。例如有通过 P1.5、P1.6 端口控制位于 P2.0 端口的 LED。下面代码示范读取 P1.5 端和 P1.6 的值：

```
char Key;
if((P1IN & BIT5)==0)
P2OUT|=BIT0;                      //若 P1.5 为低,则 P2.0 端口的 LED 亮
if( P1IN & BIT5)
P2OUT|=BIT1;                      //若 P1.5 为高,则 P2.1 端口的 LED 亮
if( P1IN & (BIT5+BIT6))
P2OUT|=BIT0;                      //若 P1.5 和 P1.6 任一为高,则点亮 LED
if((P1IN & (BIT5+BIT6)) != (BIT5+BIT6))
P2OUT|=BIT0;                      //若 P1.5 和 P1.6 任一为低,则点亮 LED
if(P1IN & BIT5)
Key=1;
Else
Key=0;                           //读取 P1.5 状态赋给变量 Key
```

另外还有一种流行的位操作写法,用(1<<x)来替代 BITx 宏定义：

```
P2OUT |= (1<<0);                  //P2.0 置高
P2OUT &= ~(1<<1);                 //P2.1 置低
P2OUT ^= (1<<2);                  //P2.2 取反
if((P1IN & (1<<5))==0) P2OUT|=(1<<0);
                                 //若 P1.5 为低,则 P2.0 端口的 LED 亮
```

这种写法的好处是使用纯粹的 C 语言表达式实现,不依赖于 MSP430 的头文件中 BITx 的宏定义,无需改动即可移植到任何其他单片机上,但可读性较差。

2.2.3 函数

1. 函数的组成

C 语言程序是由若干函数单元组成的,每个函数都是完成某个特殊任务的子程序段。组成一个程序的若干函数可以保存在一个源程序文件中,也可以保存在不同源程序文件中。文件名由程序设计人员根据某种规则自己确定,其扩展名统一为".C"。一个完整的 C 语言程序应包含一个主函数 main()和若干其他功能的函数。函数之间可以相互调用,但 main()函数只能调用其他的功能函数,而不能被其他函数所调用。

功能函数可以是 C 语言编译器提供的库函数,也可以是由用户按实际需要自行编写的函数。不管 main()函数处于程序中的什么位置,程序总是从 main()函数开始执行。一个函数必须预先定义或声明后才能调用。函数定义或声明位于源程序的预处理命令之后的开始位置。函数定义部分包括函数的存储类型、返回值数据类型、函数名、形式参数说明等,函数名后面必须跟一个圆括号(),形式参数说明在圆括号()内进行。函数也可以没有形式参数。函数的位置比较自由。函数由函数名和一对花括号"{}"组成,在"{}"里面的内容就是函数体,如果一个函数有多个"{}",则最外面的一对"{}"为函数体的范围。

函数是 C 语言中的一种基本模块。在进行程序设计的过程中,如果所设计的程序较大,一般应将其分成若干子程序模块,每个子程序模块完成一种特定的功能。在 C 语言中,子程序是用函数来实现的。对于一些需要经常使用的子程序可以按函数来设计,以供反复调用。此外,EW430 编译器还提供了丰富的运行库函数,用户可以根据需要随时调用。这种模块化的程序设计方法,可以大大提高编程效率。标准库函数见 IAR for MSP430 安装目录文件 clib.pdf,路径 D:\Program Files\IAR Systems\Embedded Workbench 6.0 Evaluation\430\doc\clib.pdf。

2. 自定义函数

从用户的角度来看,有两种函数:标准库函数和用户自定义函数。标准库函数是 IAR EW430 编译器提供的,不需要用户进行定义,可以直接调用。用户自定义函数是用户根据自己的需要编写的、能实现特定功能的函数,它必须先进行定义然后才能调用。

1) 函数的定义

无参数函数定义的语法格式为:

```
void 函数名()
{
    声明部分
    程序语句
}
void delay(void) //函数头
{
    unsigned int i,j; //声明部分
    for(i=100;i>0;i--) //程序语句
    for(j=112;j>0;j--)
    {;}
}
```

有参数函数定义的语法格式为:

```
函数类型 函数名(形式参数表)
{   形式参数说明;
    局部变量定义;
    函数体语句;
}
```

其中,"函数类型"说明了自定义函数返回值的类型。

```
int compare(int a,int b)//函数头,括号里为形式参数
```

```
{
    if(a>b) //以下是程序语句
    return a;
    else
    return b;
}
```

2）实参与形参的特点

（1）实参与形参在类型、数量、顺序上应保持一致，否则会在编译的时候出现警告或者程序运行的结果错误。

（2）被调用函数的形参只有被调用的时候才会被分配内存空间，退出了函数之后，所分配的内存单元立即被释放，所以退出了函数之后形参就不能再使用。

（3）实参在调用前一定要有确定的值，因此在函数调用前必须先赋予实参一个确定的值。

3）空函数

如果定义函数时只给出一对花括号{}而不给出其局部变量和函数体语句，则该函数为所谓"空函数"，这种空函数也是合法的。在进行 C 语言模块化程序设计时，各模块的功能可通过函数来实现。开始时只设计最基本的模块，其他作为扩充功能在以后需要时再加上。编写程序时可在将来准备扩充的地方写上一个空函数，这样可使程序的结构清晰，可读性强，而且易于扩充。

3. 函数的调用

C 语言程序中函数是可以互相调用的。所谓函数调用就是在一个函数体中引用另外一个已经定义了的函数，前者称为主调用函数，后者称为被调用函数。主调用函数调用被调用函数的一般形式为：

函数名（实际参数表）；

其中，"函数名"指出被调用的函数。"实际参数表"中可以包含多个实际参数，各个参数之间用逗号隔开。实际参数的作用是将它的值传递给被调用函数中的形式参数。

1）调用方式

在 C 语言中可以采用三种方式完成函数的调用。

（1）函数语句。在主调用函数中将函数调用作为一条语句。

（2）函数表达式。在主调用函数中将函数调用作为一个运算对象直接出现在表达式中。

（3）函数参数。在主调用函数中将函数调用作为另一个函数调用的实际参数。

2）传递方式

在进行函数调用时，必须用主调用函数中的实际参数来替换被调用函数中的形式参数，这就是所谓的参数传递。在 C 语言中，对于不同类型的实际参数，有三种不同的参数传递方式。

（1）基本类型的实际参数传递。

当函数的参数是基本类型的变量时，主调用函数将实际参数的值传递给被调用函数中的形式参数，这种方式称为值传递。前面讲过，函数中的形式参数在未发生函数调用之前是不占用内存单元的，只有在进行函数调用时才为其分配临时存储单元。而函数的实际参数是要占用确定的存储单元的。

值传递方式是将实际参数的值传递到为被调用函数中形式参数分配的临时存储单元中,函数调用结束后,临时存储单元被释放,形式参数的值也就不复存在,但实际参数所占用的存储单元保持原来的值不变。这种参数传递方式在执行被调用函数时,如果形式参数的值发生变化,可以不必担心主调用函数中实际参数的值会受到影响。因此值传递是一种单向传递。

（2）数组类型的实际参数传递。

当函数的参数是数组类型的变量时,主调用函数将实际参数数组的起始地址传递到被调用函数中形式参数的临时存储单元,这种方式称为地址传递。地址传递方式在执行被调用函数时,形式参数通过实际参数传来的地址,直接到主调用函数中去存取相应的数组元素,故形式参数的变化会改变实际参数的值。因此地址传递是一种双向传递。

（3）指针类型的实际参数传递。

当函数的参数是指针类型的变量时,主调用函数将实际参数的地址传递给被调用函数中形式参数的临时存储单元,因此也属于地址传递。在执行被调用函数时,也是直接到主调用函数中去访问实际参数变量,在这种情况下,形式参数的变化会改变实际参数的值。

2.2.4 指针

1. 指针的概念

指针是 C 语言中一个十分重要的概念,也是 C 语言的一个难点。可以说,只有精通指针的程序员才算真正懂得 C 语言。只有掌握指针,才能使程序变得更加简洁、紧凑、高效,指针可以说是 C 语言的全部精华的所在。初学者在开始学习时可能会有一点不习惯,但只要平时多思考、多上机,那么很快就可以掌握它了。

所谓指针就是指内存中的地址,它可能是变量的地址,也可能是函数的入口地址。如果指针变量存储的地址是变量的地址,则称为变量的指针,简称变量指针;如果指针变量存储的地址是函数的入口地址,则称为函数的指针,简称函数指针。

变量的指针就是该变量的地址,可以定义一个指向某个变量的指针变量。为了表示指针变量和它所指向的变量地址之间的关系,C 语言提供了两个专门的运算符:用 $*$ 取内容,用 $\&$ 取地址。

在 C 语言中,所有的变量在使用之前必须定义。指针变量在使用之前也要先定义说明类型,然后赋予具体的值（指针变量的值只能赋予地址）,否则将引起错误。一个指针变量只能指向同一类型的变量。指针变量的定义与赋值程序为:

```
int a1=1,a2=2;
int * pa1, * pa2, * pa3;      //定义三个整型指针变量 pa1,pa2,pa3
int * pa4=&a1;                //指针变量定义时初始化
float b1=12.5,b2=25.5;
float * fp1, * fp2;           //定义两个实数型指针变量 fp1,fp2
p1=&a1;                       //用取地址运算符"&"将变量地址赋给指针变量
p2=&a2;
fp1=&b1;
```

```
fp2＝&b2；
pa3＝pa1；                              //将一个指针变量中的地址赋给另一个指针变量
```

2. 指针的运算

指针变量的算术运算主要有指针变量的自加、自减、加 n 和减 n 操作。

1）指针变量自加运算

指令格式：<指针变量>＋＋；

指针变量自加运算并不是将指针变量值加 1 的运算，而是将指针变量指向下一个元素的运算。当计算机执行 <指针变量>＋＋ 指令后，指针变量实际增加值为指针变量类型字节数，即：<指针变量>＝<指针变量>＋sizeof(<指针变量类型>)。

假设数组 a 的首地址为 1000，以下程序

```
int ＊p＝&a[0]；//p＝1000，指向 a[0]元素
p++；
```

第一条语句将数组 a 的首地址 1000 赋给指针变量 p，使 p＝1000。第二条语句使 p 作自加运算：p＝p＋sizeof(int)＝p＋4＝1004，使 p 指向下一个元素 a[1]。

2）指针变量自减运算

指令格式：<指针变量>－－；

指针变量的自减运算是将指针变量指向上一元素的运算。当计算机执行 <指针变量>－－ 指令后，指针变量实际减少为指针变量类型字节数，即：<指针变量>＝<指针变量>－sizeof(<指针变量类型>)。

自加运算和自减运算既可后置，也可前置。

3）指针变量加 n 运算

指令格式：<指针变量>＝<指针变量>＋n；

指针变量的加 n 运算是将指针变量指向下 n 个元素的运算。当计算机执行 <指针变量>＋ n 指令后，指针变量实际增加值为指针变量类型字节数乘以 n，即：

$$<指针变量>＝<指针变量>＋sizeof(<指针变量类型>)＊n$$

4）指针变量减 n 运算

指令格式：<指针变量>＝<指针变量>－n；

指针变量的减 n 运算是将指针变量指向上 n 个元素的运算。当计算机执行 <指针变量>－n 指令后，指针变量实际减少值为指针变量类型字节数乘以 n，即：<指针变量>＝<指针变量>－ sizeof(<指针变量类型>)＊n

2.2.5 预编译处理命令

1）预处理命令

C 语言程序的开始部分通常是预处理命令，如程序中通常遇到的 ♯include 命令。这个预处理命令通知编译器在对程序进行编译时，将所需要的头文件读入后再一起进行编译。一般在"头文件"中包含程序在编译时的一些必要的信息，通常 C 语言编译器都会提供若干不同用途的头文件。头文件的读入是在对程序进行编译时才完成的。

预处理命令通常在程序编译时进行一些符号处理，其并不执行具体的硬件操作。C51 语言中的预处理命令主要有宏定义指令、文件包含指令和条件编译指令，还有其

他一些调试时使用的指令。本章将详细介绍各种预处理命令以及 C51 的用户配置文件,并结合一定的程序实例以加深理解。

预处理指令是以♯号开头的代码行,♯后是指令关键字,整行语句构成了一条预处理指令。该指令将在编译器进行编译之前对源代码进行某些转换。部分预处理指令和用途如表 2-9 所示。

表 2-9 指令和用途

指令	用途
♯ include	包含一个源代码文件
♯ define	定义宏
♯ undef	取消已定义的宏
♯ if	如果给定条件为真,则编译下面代码
♯ ifdef	如果宏已经定义,则编译下面代码
♯ ifndef	如果宏没有定义,则编译下面代码
♯ else	如果前面的♯ if 给定条件不为真,当前条件为真,则编译下面代码
♯ endif	结束一个♯ if……♯ else 条件编译块
♯ error	停止编译并显示错误信息
♯ pragma	用于传送控制指令

2）宏定义指令

宏定义指令是用一些标识符作为宏名来代替一些符号或者常量的命令。宏定义指令可以带参数,也可以不带参数。

♯define 命令用于定义一个"宏名"。其中"宏名"是一个标识符,在源程序中遇到该标识符时,均以定义的串的内容替代该标识符。

不带参数的宏定义,其一般形式如下:

♯define 标识符 字符串

其中,♯define 是宏定义指令,标识符即宏名,字符串是被替换的对象。典型的宏定义指令示例如下:

```
♯define TURE       1
♯define FALSE      0
♯define PI         3.1415926
```

♯include 预处理指令的作用是在指令处展开被包含的文件。文件包含指令通常在 C 程序的开头,将另外一文件的内容引入当前文件。其中被包含的文件通常是头文件、宏定义等,利用文件包含指令可以有助于更好地调试文件。

为了避免那些只能包含一次的头文件被多次包含,可以在头文件中用编译时的条件来进行控制。例如:

```
♯ifndef MY_H
♯define MY_H
  ⋮
```

```
#endif
```

3）两种包含格式

在程序中包含头文件有两种格式：

```
#include <my.h>
#include "my.h"
```

第一种方法是用尖括号把头文件括起来，这种格式告诉预处理程序在编译器自带的或外部库的头文件中搜索被包含的头文件。第二种方法是用双引号把头文件括起来，这种格式告诉预处理程序在当前被编译的应用程序的源代码文件中搜索被包含的头文件，如果找不到，再搜索编译器自带的头文件。

采用两种不同包含格式的理由在于，编译器是安装在公共子目录下的，而被编译的应用程序是在它们自己的私有子目录下的。一个应用程序既包含编译器提供的公共头文件，也包含自定义的私有头文件。采用两种不同的包含格式使得编译器能够在很多头文件中区别出一组公共的头文件。

4）条件编译指令

条件编译指令用于对程序源代码的各部分有选择地进行编译。采用条件汇编，可以提高程序的适用性，缩小目标代码的大小。在默认情况下，源程序中的所有行都要进行编译，但是有时需要某些语句行在条件满足的情况下，才进行编译，此时便用到条件编译指令。目前商业软件公司广泛应用条件编译来制作某个程序的许多不同用户版本。

#if、#else、#endif 为条件编译指令，常数表达式为判断的条件，语句段为条件编译部分。执行过程为如果常量表达式为真，则编译其后面的语句段；如果常量表达式为假，则编译 #else 后面的语句段；#endif 命令是一个条件编译的结束。

#ifdef 与 #ifndef 命令用于判断宏名是否被定义，并根据判断的情况进行条件编译。

#pragma 命令用于向编译程序传送控制指令。

定义中断函数，注意关键字 #pragma 和 _interrupt 的使用。

```
//Timer A0 interrupt service routine
#pragma vector=TIMERA0_VECTOR
_interrupt void Timer_A(void)
{
    /* Do something */
}
```

思考与练习

1. MSP430 单片机有哪些型号？
2. MSP430F249 的存储器结构如何分区？
3. MSP430F249 单片机的基本结构与特点是什么？
4. 复习 C 语言基础知识。

3

MSP430 单片机通用 I/O 端口

I/O 端口是单片机控制系统对外沟通的最基本部件,从基本的键盘、LED 显示到复杂的外设芯片等,都是通过 I/O 端口的输入、输出操作来进行读取或控制的。为满足单片机系统对外部设备控制的需要,MSP430 提供了许多功能强大、使用方便灵活的输入/输出端口。一般来说,MSP430 单片机的 I/O 端口可分为以下几种:

(1) 通用数字 I/O 端口,用于外部电路数字逻辑信号的输入和输出。

(2) 并行总线输入/输出端口,用于外部扩展需要并行接口的存储器等芯片。一般包括数据总线、地址总线和包括读写控制信号的控制总线等。

(3) 片内设备的输入/输出端口,如定时器/计数器的计数脉冲输入,外部中断源信号的输入,A/D 输入,D/A 输出,模拟比较输入端口,脉宽调制(PWM)输出端口等。有的单片机还将 LCD 液晶显示器的接口也集成到单片机中。

(4) 串行通信接口,用于计算机之间或者计算机和通信接口芯片之间的数据交换,如异步串行接口(RS-232、RS-485)、I2C 串行接口、SPI 串行接口、USB 串行接口等。

为了减少芯片引脚的数量以降低芯片的成本,又能提供更多功能的 I/O 端口,现在许多单片机都采用了 I/O 端口复用技术,即端口可作为通用的 I/O 端口使用,也可作为某个特殊功能的端口使用,用户可根据系统的实际需要来定义使用。这样就为设计开发提供了方便,简化了单片机系统的硬件设计工作。

在 MSP430 系列中,不同单片机拥有的 I/O 端口数目不同,引脚最少的 MSP430F20×× 只有 10 个可用的 I/O 端口,而功能更丰富的 MSP430FG46xx 拥有多达 80 个 I/O 端口。MSP430F249 单片机有 6 组 I/O 端口:P1~P6。每组 I/O 端口都有 8 个可以独立编程的引脚,例如 P1 端口有 8 个可编程引脚,为 P1.0~P1.7。所有这些 I/O 端口都是双功能(有的为 3 功能)复用的。其中,第一功能均作为数字通用 I/O 端口使用,而复用功能则分别用于中断、时钟/计数器、USCI、比较器等应用。这些 I/O 端口同外围电路构成单片机系统的人机接口和数据通信接口。

MSP430F249 单片机的 I/O 端口主要有以下特征。

(1) 每个 I/O 端口可以独立编程设置。

(2) 输入、输出功能可以任意结合使用。

(3) P1 和 P2 端口具有中断功能,可以单独设置成上升沿或下降沿触发中断。

(4) 有独立的输入/输出寄存器。

3.1 通用 I/O 端口

MSP430F249 单片机的每组 I/O 端口都有 4 个控制寄存器,分别为方向控制寄存器 PxDIR、输入寄存器 PxIN、输出寄存器 PxOUT 和功能选择寄存器 PxSEL,此处,小写字母"x"表示 6 组 I/O 端口的数字序号,x= 1～6,即 P1 端口的方向控制寄存器为 P1DIR,P6 端口的方向控制寄存器为 P6DIR。另外,P1 和 P2 端口还具有 3 个中断寄存器,分别为中断允许寄存器 PxIE、中断沿选择寄存器 PxIES 和中断标志寄存器 PxIFG,此处,x=1～2。

1. 方向控制寄存器 PxDIR

该寄存器控制 Px 端口的各个引脚的方向。设置相应的比特(bit)位为 **1** 时,相对应的引脚为输出;设置相应的 bit 为 **0** 时,则对应的引脚为输入。PxDIR 寄存器复位时初始值全部输入为 **0**。PxDIR 寄存器的比特分配如表 3-1 所示。

表 3-1 PxDIR 寄存器的比特分配

PxDIR. 7	PxDIR. 6	PxDIR. 5	PxDIR. 4	PxDIR. 3	PxDIR. 2	PxDIR. 1	PxDIR. 0

可以看出,Px 端口的每个引脚都可以单独配置成输入或者输出方向的控制。需要注意的是:MSP430 系列单片机端口输出电流最大为 6 mA,当需要驱动比较大的负载的时候,要利用三极管或缓冲器来提高端口的驱动能力。

MSP430 单片机的 I/O 端口为双向 I/O 端口,因此在使用 I/O 端口前首先要用方向选择寄存器来设置每个 I/O 端口的方向,在程序运行中还可以动态改变 I/O 端口的方向。例如 P1.0,P1.1,P1.2 接有按键,P1.4,P1.5,P1.6 接有 LED,通用 I/O 端口应用示例如图 3.1 所示。

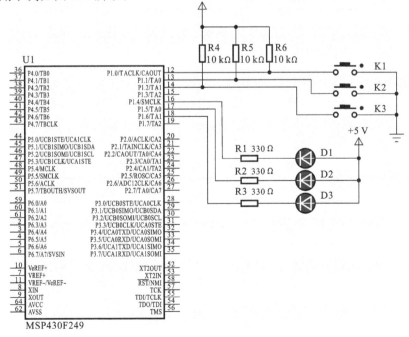

图 3.1 通用 I/O 端口应用示例图

其中按键为输入设备,按键未闭合时,电阻 R4、R5、R6 将端口 P1.0、P1.1、P1.2 上拉到高电平;按键闭合时,按键将对应的端口短路到地。P1.0、P1.1、P1.2 要设置为输入,P1.4、P1.5、P1.6 外接发光二极管,要设置为输出。程序如下:

```
# define BIT0 (0x0001)
# define BIT1 (0x0002)
# define BIT2 (0x0004)
# define BIT3 (0x0008)
# define BIT4 (0x0010)
# define BIT5 (0x0020)
# define BIT6 (0x0040)
# define BIT7 (0x0080)
P1DIR |= BIT4+BIT5 +BIT6;          //P1.4、P1.5、P1.6 设为输出
P1DIR &= ~ (BIT0+BIT1+BIT2);  //P1.0、P1.1、P1.2 设为输入(可省略)
```

其中,BIT0～BIT7 为宏定义,P1DIR |= BIT4+BIT5 +BIT6 是将 P1DIR 寄存器的第 4、5、6 比特位置 1,即配置为输出;P1DIR &= ~ (BIT0 + BIT1 + BIT2)是将 P1DIR 寄存器的第 0、1、2 比特位置 0,即配置为输入。由于 PxDIR 寄存器在复位过程中会被清 0,没有被设置的 I/O 端口方向均为输入状态,因此第二句可以被省略。对于所有已经设成输出状态的 I/O 端口,可以通过 PxOUT 寄存器设置其输出电平。

2. 输入寄存器 PxIN

在输入的模式下,读取该寄存器的相应比特来获得相应引脚上的数据。在输入模式下,当 I/O 端口相应输入高电平时,该寄存器相应的比特为 1;当 I/O 端口相应输入低电平时,该寄存器相应的比特则为 0。PxIN 寄存器的比特分配如表 3-2 所示。

表 3-2 PxIN 寄存器的比特分配

PxIN.7	PxIN.6	PxIN.5	PxIN.4	PxIN.3	PxIN.2	PxIN.1	PxIN.0

该寄存器为只读寄存器,写无效。其每个比特可以单独读取,从而获得相应引脚上的输入数据或者引脚的状态。

3. 输出寄存器 PxOUT

在输出模式下,如果该寄存器的相应比特设置为 1 时,相应的引脚输出为高电平;如果设置该寄存器的相应比特为 0 时,则相应的引脚输出低电平。PxOUT 寄存器的比特分配如表 3-3 所示。

表 3-3 PxOUT 寄存器的比特分配

PxOUT.7	PxOUT.6	PxOUT.5	PxOUT.4	PxOUT.3	PxOUT.2	PxOUT.1	PxOUT.0

值得注意的是:PxOUT 复位时其值不确定,在使用过程中应该先使 PxOUT 的值确定以后才设置方向控制寄存器。

对于所有已经被设成输入状态的 I/O 端口,可以通过 PxIN 寄存器读回其输入电平。例如读回 P1.0 端口上所接按键的开关状态,若处于闭合状态(低电平),则从 P1.4 端口输出低电平点亮 LED,程序如下:

```
P1OUT=BIT4+BIT5 +BIT6;              //P1.4～P1.6 输出高电平
                                    //二极管阳极接高电平,二极管不发光
```

```
if((P1IN & BIT0) == 0) P1OUT |= BIT4;   //P1.4 输出低电平点亮 LED
```

4. 功能选择寄存器 PxSEL

用于设置 Px 端口的每一个引脚作为一般 I/O 端口使用和作为外围模块的功能使用的情况。当该寄存器的相应比特设置为 **1** 时,其对应的引脚为外围模块的功能,即第二功能,具体每个端口的第二功能请参考芯片手册。当该寄存器的相应比特设置为 **0** 时,其对应的引脚为一般 I/O 端口。PxSEL 寄存器的比特分配如表 3-4 所示。其复位值全为 **0**,默认为 I/O 端口功能。

表 3-4 PxSEL 寄存器的比特分配

PxSEL. 7	PxSEL. 6	PxSEL. 5	PxSEL. 4	PxSEL. 3	PxSEL. 2	PxSEL. 1	PxSEL. 0

在 MSP430F249 单片机中,很多内部功能模块也需要和外界进行数据交换,为了不增加芯片引脚数量,大部分都是 I/O 端口复用引脚,导致 MSP430F249 单片机的所有 I/O 端口都具有第二功能。通过寄存器 PxSEL 可以设置某些 I/O 端口作为第二功能使用。例如从 MSP430F249 芯片手册中可以查到,MSP430F249 系列单片机的 P3.4、P3.5 端口的第二功能为串行口的 TXD、RXD。若需要将这两个引脚配置为串口收发引脚,则须将 P3SEL 的第 4、5 比特位置高,程序如下:

```
P3SEL |= BIT4+BIT5;                     //P3.4、P3.5 设为串口收发引脚
```

5. 中断允许寄存器 PxIE

该寄存器控制 P1、P2 端口的中断允许。设置相应的比特为 **1**,则对应的引脚允许中断功能;如果设置相应的比特为 **0**,则对应的引脚不允许中断功能。寄存器的比特分配如表 3-5 所示。其复位值全为 **0**,默认为不允许中断。

表 3-5 PxIE 寄存器的比特分配

PxIE. 7	PxIE. 6	PxIE. 5	Px IE. 4	Px IE. 3	PxIE. 2	PxIE. 1	Px IE. 0

6. 中断沿选择寄存器 PxIES

控制 P1、P2 端口的中断触发沿选择。如果设置相应的比特为 **1**,则其对应的引脚选择下降沿触发中断方式;如果设置相应的比特为 **0**,则其对应的引脚选择上升沿触发中断方式。PxIES 寄存器的比特分配如表 3-6 所示。其复位值全为 **0**,默认为上升沿触发中断。

表 3-6 PxIES 寄存器的比特分配

PxIES. 7	PxIES. 6	PxIES. 5	PxIES. 4	PxIES. 3	PxIES. 2	PxIES. 1	PxIES. 0

在使用 I/O 端口中断之前,需要先将 I/O 端口设置为输入状态,并允许该比特位的中断,再通过 PxIES 寄存器选择触发沿方式为上升沿触发或者下降沿触发。例如将 P1.0、P1.1、P1.2 端口设为外部中断源,P1.0 端口设为上升沿触发,P1.1、P1.2 端口设为下降沿触发,程序设计如下:

```
P1DIR &= ~(BIT0+BIT1+BIT2); //P1.0、P1.1、P1.2 端口设为输入
P1IES |= BIT1+BIT2;          //P1.0 端口设为上升沿触发,P1.1、P1.2 端口
                             //设为下降沿中断
P1IE |= BIT0+BIT1+ BIT2;     //允许 P1.5、P1.6、P1.7 端口设为中断
_EINT();                     //总中断允许
```

7. 中断标志寄存器 PxIFG

如果 P1、P2 端口相应的比特为 **1**,则该位对应的引脚有外部中断产生;若相应的比特为 **0**,则其对应的引脚没有外部中断产生。PxIFG 寄存器的比特分配如表 3-7 所示。其复位值全为 **0**,默认为未发生中断。

表 3-7 PxIFG 寄存器的比特分配

PxIFG. 7	PxIFG. 6	PxIFG. 5	PxIFG. 4	PxIFG. 3	PxIFG. 2	PxIFG. 1	PxIFG. 0

无论中断是否被允许,也无论是否正在执行中断程序,只要对应的 I/O 端口满足中断条件(如一个下降沿触发),PxIFG 中的相应比特位都会立即置 1 并保持,必须通过软件复位将其清零,最大可能地保证不会漏掉每一次中断。在 MSP430 系列单片机中,P1 端口的 8 个中断和 P2 端口的 8 个中断各公用了一个中断入口,当引脚中断功能打开后,外部输入的变化会使得 PxIFG 对应的比特位置 1。当有多个引脚产生中断时,可以通过查询该寄存器在中断服务程序中用于判断哪一位 I/O 端口产生的中断。下面的中断服务程序示范 P1.0、P1.1、P1.2 端口发生中断后将 P1.4、P1.5、P1.6 端口的 LED 点亮。

```
#pragma vector=PORT1_VECTOR        //P1 端口中断源
__interrupt void PORT1_ISR(void)   //声明一个中断服务程序,名为 PORT1_ISR()
{
    if(P1IFG & BIT0)               //判断 P1 端口中断标志第 0 位
    {
    P1OUT=~BIT4;                   //P1.4 端口的 LED 点亮,其他 LED 熄灭
    }
    if(P1IFG & BIT1)               //判断 P1 端口中断标志第 1 位
    {
    P1OUT=~BIT5;                   //P1.4 端口的 LED 点亮,其他 LED 熄灭
    }
    if(P1IFG & BIT2)               //判断 P1 端口中断标志第 2 位
    {
    P1OUT=~BIT6;                   //P1.6 端口的 LED 点亮,其他 LED 熄灭
    }
    P1IFG=0;                       //清除 P1 端口所有中断标志位
}
```

以上点亮 LED 的程序为 P1OUT=~BIT6,而没有用 P1OUT &= ~BIT6,原因是 P1OUT &= ~BIT6 只会影响到 P1.6,其他引脚状态不变。当三个按键都闭合后,三个 LED 都会被点亮,按键将对 LED 不起控制作用。

另外,在程序退出中断前一定要软件清除中断标志,程序中语句为 P1IFG=0,否则由于该中断标志位保持为 1,中断退出后又会引发另外一次相同的中断,中断就会不停发生。类似的原理,即使 I/O 端口没有出现中断条件,程序向 PxIFG 寄存器相应位写"1",也会引发中断。更改中断沿选择寄存器中的位相当于产生了跳变,也会引发上升沿或者下降沿中断。所以更改 PxIES 寄存器应该在关闭中断后进行,并在打开中断之前及时清除中断标志,这种软件产生中断的方式称为软中断。

3.2 LED 彩灯控制

I/O 端口的应用主要包括三个方面:一般 I/O 端口、中断功能端口和外围模块特

殊功能端口。从这一节开始,我们列举几个具体的应用实例。

LED 是一种电路设计中常用的显示器件,比如很多电子设备中,当电源打开时采用 LED 作为电源指示,系统出现异常时采用 LED 闪烁提示报警。将发光二极管排列成方阵 8×8 或者 16×16,构成一个点阵模块,再由这些模块可以构成工作和生活中常用的 LED 电子显示屏,显示单色或者彩色汉字及各种图形,如体育场馆中的大型显示屏。

实例 3.1　彩灯控制

任务要求:利用 MSP430F249 单片机的 P1 端口控制 8 个发光二极管 D1～D8,P1 端口接入三个开关 K1～K3,当 K1 闭合时,D1 和 D4 闪烁,闪烁时间 1 s;当 K2 闭合时,D2 和 D5 闪烁,闪烁时间 2 s;当 K3 闭合时,D1～D8 循环闪烁,闪烁时间 1 s。

分析说明:LED 是一种半导体器件,当两端压降大于 1 V 时,通过 5 mA 左右的导通电流时即可发光。导通电流越大,亮度越高,但若电流过大,会烧毁二极管,一般控制在 3～20 mA。在这里,给发光二极管串联一个电阻的目的就是为了限制通过发光二极管的电流不要太大,因此这个电阻又称为"限流电阻",通常取 300 Ω～1000 Ω。MSP430F249 单片机的 I/O 端口输出电流最大为 6 mA,所有电流之和不超过 48 mA。且当其 I/O 端口输出"0"时,可以吸收最大 40 mA 的电流。因此,采用单片机 I/O 端口控制发光二极管负极的设计。

1) 硬件电路设计

在桌面或者开始菜单中点击 P 图标,打开 Proteus 开发环境,单击菜单 File→New design,新建一个 Default 设计工程,保存文件为 Flash. DSN,选择器件按钮 P L DEVICES 单击 P 按钮,添加如表 3-8 所示的元件。

表 3-8　实例 3.1 元件表

序号	1	2	3	4	5
元件名	单片机	电阻 R1～R8	发光二极管 D1～D8	电阻 R11～R13	开关 K1～K3
参数	MSP430F249	330 Ω		4.7 kΩ	

在原理图编辑窗口中放置元件,以单片机为中心合理布局,尽量减少导线的交叉,导线过多的地方可用标号 label 表示连接关系,在对象选择器中选择 Power 和 Ground 放置电源和地线,按照设计要求连接好各元件之间的连线。双击各元件编辑参数,完成原理图设计。P1 端口接 8 个 LED,P2 端口接三个开关。硬件电路如图 3.2 所示,限流电阻 R1～R8 取 330 Ω,开关上拉电阻取 4.7 kΩ。

2) 程序设计

```
#include <msp430f249.h>
#define uchar unsigned char
#define uint unsigned int
/ * * * * * * * * * 软件延迟 ms 子程序 * * * * * * * * * * /
void delayus(uint t)
{
```

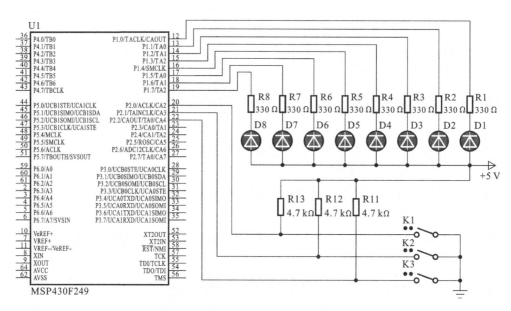

图 3.2 实例 3.1 彩灯控制硬件电路图

```
    uint i;
    while(t--)
        for(i=1300;i>0;i--);
}
void main(void)
{
    uint mask=0x01;
    WDTCTL=WDTPW+WDTHOLD;            //关闭看门狗
    P1DIR=0xFF;                      //设置方向为输出
    P1SEL=0x00;                      //设置为普通 I/O 端口
    P1OUT=0xFF;                      //LED 输出全部关闭
    while(1)
    {
        if((P2IN&0x07) == 0x06)     //K1 开关闭合
        {
            P1OUT ^= (BIT0+BIT4);   //LED0,LED4 闪烁
            delayus(100);           //延迟 0.1s
        }
        else if((P2IN&0x07) == 0x05)  //K2 开关闭合
        {
            P1OUT ^= (BIT1+BIT5);   //LED1,LED5 闪烁
            delayus(200);           //延迟 0.2 s
        }
        else if((P2IN&0x07) == 0x03)  //K3 开关闭合
        {
            P1OUT = ~mask;          //LED 逐个点亮
            delayus(100);           //延迟 0.1 s
            mask += mask;           //mask 的值从 0x01,0x02,0x04...0x80,
                                    //  对应 8 个 LED
            if(mask == 0x100)       //恢复到 0x01
                mask=0x01;
        }
```

```
        if((P2IN&0x07) == 0x07)
          P1OUT=0xFF;                        //无键闭合,关闭全部 LED
      }
    }
```

程序说明：程序首先包含了 msp430f249.h 头文件,该头文件中给出了该系列单片机内部寄存器名字的 C 语言的定义,比如 P1DIR、P2OUT 等,通过已定义的这些名字,以及利用 C 语言,可以直接对寄存器赋值或者读取寄存器的值,从而完成单片机功能的调用。

主程序中首先用 WDTCTL=WDTPW+WDTHOLD 语句关闭看门狗功能(看门狗具体内容请参考第 5 章),因为 MSP430 单片机复位后会默认启动看门狗,程序正常执行时应关闭该功能或者定时复位看门狗。

主循环中读取 P2 端口的输入值,判断是哪一个开关闭合,控制 LED 闪烁,其中 delayus 函数是通过软件实现延迟,需要注意的是 P1 端口的某一位输出为低电平时对应的 LED 点亮,因为 LED 的阳极接电源,而阴极接的是单片机的端口。在 K3 闭合时,通过 mask 每次累加得到 P1 端口的对应位,mask 初始值为 0x01,每次累加后变为 0x02,0x04,0x08…,一直到 0x100 后恢复原来的值 0x01,这一段代码也可以用 mask <<= 1 左移运算来代替,左移运算的效率要比加法高,读者可以自行体会。

3) 仿真结果与分析

点击桌面或者开始菜单中的 IAR 开发环境图标![icon],单击 File 菜单的 New→Workspace 新建一个工作区,如图 3.3 所示。点击菜单 Project→Create New Project 新建工程,如图 3.4 所示。

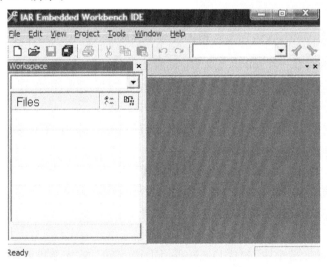

图 3.3 新建工作区

图 3.4 中有个 Tool Chain:MSP430 表示选择的芯片类型,另外在 Project templates(工程模板)下,可以选择 asm(汇编语言)、C++(C++语言)、C(C 语言),这里可以选择 C。展开 C 前面的"+"号,点击 main 之后再点 OK 按钮得到如图 3.5 所示的一个空白工程模板,保存工程名。根据需要选择工程保存的位置,更改工程名,这里工程名设置为 Flash 保存。

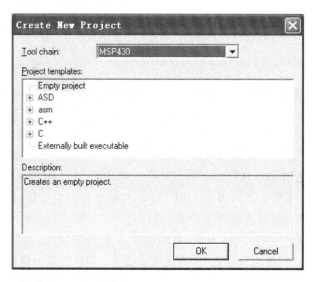

图 3.4　新建工程

图 3.5　工程模板

　　模板中已经存在一个 main.c 文件,将前述的代码加入到该文件中。如果还需要增加新的文件,可以通过 File→New→File 编写新的程序文件,保存后可通过 Project→Add Files 菜单将新的程序文件加入到工程中。

　　下一步是 IAR 的工程参数的设置和代码的编译。点击 IAR 菜单 Project→Options,得到如图 3.6 所示的设置界面。

　　在 General Options 选型中,Device 设置选择合适的单片机型号,这里我们选择与硬件原理图相对应的 MSP430F249,其他都设置为默认即可。

　　为生成单片机运行所需的程序文件,选择 Linker 选型,得到设置界面如图 3.7 所示。

　　在 Output file 选项中,勾选 Override default 选项,输入文件名和类型,选择 Other 单选按钮,在 Output 选项中可以有很多种不同的输出格式选择。我们可以选择其中三种格式,一种是 `intel-standard` ,即 intel standard(intel 公司标准),此时文件名应该为 Flash.hex,这个输出格式可以供 Proteus 进行仿真,但是不能源码调试,或者作为单片机下载的二进制文件;一种是 `msp430-txt` ,即 TI 公司对 MSP430 系列单片机利用 BSL 方式进行烧写的一种格式,此时文件名应该为 Flash.txt;还有一种是 `ubrof 8 (forced)` ,这是 Proteus 对 MSP430 系

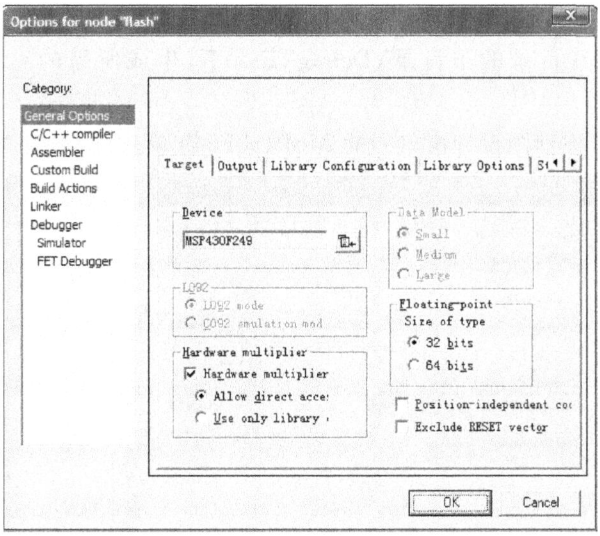

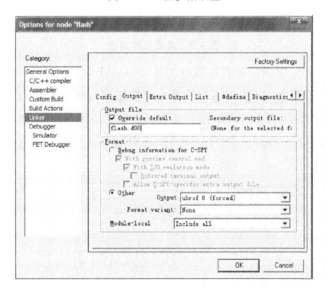

图 3.6　工程参数设置

图 3.7　程序文件选择

列单片机实现源码级调试的文件格式,此时文件名应该为 Flash.d90,为以后程序调
试方便,可以选择最后一种。其他的输出文件格式就不一一介绍了。

　　最后代码的编译可以通过菜单 Project→
Make,或者用快捷键 F7,或者单击工具栏的 图标,对整个工程进行编译,当程序没有错误时,
在 IAR 软件输出窗口提示代码编译的结果,如
图 3.8 所示。

　　最后两行表示程序的错误和警告的数量,当
有错误警告提示可以根据错误和警告提示修改
代码,错误不消除将不能得到可运行的程序文
件;警告要根据具体情况分析解决。作为初学者

图 3.8　编译结果输出窗口

应该将程序中所有的错误和警告都予以排除,养成良好的编程风格和习惯。当程序编译通过后,将在工程目录的子目录\Debug\Exe 下,生成所需的编程或者仿真用的文件。

双击 Proteus 原理图设计窗口中的 MSP430F249 单片机,如图 3.9 所示。

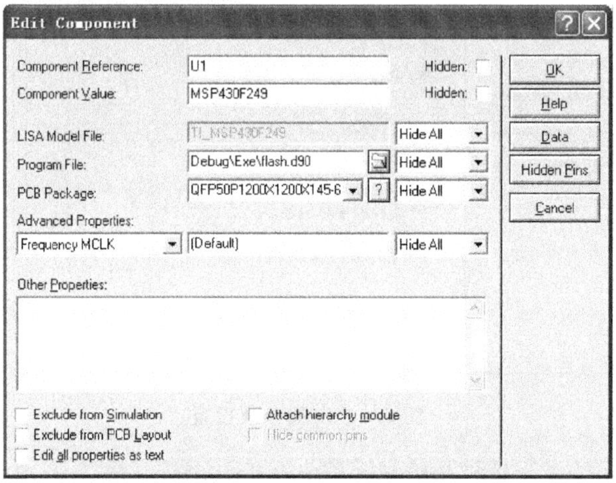

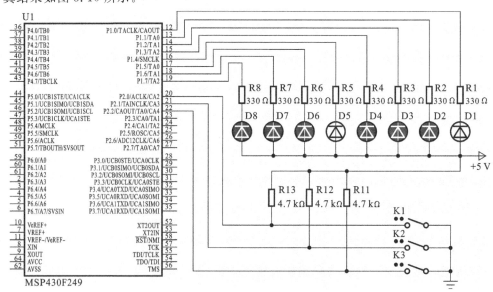

图 3.9 编辑元件属性

在 Program File 中选择装载可执行文件 Debug\Exe\Flash.d90,点击 Proteus 工程窗口左下角 ▶ ▶ ❚❚ ■ 的第一个按钮运行仿真程序,点击 K1 可以观察到 D1 和 D4 灯亮 0.1s 灭 0.1s;运行后点击 K2,可以观察到 D2 和 D5 灯亮 0.2 s 灭 0.2 s;运行后点击 K3,可以观察到 D1~D8 周而复始逐个点亮。开关 K1 闭合时,仿真结果如图 3.10 所示。

图 3.10 实例 3.1 仿真结果图

当程序运行不正常时,可以利用 Proteus 的 debug 菜单 MSP430 source code 进行源码调试,如图 3.11 所示。具体调试方法请参考附录。

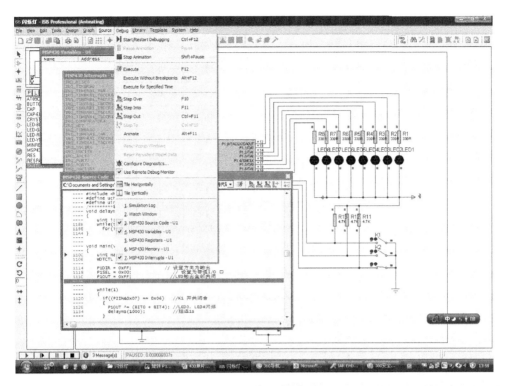

图 3.11　源码调试

4) 注意问题

应用 I/O 端口输出时,在系统的软硬件设计上应注意的问题如下。

输出电平的转换和匹配。如一般 MSP430 系统的工作电源为 3.3 伏(手持系统往往采用 1.5 V～3 V 电源),所以 I/O 端口的输出电平为 3.3 V。当连接的外围器件和电路采用 5 V、9 V、12 V、15 V 等与 3.3 V 不同的电源时,应考虑输出电平转换电路。

输出电流的驱动能力。MSP430 的 I/O 端口输出可以提供 4 mA 左右的驱动电流。输出总电流最大为 48 mA。当连接的外围器件和电路需要大电流驱动或有大电流灌入时,应考虑使用功率驱动电路。

输出电平转换的延时。MSP430 是一款高速单片机,当系统时钟为 8M 时,执行一条指令的时间为 0.125 μs,这意味着将一个 I/O 引脚置"**1**",再置"**0**"仅需要 0.125 μs,即输出一个脉宽为 0.125 μs 高电平脉冲。在一些应用中,往往需要较长时间的高电平脉冲驱动,如步进电机的驱动,动态 LED 数码显示器的扫描驱动等,因此在软件设计中要考虑转换时间延时。对于不需要精确延时的应用,可采用软件延时的方法,编写软件延时的子程序。如果要求精确延时,要使用 MSP430 内部的定时器。

实例 3.2　花样彩灯控制

任务要求:利用 MSP430F249 单片机的 P1 端口控制 8 个发光二极管 D1～D8,点亮顺序如表 3-9 所示,每个发光二极管点亮时间为 0.5 s。

表 3-9　流水灯点亮次序(低电平为点亮)

序号	P1.7	P1.6	P1.5	P1.4	P1.3	P1.2	P1.1	P1.0	模式
1	1	1	1	1	1	1	1	0	
2	1	1	1	1	1	1	0	1	
3	1	1	1	1	1	0	1	1	
4	1	1	1	1	0	1	1	1	单个 LED 左移模式
5	1	1	1	0	1	1	1	1	
6	1	1	0	1	1	1	1	1	
7	1	0	1	1	1	1	1	1	
8	0	1	1	1	1	1	1	1	
9	0	1	1	1	1	1	1	1	
10	1	0	1	1	1	1	1	1	
11	1	1	0	1	1	1	1	1	
12	1	1	1	0	1	1	1	1	单个 LED 右移模式
13	1	1	1	1	0	1	1	1	
14	1	1	1	1	1	0	1	1	
15	1	1	1	1	1	1	0	1	
16	1	1	1	1	1	1	1	0	
17	1	1	1	1	1	1	1	0	
18	1	1	1	1	1	1	0	0	
19	1	1	1	1	1	0	0	0	
20	1	1	1	1	0	0	0	0	多个 LED 左移模式
21	1	1	1	0	0	0	0	0	
22	1	1	0	0	0	0	0	0	
23	1	0	0	0	0	0	0	0	
24	0	0	0	0	0	0	0	0	
25	0	0	0	0	0	0	0	0	
26	1	0	0	0	0	0	0	0	
27	1	1	0	0	0	0	0	0	
28	1	1	1	0	0	0	0	0	多个 LED 右移模式
29	1	1	1	1	0	0	0	0	
30	1	1	1	1	1	0	0	0	
31	1	1	1	1	1	1	0	0	
32	1	1	1	1	1	1	1	0	

分析说明：利用单片机的 P1 端口控制 8 个 LED,其电路图与图 3.2 类似,但是此处不需要开关输入,重点在于 C 程序设计的算法和技巧。

1) 硬件电路设计

在桌面或者开始菜单中点击 ISIS 图标,打开 Proteus 开发环境,单击菜单 File→New design,新建一个 default 设计工程,保存文件为 light2. DSN,选择器件按钮 P|L DEVICES 单击 P 按钮,添加 MSP430F249、LED、RES 等元件。在原理图编辑窗口中放置元件,硬件电路如图 3.12 所示。

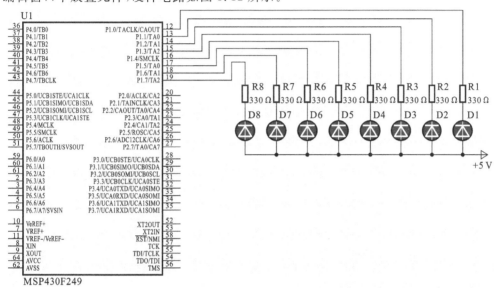

图 3.12 实例 3.2 花样彩灯控制硬件电路图

2) 程序设计

```
# include <msp430f249.h>
# define uchar unsigned char
# define uint unsigned int
# define SHIFT_NUM 8                 //移位循环次数 8

enum LED_MODE
{
    LEFT_SHIFT_ON,                   //单个 LED 左移模式
    RIGHT_SHIFT_ON,                  //单个 LED 右移模式
    LEFT_SHIFT_OFF,                  //多个 LED 左移模式
    RIGHT_SHIFT_OFF,                 //多个 LED 右移模式
};
enum LED_MODE mode;

/ * * * * * * * * * 软件延迟 ms 子程序 * * * * * * * * * * /
void delayus(uint t)
{
    uint i;
    while(t--)
    for(i=1300;i>0;i--);
}
```

```
void main(void)
{
    uint mask=0x01;
    uchar i;
    uchar mode=LEFT_SHIFT_ON;
    WDTCTL=WDTPW+WDTHOLD;              //关闭看门狗
    P1DIR=0xFF;                        //设置方向为输出
    P1SEL=0x00;                        //设置为普通 I/O 端口
    P1OUT=0xFF;                        //LED 输出全部关闭
    while(1)
    {
        for(i=0;i < SHIFT_NUM;i++)
        {
            switch(mode)
            {
                case LEFT_SHIFT_ON:    //单个 LED 左移模式
                    mask <<= 1;
                    if(mask == 0x100)  //下一个状态的初始值
                        mask=0x80;
                    break;
                case RIGHT_SHIFT_ON:   //单个 LED 右移模式
                    mask >>= 1;
                    if(mask == 0x00)   //下一个状态的初始值
                        mask=0x01;
                    break;
                case LEFT_SHIFT_OFF:   //多个 LED 左移模式
                    mask <<= 1;
                    mask |=1;
                    if(mask == 0x1FF)  //下一个状态的初始值
                        mask=0x7F;
                    break;
                case RIGHT_SHIFT_OFF:  //多个 LED 右移模式
                    mask >>= 1;
                    mask &= ~0x80;
                    if(mask == 0x00)   //下一个状态的初始值
                        mask=0x01;
                    break;
            }
            P1OUT=~mask;               //LED 输出
            delayus(100);              //延迟 0.1s
        }
        mode++;                        //显示模式变换
        mode %= 4;
    }
}
```

程序说明:程序首先定义了一个枚举类型 LED_MOD,定义了四种显示模式,分别是单个 LED 左移模式、单个 LED 右移模式、多个 LED 左移模式和多个 LED 右移模式,分别对应表 3-9 中的四种模式,利用枚举类型定义变量 mode,该变量在程序中控制 LED 显示的方式。

主程序中首先运行 WDTCTL=WDTPW+WDTHOLD,关闭看门狗功能,P1 输出全部为高电平,关闭所有的 LED。

　　主循环中利用 for 循环控制 LED 的顺序点亮,循环次数 SHIFT_NUM 为宏定义,这样的写法可以提高程序的可读性和可移植性。在 for 循环中首先是单个 LED 左移模式,mask 为 P1 输出口的值,起始值为 0x01,后面一条语句 P1OUT=~mask,将 mask 取反赋值给 P1 端口,P1 端口输出 0xFE,使得 P1.0 对应的 LED 点亮,其他 LED 熄灭,mask <<=1 语句使得每次循环时 mask 左移一次,即 mask 值从 0x01→0x02→0x04→0x08→0x10……0x80,再左移一次 mask 变为 0x100,注意 mask 定义为 uint,为 16 位整数,不会因为 8 次移位后变为 0,这时显示模式应该转换为单个 LED 右移模式,初始值为 0x80,mask 再逐次右移,即 0x80→0x40→……0x01;当 mask 右移 8 次后为 0 时,显示模式转换为多个 LED 左移模式,初始值 0x01,在循环中 mask <<=1; mask |=1 两条语句使得 mask 的值 0x01→0x03→0x07→…0x1FF,即 LED 从左到右依次多个点亮,当移位 8 次 mask 的值将变为 0x1FF,转换为多个 LED 左移模式,初始值为 0x7F,只有 P1.7 端口 LED 的熄灭,在循环中 mask >>=1; mask &=~0x80 语句使得 mask 的值从 0x7F→0x3F→0x1F……0x00,LED 从右到左依次多个熄灭,最后重新从单个 LED 左移模式开始,如此反复。模式变换的语句为 mode++; mode %=4,模式初始值按照枚举的定义为 0,每次模式变换后加 1,mode %=4 为 mode 对 4 取余,即 mode 值为 0、1、2、3 时,mode%=4 的值依旧是 0、1、2、3,当 mode 加 1 等于 4,再取余时 mode 的值重新为 0。如此实现了模式的循环变换,当然这种写法并不是唯一的,也可以采用以下代码:if(++mode == 4) mode=0。读者注意体会其中的不同之处。

　　3) 仿真结果与分析

　　程序的仿真运行,点击运行后可以观察到 LED 逐渐变换的效果。多个 LED 左移模式,仿真结果如图 3.13 所示。

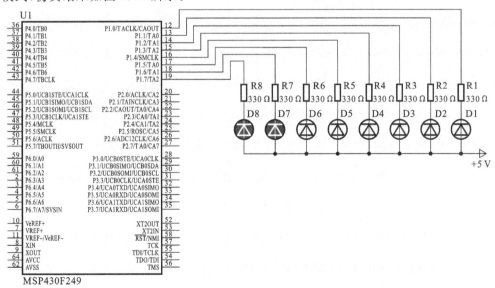

图 3.13　实例 3.2 花样彩灯控制仿真结果图

　　4) 注意问题

本实例采用了多个模式变换来实现流水灯的控制,程序中利用了枚举变量,并采用 switch 语句控制模式的循环,要特别注意模式切换时 mask 的初始值的取值。

以上的两个实例分别介绍了按键控制的闪烁灯和多种模式变换的流水灯,下面一个实例为利用按键选择 LED 显示方式更为复杂的花样灯设计,一方面理解单片机 I/O 端口的输入和输出控制,一方面更深入地学习 C 语言编程的技巧和调试方法。

实例 3.3 带按键选择的花样灯

任务要求:利用 MSP430F249 单片机的 P1 端口控制 8 个发光二极管 LED1～LED8,发光二极管根据 P0 端口接入的开关 K1～K5 完成不同的显示花样变换。当 K1 闭合时,LED1 和 LED2 点亮,延迟 0.1 s 之后,LED2 和 LED3 点亮,最后是 LED7 和 LED8 点亮,然后重新开始;当 K2 闭合时,LED1～LED8 相当于 8 位二进制数,延迟 0.1 s 之后加 1 并点亮对应的 LED;当 K3 闭合时,先 LED1～LED4 点亮,延迟 0.1 s 后 LED5～LED8 点亮;随后 LED1、LED2 和 LED5、LED6 点亮,延迟 0.1 s 后 LED3、LED4 和 LED7、LED8 逐次点亮,最后 LED1、LED3、LED4、LED6 点亮,延迟 0.1 s 后 LED2、LED4、LED6、LED8 点亮,然后重新开始;当 K4 闭合时,显示如表 3-10 所示,表中 0 部分为发光的 LED。也就是说,先点亮 P1.0～P1.3 引脚连接的 4 个 LED,然后让 LED 从右向左移动,当 P1.7 引脚连接的 LED 点亮后,下一步重新点亮 P1.0,依次循环。

表 3-10　彩灯花样式样图

序号	P1.7	P1.6	P1.5	P1.4	P1.3	P1.2	P1.1	P1.0
1	1	1	1	1	0	0	0	0
2	1	1	1	0	0	0	0	1
3	1	1	0	0	0	0	1	1
4	1	0	0	0	0	1	1	1
5	0	0	0	0	1	1	1	1
6	0	0	0	1	1	1	1	0
7	0	0	1	1	1	1	0	0
8	0	1	1	1	1	0	0	0

1）硬件电路设计
在原理图编辑窗口中放置元件,硬件电路如图 3.14 所示。
2）程序设计

```
#include <msp430f249.h>
#define uchar unsigned char
#define uint unsigned int
/ * * * * * * * * * 软件延迟 ms 子程序 * * * * * * * * * * /
void delayus(uint t)
{
    uint i;
    while(t--)
        for(i=1300;i>0;i--);
```

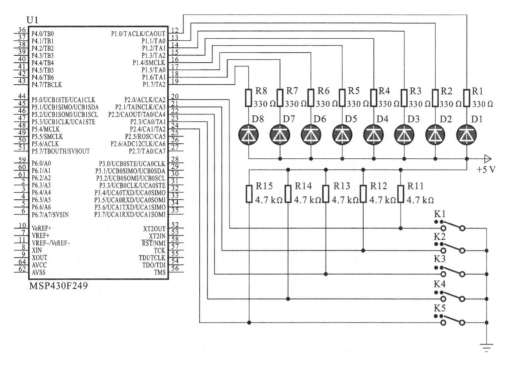

图 3.14 实例 3.3 硬件电路图

```
}
void main(void)
{
    uchar i;
    uchar val=0;
    uchar mask1=0x80;
    uchar mask2=0x01;
    uchar mode=4;
    static unsigned char LEDs=0x0f;      //静态变量用于存储 LEDs 发光状态
    WDTCTL=WDTPW+WDTHOLD;                 //关闭看门狗
    P1DIR=0xFF;                          //设置方向为输出
    P1SEL=0x00;                         //设置为普通 I/O 端口
    P1OUT=0xFF;                         //LED 输出全部关闭
    while(1)
    {
        if((P2IN&0x1F) == 0x01E)         //K1 开关闭合
        { val=0x03;
            for(i=0;i < 8;i++)           //两位 LED 同时移动
            {
                P1OUT=~val;
                val <<= 1;
                delayus(1000);
            }
        }
        else if((P2IN&0x1F) == 0x1D)     //K2 开关闭合
        {
            P1OUT=~(val++);              //LED 按照二进制数据累加显示
```

```
            delayus(1000);
        }
        else if((P2IN&0x1F) == 0x1B)      //K3 开关闭合
        {
            switch(mode)
            {
                case 4:                    //每四个一组 LED 间隔显示
                    P1OUT=0xF0;
                    delayus(1000);
                    P1OUT=0x0F;
                    delayus(1000);
                    break;
                case 2:                    //每两个一组 LED 间隔显示
                    P1OUT=0xCC;
                    delayus(1000);
                    P1OUT=0x33;
                    delayus(1000);
                    break;
                case 1:                    //每一个 LED 间隔显示
                    P1OUT=0x55;
                    delayus(1000);
                    P1OUT=0xAA;
                    delayus(1000);
                    break;
            }
            mode /= 2;
            if(mode == 0)
                mode=4;
        }
        else if((P2IN&0x1F) == 0x17)   //K4 开关闭合
        {
            P1OUT=~(mask1|mask2);      //两个 LED 对向移动显示
            mask1 >>= 1;
            mask2 <<= 1;
            delayus(1000);
            if((mask1|mask2) == 0x00)
            {
                mask1=0x80;
                mask2=0x01;
            }
        }
        else if((P2IN&0x1F) == 0x0F)   //K5 开关闭合
        {
            P1OUT=LEDs;                //4 个 LED 循环显示
            delayus(1000);
            if(((LEDs&0x01)==0X01) && (LEDs != 0x0F))
            {
                LEDs=LEDs<<1 ;
                LEDs += 1;
            }
```

```
      else
        LEDs=LEDs<<1;
      if(LEDs == 0xE0)
        LEDs += 1;
    }
    P1OUT=0xFF;                          //关闭全部 LED
  }
}
```

程序说明:程序利用五个开关是否闭合来控制 LED 花样显示。循环中利用了多种不同的算法来处理花样显示;花样 1 是利用左移来输出两位 LED 的变换;花样 2 利用二进制数直接累加输出给端口的方式,虽较为简单,但是显示效果较好;花样 3 利用了直接端口赋值的方式;花样 4 利用两个 8 位的数左移和右移后或运算,得到一张两个 LED 相对前进的效果;花样 5 是一种蛇形变换方式,利用了左移运算和或运算得到一种四个 LED 同时循环点亮的效果。

　　3)仿真结果与分析

程序的仿真运行,点击运行后可以观察到 LED 逐渐变换的效果。开关 K1 闭合,仿真结果如图 3.15 所示。其他仿真结果读者编程运行,自己观察。

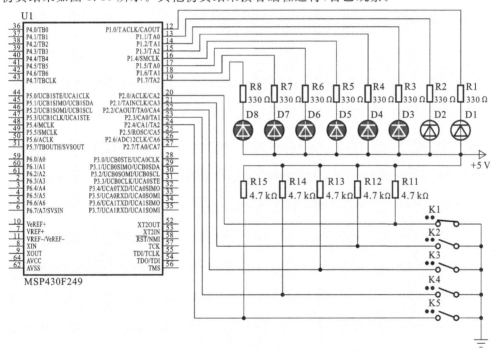

图 3.15　实例 3.3 带按键控制的花样灯仿真结果图

实例 3.4　16 个花样灯控制

　　任务要求:利用 MSP430F249 单片机的 P1 和 P4 端口控制 16 个发光二极管 LED1~LED16,发光二极管有 8 种花样显示,显示速度可调,由 P2 端口三个按键 K1~K3 控制,分别是模式按键、加速按键和减速按键。这三个按键和前面所用的开关不同,按键在按下后会在内部弹性元件的作用下自动弹起。模式按键按下一次,花样显示模式变换一次,按下 8 次后循环到第一种模式,加速和减速按键可以控制 LED 的闪烁速度。

分析说明:按照任务要求,16 个发光二极管可以组成更加丰富的花样变换,由于 MSP430 单片机的每个端口是 8 位,因此需要两个完整的端口来控制发光二极管,这还需要在程序中处理将 16 位的输出转换为两个 8 位的输出,此外,这个实例还将介绍程序的模块化设计、函数指针数组等内容。

1) 硬件电路设计

16 个花样灯控制的硬件电路如图 3.16 所示。值得注意的是 P1 和 P4 端口在连接到 LED 时,是用的网络标号(Proteus 中为 lable)Q1~Q16 来表示网络连接关系,这样就简化了图纸的连线,否则会导致图纸上连线过多过密,影响到图纸的简洁和美观。

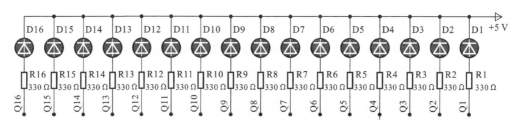

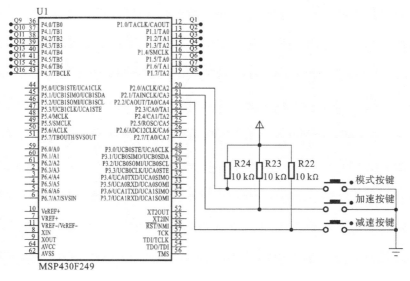

图 3.16　16 个 LED 花样灯硬件电路图

2) 程序设计

由于 16 个花样灯的功能较为复杂,将所有的程序代码写在一个文件中不是一个好的程序设计习惯,我们一般采用模块化编程。模块化编程是指将一个较大的程序划分为若干功能独立的模块,对各模块进行独立开发,然后再将这些模块统一合并为一个完整的程序。这是 C 语言面向过程的编程方法,可以缩短开发周期,提高程序的可读性和可维护性。

在单片机程序里,程序比较小或者功能比较简单的时候,我们不需要采用模块化编程,但是,当程序功能复杂、涉及的资源较多的时候,模块化编程就能体现它的优越性了。如前面写过的闪烁灯程序、流水灯程序和花样灯程序,每一个程序都是只用一个源文件编写就能完成,但程序较为复杂,涉及的功能比较多,将程序全部集中在一个源文件里,将导致主体程序臃肿且杂乱,这样做降低了程序的可读性、可维护性和代码的重用率。如果把这三个程序当做三个独立的模块放到主体程序中进行模块化编程,效果就不一样了。

　　实际上,模块化编程就是模块合并的过程,也是建立每个模块的头文件和源文件并将其加入到主体程序的过程。主体程序调用模块的函数是通过包含模块的头文件来实现的,模块的头文件和源文件是模块密不可分的两个部分,缺一不可。所以,模块化编程必须提供每个模块的头文件和源文件。下面以花样灯为例来介绍模块化编程。首先将 16 位花样灯的程序分解为三部分,分别是主函数、按键程序和LED 显示程序。

　　(1) 建立模块的源文件。

　　在模块化编程里,模块的源文件是实现该模块功能的变量定义和函数定义,不能定义 main 函数。建立模块源文件的方法很多,直接在主体程序里新建一个文件,把代码添加进去,保存为.c 的文件,然后将该文件加入到主体程序;或者是在程序外建立一个记事本文件,把代码添加进去,保存为.c 的文件,然后把文件添加到主体程序里。在这个实例中,把键盘处理代码放在"key.c"中并保存。程序如下。

```c
#include <msp430f249.h>
#include "key.h"
#include "led_disp.h"
extern uchar RunMode;
extern uint SysteMSPeed,SysteMSPeedIndex;
extern uchar LEDDirection;
extern uchar LEDFlag;
extern uint LEDIndex;
uint SpeedCode[]={ 1, 2, 3, 5, 8, 10, 14, 17, 20, 30,
                40, 50, 60, 70, 80, 90, 100,120,140,160,
                180,200,300,400,500,600,700,800,900,1000};
void delaym(uint ms);
/*******读取按钮状态********/
uchar GetKey(void)
{
    uchar KeyTemp;
    uchar Key=0x00;
    if((P2IN&0x07) != 0x07)
    {
        delayus(10);
        if((P2IN&0x07) == 0x07)
            return 0x00;
        KeyTemp=P2IN&0x07;
        if(KeyTemp == 0x06)
            Key=0x01;
        if(KeyTemp == 0x05)
            Key=0x02;
        if(KeyTemp == 0x03)
```

```
                Key＝0x03;
        }
        return Key;
    }
    void SetSpeed(uchar Speed)
    {
        SystemSpeed ＝SpeedCode[Speed];
    }
    void process_key(uchar Key)
    {
        if(Key&0x01)
        {
        LEDDirection＝1;
        LEDIndex＝0;
        LEDFlag＝1;
        RunMode＝(RunMode＋1)%8;
        }
        if(Key&0x02)
        {
            if(SystemSpeedIndex＞0)
            {
            --SystemSpeedIndex;
            SetSpeed(SystemSpeedIndex);
            }
        }
        if(Key&0x03)
        {
            if(SystemSpeedIndex＜28)
            {
            ＋＋SystemSpeedIndex;
            SetSpeed(SystemSpeedIndex);
            }
        }
    }
```

（2）建立模块的头文件。

模块的头文件就是模块和主体程序的接口，里面是模块源文件的函数声明。建立头文件的方法和建立源文件的类似，只是在保存的时候把文件保存为.h的文件。在这里，我们新建文件；把键盘处理模块的源文件里的函数声明放到文件里并保存为"key.h"。每个模块的头文件最终都要被包含在主体程序里，而且不能重复包含，否则编译器报错，所以在每个模块的头文件里要做一些处理，以防止头文件重复包含。程序如下：

```
    ＃ifndef KEY_H
    ＃define KEY_H
    ＃define uchar unsigned char
    ＃define uint unsigned int
    uchar GetKey(void);
    void SetSpeed(uchar Speed);
    void process_key(uchar Key);
    ＃endif
```

在头文件"delay. h"里，♯ifndef … ♯endif 为预编译指令，作用是避免重复包含。头文件的开头两句："♯ifndef KEY_H"和"♯define KEY_H"的意思是，如果没有定义"KEY_H"，就定义"KEY_H"。"KEY_H"是这个头文件的标识符，名字可以任意取，但通常的写法是将头文件名改成大写，把点改成下划线组成，一看就知道是头文件的标示符。接下来就是定义头文件的内容，也就是列出函数声明，头文件的最后应该是结束编译指令♯endif。

同理，建立 LED 显示控制的头文件如下：

```
# ifndef LED_DISP_H
# define LED_DISP_H
# define uchar unsigned char
# define uint unsigned int
void Mode_0(void);
void Mode_1(void);
void Mode_2(void);
void Mode_3(void);
void Mode_4(void);
void Mode_5(void);
void Mode_6(void);
void Mode_7(void);
void LEDShow(uint LEDStatus);
void delayus(uint t);
# endif
```

LED 显示控制的 C 文件如下：

```
# include <msp430f249. h>
# include "Led_disp. h"
extern uchar RunMode;
extern uchar LEDDirection ,LEDFlag ;
extern uint LEDIndex;
/* * * * * * * * * * * * * *定义函数指针数组* * * * * * * * * * * * */
void ( * run[8])(void)={Mode_0,Mode_1,Mode_2,Mode_3,
                        Mode_4,Mode_5,Mode_6,Mode_7};
void Mode_0(void)
{
    LEDShow(0x0001<<LEDIndex);
    LEDIndex=(LEDIndex+1)%16;
}
//Mode 1
void Mode_1(void)
{
    LEDShow(0x8000>>LEDIndex);
    LEDIndex=(LEDIndex+1)%16;
}
//Mode 2
void Mode_2(void)
{
    if(LEDDirection)
        LEDShow(0x0001<<LEDIndex);
```

```
            else
                LEDShow(0x8000>>LEDIndex);
        if(LEDIndex==15)
            LEDDirection=! LEDDirection;
        LEDIndex=(LEDIndex+1)%16;
    }
    //Mode 3
    void Mode_3(void)
    {
        if(LEDDirection)
            LEDShow(~(0x0001<<LEDIndex));
        else
            LEDShow(~(0x8000>>LEDIndex));
        if(LEDIndex==15)
            LEDDirection=! LEDDirection;
        LEDIndex=(LEDIndex+1)%16;
    }
    //Mode 4
    void Mode_4(void)
    {
        if(LEDDirection)
        {
            if(LEDFlag)
                LEDShow(0xFFFE<<LEDIndex);
            else
                LEDShow(~(0x7FFF>>LEDIndex));
        }
        else
        {
            if(LEDFlag)
                LEDShow(0x7FFF>>LEDIndex);
            else
                LEDShow(~(0xFFFE<<LEDIndex));
        }
        if(LEDIndex==15)
        {
            LEDDirection=! LEDDirection;
            if(LEDDirection) LEDFlag=! LEDFlag;
        }
        LEDIndex=(LEDIndex+1)%16;
    }
    //Mode 5
    void Mode_5(void)
    {
        if(LEDDirection)
            LEDShow(0x000F<<LEDIndex);
        else
            LEDShow(0xF000>>LEDIndex);
        if(LEDIndex==15)
            LEDDirection=! LEDDirection;
        LEDIndex=(LEDIndex+1)%16;
    }
```

```
//Mode 6
void Mode_6(void)
{
    if(LEDDirection)
        LEDShow(~(0x000F<<LEDIndex));
    else
        LEDShow(~(0xF000>>LEDIndex));
    if(LEDIndex==15)
        LEDDirection=! LEDDirection;
    LEDIndex=(LEDIndex+1)%16;
}
//Mode 7
void Mode_7(void)
{
    if(LEDDirection)
        LEDShow(0x003F<<LEDIndex);
    else
        LEDShow(0xFC00>>LEDIndex);
    if(LEDIndex==9)
        LEDDirection=! LEDDirection;
    LEDIndex=(LEDIndex+1)%10;
}
//Mode 8
void Mode_8(void)
{
    LEDShow(++LEDIndex);
}
void LEDShow(uint LEDStatus)
{
    P1OUT=~(LEDStatus&0x00FF);
    P4OUT=~((LEDStatus>>8)&0x00FF);
}
/* * * * * * * * * *软件延迟 ms 子程序* * * * * * * * * */
void delayus(uint t)
{
    uint i;
    while(t--)
        for(i=1000;i>0;i--);
}
```

(3) 在主程序里包含模块的头文件,完成程序总体设计,把上面的两个文件"key.h"和"led_disp.c"分别添加到程序里。为了体现"主体"区别于模块,把主体程序的源文件命名为"main.c"。程序如下。

```
#include <msp430f249.h>
#include "Led_disp.h"
#include "key.h"
#define uchar unsigned char
#define uint unsigned int
extern void (*run[8])(void);
uchar RunMode;
```

```
                uint SystemSpeed,SystemSpeedIndex;
                uchar LEDDirection=1;
                uchar LEDFlag=1;
                uint LEDIndex=0;
                void system_Initial(void)
                {
                  P1DIR=0xFF;                        //设置方向为输出
                  P1SEL=0x00;                        //设置为普通 I/O 端口
                  P2DIR=0x00;
                  P4DIR=0xFF;
                  P4SEL=0x00;
                  P1OUT=0xFF;                        //LED 输出全部关闭
                  P4OUT=0xFF;
                  RunMode        =0x00;
                  SystemSpeedIndex=10;
                  SetSpeed(SystemSpeedIndex);
                }
                main()
                {
                  uchar key;
                  WDTCTL=WDTPW+WDTHOLD;              //关闭看门狗
                  system_Initial();
                  while(1)
                  {
                    key=GetKey();
                    if(key! =0x00)
                    {
                        process_key(key);
                    }
                    run[RunMode]();
                    delayus(SystemSpeed);
                  }
                }
```

从主程序来看,代码非常简洁,便于编程人员理解和修改,更重要的是键盘处理程序和 LED 显示控制程序可以重复使用于其他设计中。特别要指出的是在 led_disp.c 文件中有一个代码:

```
            void ( * run[8])(void)={Mode_0,Mode_1,Mode_2,Mode_3,
            Mode_4,Mode_5,Mode_6,Mode_7};
```

这个代码定义了一个函数指针数组,将 8 个显示模式的函数地址保存在 run 数组中,该数组保存的是函数的指针,在主程序中用 run[RunMode]()不同的显示模式,RunMode 为显示模式变量,可以通过模式按键进行修改。

3) 仿真结果与分析

点击装载程序运行后可以观察到 LED 逐渐变换的效果。仿真结果如图 3.17 所示。

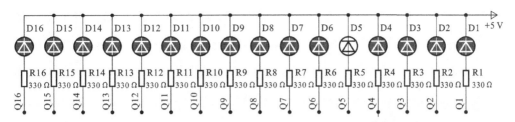

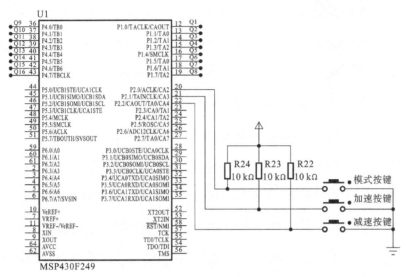

图 3.17 实例 3.4 16 个花样灯仿真结果图

3.3 LED 数码管显示

LED 数码管是单片机应用系统中常用的输出设备,它由发光二极管组成,用来显示字段,具有结构简单、价格便宜等特点。

通常使用的 LED 数码管是 7 段式和 8 段式 LED。8 段式比 7 段式多了一个小圆点,其他的基本相同。所谓的 8 段就是指数码管里有 8 个小 LED,其中 7 个长条形的发光管,即 a、b、c、d、e、f、g,排列成一个"日"字形,另一个圆点形的发光二极管,即 dp,在显示器的右下角作为显示小数点用,通过控制这 8 个不同的 LED 的亮灭来显示不同的数字、字母及其他符号,如图 3.18 所示。

数码管又分为共阴极和共阳极两种类型,如图 3.19 所示。共阴极是将 8 个 LED 的阴极连在一起,让其接地,这样当某一个 LED 的阳极为高电平时,LED 便能点亮;共阳极就是将 8 个 LED 的阳极连在一起。图 3.18 所示为 8 段共阴极数码管引脚图,两个"GND"引脚连在一起接地。如果是共阳数码管,这两个"GND"引脚则为电源引脚,需连在一起接 +5 V 电源。

数码管的 8 段,对应一个字节的 8 位,a 对应最低位,dp 对应最高位。所以,如果想让数码管显示数字 0,那么共阴数码管的字符编码为 00111111,即 3F;共阳数码管的字符编码则为 11000000,即 C0。数码管的字形 7 段码与十六进制数的对应关系如表 3-11 所示。从表中可以看出,共阴极与共阳极的字形代码互为补数。

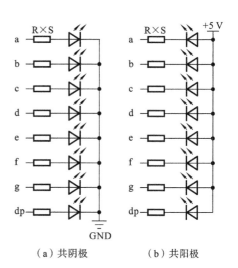

（a）共阴极　　　　（b）共阳极

图 3.18　8 段数码管引脚图　　　　　　图 3.19　数码管结构图

表 3-11　LED 数码管字符字段编码表

显示字符	P1.7	P1.6	P1.5	P1.4	P1.3	P1.2	P1.1	P1.0	共阴极段码	共阳极段码
	h	g	f	e	d	c	b	a		
0	0	0	1	1	1	1	1	1	3FH	C0
1	0	0	0	0	0	1	1	0	06	F9
2	0	1	0	1	1	0	1	1	5B	A4
3	0	1	0	0	1	1	1	1	4F	B0
4	0	1	1	0	0	1	1	0	66	99
5	0	1	1	0	1	1	0	1	6D	92
6	0	1	1	1	1	1	0	1	7D	82
7	0	0	0	0	0	1	1	1	07	F8
8	0	1	1	1	1	1	1	1	7F	80
9	0	1	1	0	1	1	1	1	6F	90
A	0	1	1	1	0	1	1	1	77	88
B	0	1	1	1	1	1	0	0	7C	83
C	0	0	1	1	1	0	0	1	39	C6
D	0	1	0	1	1	1	1	0	5E	A1
E	0	1	1	1	1	0	0	1	79	86
F	0	1	1	1	0	1	1	1	71	8E

实例 3.5　单个数码管显示

　　任务要求:使用 MSP430F249 单片机实现单个 8 段共阴极数码管的显示,依次循环显示 0~15 的十六进制数,即"0~F"。

　　分析说明:可设置 P1 端口的 8 个引脚分别控制共阴数码管的 8 段,当 I/O 端口输出高电平"**1**"或低电平"**0**"时,实现每段发光二极管的点亮或熄灭。

1)硬件电路设计

P1.0引脚接共阴极数码管的 a 段,P1.1引脚接数码管的 b 段,依次类推,硬件电路如图 3.20 所示。为了限制每个端口的输出电流在 5 mA 以内,此处限流电阻 R 取470 Ω。

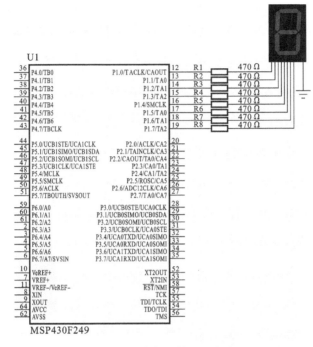

图 3.20　单个数码管显示电路图

2)程序设计

对照表 3-11 中字形代码与十六进制数的对应关系,设置 P1 端口按一定规律输出相应代码值。程序如下:

```
#include <msp430x24x.h>
unsigned char const led_tab[]={0x3f,0x06,0x5b,0x4f,0x66,0x6d,0x7d,0x07,
                0x7f,0x6f,0x77,0x7c,0x39,0x5e,0x79,0x71};
                                        //共阴极数码管编码表
void delayus(unsigned int t)
{
    unsigned int i;
    while(t--)
    for(i=1330;i>0;i--);
}
void main(void)
{
    unsigned char i;
    WDTCTL=WDTPW+WDTHOLD;               //关闭看门狗
    P1DIR=0xFF;                         //设置方向为输出
    P1OUT=0x00;
    while(1)
    {
```

```
        for(i=0;i<10;i++)
        {
            P1OUT=led_tab[i];
            delayus(100);
        }
    }
}
```

程序说明:此程序中,由于数字字型的编码没有规律,可以使用数组存储这些预先定义的常数,程序中数组 led_tab[] 内有 16 个元素,为显示字型"0~F"的段码。当使用程序语句"P1 OUT= led_tab [i]"时,即可将 led_tab 数组中的第 i 个元素直接赋给 P1OUT。当 i 从 0 开始每次加 1,P1 端口输出字型"0~F"的段码,将数码管对应的字段点亮,显示出所需的字符。另外由于硬件确定后,段码值固定不会改变,因此通过 const 关键字定义 led_tab 数组,这样可以把它定义在 MSP430F249 单片机的内部 Flash 中,从而节省内部 RAM 存储器。

3) 仿真结果与分析

在 IAR 编译程序得到 7LED. d90 文件,并在 Proteus 原理图中双击 MSP430F249 单片机,装载可执行文件 7LED. d90 后运行,可以观察到数码管上的数字依次从 0~F 变换显示,仿真效果如图 3.21 所示。

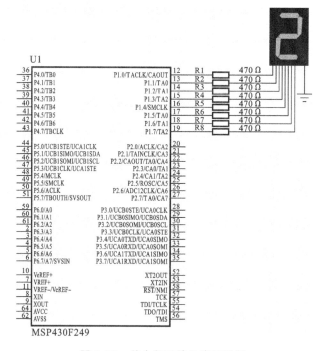

图 3.21 单个数码管仿真结果图

实例 3.5 是单个的数码管显示,在很多应用中需要两个或者更多的数码管显示。

实例 3.6 2 位数码管加减计数

任务要求:2 位数码管显示 0~99,带加减计数功能,利用两个按键分别实现加法和减法功能,每按一次,数字增加或者减小1,当增加到99或者减小到0时不变。

分析说明:单个的数码管可以用一个单片机的端口控制,2位的数码管就要占用两个8位的端口,这里我们用单片机的P1和P4端口分别控制两个数码管。P3端口接入三个按键实现加减计数和清零功能。

1) 硬件电路设计

这里数码管和单片机I/O端口之间的限流电阻没有采用单个的电阻,而是使用一种称为排阻RN的元件,这种元件是将4个或者8个电阻封装在一起,使用十分方便,减少了元件体积和焊接时间,是一种常用的硬件设计方式。数码管采用两个1位的共阴极数码管,分别用P1和P4控制,当然也可以采用其他端口,这里主要是考虑到仿真时原理图的简洁,另外LED选择的是不带小数点的7段共阴极数码管,硬件电路原理如图3.22所示。

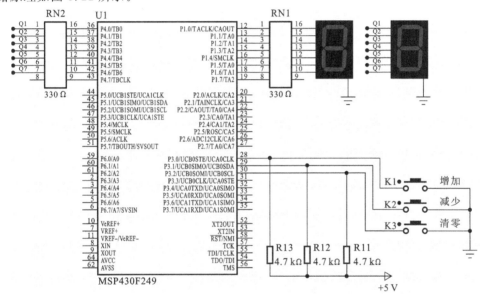

图3.22 2位数码管加减计数硬件电路原理图

2) 程序设计

```
#include <msp430f249.h>
#define uchar unsigned char
#define uint unsigned int
uchar const led_tab[]={
0x3f,0x06,0x5b,0x4f,0x66,0x6d,0x7d,0x07,
0x7f,0x6f,0x77,0x7c,0x39,0x5e,0x79,0x71};    //共阴极数码管段选码表,无小
                                             数点

uchar count=0;                               //计数值
void delayus(uint t)
{
    uint i;
    while(t--)
    for(i=1330;i>0;i--);
}
```

```c
void system_Initial(void)
{
    P1DIR=0xFF;                              //设置方向为输出
    P4DIR=0xFF;
    P1OUT=0x00;                              //LED输出全部关闭
    P4OUT=0x00;
}
/********读取按键状态*********/
uchar GetKey(void)
{
    uchar KeyTemp;
    uchar Key=0x00;
    if((P3IN&0x07) != 0x07)
    {
        delayus(20);
        if((P3IN&0x07) == 0x07)
            return 0x00;
            KeyTemp=P3IN&0x07;
        if(KeyTemp == 0x06)
            Key=0x01;
        if(KeyTemp == 0x05)
            Key=0x02;
        if(KeyTemp == 0x03)
            Key=0x03;
    }
    return Key;
}
void process_key(uchar Key)
{
    if(Key==1)                              //显示值加1
    {
        count++;
        if(count > 99)                      //限制显示值的范围为0~99
            count=99;
    }
    if(Key==2)                              //显示值减1
    {
        if(count > 0)                       //限制显示值的范围为0~99
            count--;
    }
    if(Key==3)                              //显示值清零
    {
        count=0;
    }
}
//***************************************************************
```

```
    main()
    {
      uchar key;                              //按键值
      uchar disp_buf[2];                      //显示缓冲区
      WDTCTL=WDTPW+WDTHOLD;                    //关闭看门狗
      system_Initial();
      while(1)
      {
        key=GetKey();
        if(key! =0x00)
        {
            process_key(key);
            disp_buf[1]=count / 10;           //对计数值取十位数
            disp_buf[0]=count % 10;           //对计数值取个位数
            if(count < 10)
                P1OUT=0x00;                   //如果十位数为0,关闭其显示
            else
                P1OUT=led_tab[disp_buf[1]];
            P4OUT=led_tab[disp_buf[0]];
        }
      }
    }
```

程序说明:程序较为简单,没有采用多模块化程序设计的方式,所有程序在一个文件中。值得注意的是,程序中对加1和减1计数限制了其计数值的范围,当计数值小于10的时候,将十位数输出关闭,以便符合通常的十进制数显示习惯。

3) 仿真结果与分析

程序的仿真运行参照前面的实例,点击运行后可以观察到数码管在按键按下后输出的数字。仿真效果如图3.23所示。

4) 讨论

一个LED数码管只能显示一位数字,在很多单片机系统中经常要使用多个LED数码管,如要显示时间、温度、压力等。在实例3.5中,一个数码管使用了单片机的8个I/O端口线输出段码(公共端接GND)。显然,当使用多个数码管时,采用此控制方式会存在问题,如要使用6个数码管,则需要48个通用I/O端口,系统就无法连接其他的外围设备和电路了。另外,采用此方式显示字符时,每个LED都要消耗一定的电流,在极端情况下最多有8个LED工作,如果有多个数码管工作,则消耗的电流非常可观,因此多个数码管的显示驱动系统的实现,有多种不同的方式可以采用,而且在硬件和软件的设计上也是不同的。

当多位数码管并列在一起时,其内部的公共端是独立的,而负责显示数字的段码(即a,b,c,d,e,f,g,dp)全部是连接在一起的。独立的公共端可以控制多位数码管中的某一个数码管点亮,连接在一起的段码可以控制这个能点亮的数码管显示的数字。通常我们把公共端称为"位选线",通过单片机及外部驱动电路就可以控制任意的数码管显示任意的数字了。

对于多位数码管,有静态显示和动态扫描显示两种显示方式。

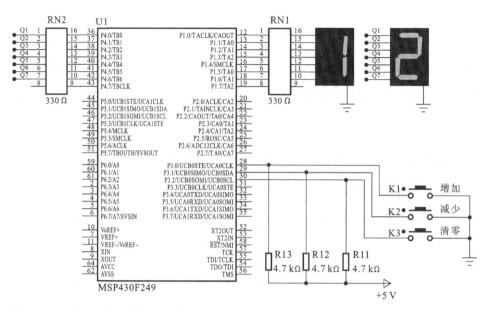

图 3.23　实例 3.6 仿真结果图

（1）静态显示。

所谓静态显示，就是把多个数码管的每一段（a ~ dp）与一个 8 位并行口连接起来，而公共端则根据数码管的种类连接到"VCC"或"GND"端。图 3.24 所示为一个 4 位 LED 的静态显示电路。这种连接方式的每一个数码管都需占用一个单独的具有锁存功能的 I/O 端口，单片机只需把要显示的段码发送到接口电路即可，直到要显示新的数据时，再发送新的段码。

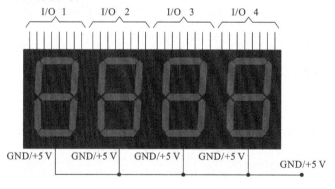

图 3.24　4 位 LED 静态显示电路

静态显示方式具有编程简单，显示稳定，CPU 使用效率较高等特点，但其要求有 8×N 根 I/O 端口线，占用 I/O 端口资源较多，接口电路也较复杂，功耗比较大，因此，在位数较多时往往采用动态扫描显示方式。

（2）动态扫描显示。

所谓动态扫描显示，就是将所有位的段码并联在一起，由一个 8 位 I/O 端口控制，而共阴极或共阳极公共端分别由相应的 I/O 端口线控制。图 3.25 是一个 8 位 LED 动态显示电路。

此方式只需要两个 8 位 I/O 端口，一个输出段码，一个控制"位选线"。由于所有数码管的段码都连接到一个 8 位 I/O 端口，要想每位显示不同的字符，必须采用扫描

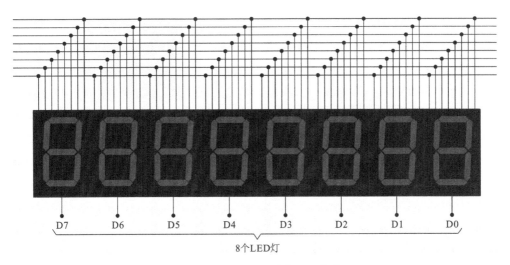

D7　D6　D5　D4　D3　D2　D1　D0

8个LED灯

图 3.25　8 位 LED 动态显示电路

方式,即通过"位选线"的控制,每一个数码管显示一段时间后切换到下一个数码管显示。每个数码管显示一小段时间,如 1 ms～2 ms,只要切换速度足够快,因为人眼存在"视觉残留",就能同时看到 8 只数码管显示。

当数码管显示位数较多时,此方法占用单片机的 I/O 端口资源较少,需要提供的 I/O 接口电路也较简单,节省功耗,但其编程难度稍高,单片机要周期性地扫描各数码管,占用 CPU 的资源较多。

实例 3.7　2 位一体数码管倒计时

任务要求:使用 2 位一体的数码管实现 30 s 的倒计时显示,当按下启动按键时,数码管显示数据从 30 开始减 1,一直到 0。倒计时开始后,按键输入无效。

分析说明:根据前述的动态扫描的方式,由 P1 端口驱动数码管的控制端,P2 端口的 P2.0 、P2.1 连接到公共端。键盘输入由 P2.2 端口接入。

1)硬件电路设计

在原理图编辑窗口中放置元件,硬件电路如图 3.26 所示。

2)程序设计

```
include <msp430f249.h>
# define uchar unsigned char
# define uint unsigned int
uchar const led_tab[]={
0x3f,0x06,0x5b,0x4f,0x66,0x6d,0x7d,0x07,
0x7f,0x6f,0x77,0x7c,0x39,0x5e,0x79,0x71};    //共阴极数码管段选码表,无小数点
uchar key;                                    //按键值
void delayus(uint t)
{
    uint i;
    while(t--)
        for(i=1300;i>0;i--);
```

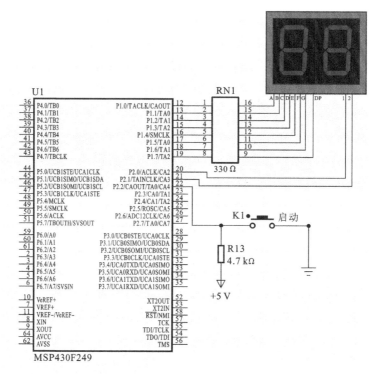

图 3.26   30 s 倒计时硬件电路图

```
}
void system_Initial(void)
{
  P1DIR=0xFF;                          //设置方向为输出
  P2DIR=BIT0+BIT1;
  P1OUT=0x00;                          //LED 输出全部关闭
  P2OUT=BIT0+BIT1;
  P2IE |= BIT2;                        //P2.2 中断使能
  P2IES |= BIT2;                       //P2.2 下降沿中断
  P2IFG &= ~BIT2;                      //P2.2 清除中断标志
  _EINT();
}
//端口 2 中断服务程序
#pragma vector=PORT2_VECTOR
__interrupt void Port_2(void)
{
    P2IFG &= ~BIT2;                    //清除中断标志
    key=0x01;
}
//* * * * * * * * * * * * * * * * * * * * * * * * * * * * * * * * * *
int main(void)
{
  uchar i;
  uchar count=30;                      //计数值
  uchar disp_buf[2];                   //显示缓冲区
```

```
WDTCTL=WDTPW+WDTHOLD;              //关闭看门狗
system_Initial();
while(1)
{
    if(key == 0x01)
    {
        key=0;
        _DINT();                       //禁止中断,在开始计时后按键不起作用
        for(count=30;count > 0;count--)
        {
            disp_buf[1]=count / 10;        //对计数值取十位数
            disp_buf[0]=count % 10;        //对计数值取个位数
            for(i=0 ; i < 25; i++)         //总共循环 25 次,计时 1 s
            {
                P1OUT=0;
                P1OUT=led_tab[disp_buf[1]];
                P2OUT=~BIT0;                //显示十位数
                delayus(2000);             //软件仿真时,取 20 不闪烁
                P1OUT=0;
                P1OUT=led_tab[disp_buf[0]];
                P2OUT=~BIT1;                //显示个位数
                delayus(2000);             //软件仿真时,取 20 不闪烁
            }
        }
        P1OUT=led_tab[0];                  //30 s 倒计时结束,显示 0;
        P2OUT=~BIT1;
        _EINT();                           //开放中断
    }
}
}
```

程序说明:2 位数码管使用了动态显示的方式,在主程序 for 循环中,P1 端口输出十位数的显示段码后,P2.0 置低,此时左边一位数码管显示十位数,延迟 2 ms,再显示个位数,延迟 2 ms。由于人眼视觉残留的效应,两位数字是同时显示的。按键采用中断的方式,当按下按键时,产生一个下降沿的跳变,在程序中 P2IE | = BIT2、P2IES | = BIT2 两条语句分别让 P2.2 中断使能和配置 P2.2 下降沿中断。中断服务程序为如下代码:

```
# pragma vector=PORT2_VECTOR
__ interrupt void Port_2(void)
{
    P2IFG &= ~BIT2;                    //清除中断标志
    key     =0x01;
}
```

其中 # pragma vector=PORT2_VECTOR 为定义中断矢量地址,由于外部中断不能自动清除,在软件中利用 P2IFG &= ~BIT2 清除中断标志。

3) 仿真结果与分析

点击运行程序,按下启动按键后可以观察到数码管显示的数字减 1 直到 0;在倒计时开始后,按键无效;直至计数为 0 才能重新启动倒计时。仿真效果如图 3.27 所示。

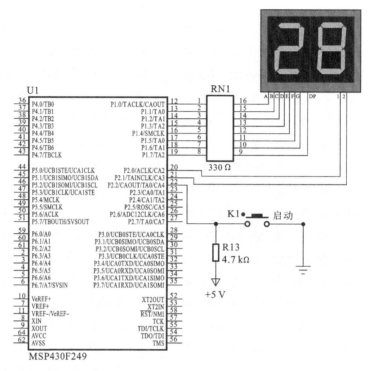

图 3.27 30 s 倒计时仿真结果图

实例 3.8 4 位一体数码管静态显示

任务要求:用静态显示方式,利用单片机控制 4 位一体数码管中每一位独立显示,从 0 开始,每次加 1,一直增至 9999 后归零重新开始。

分析说明:4 位数码管如果用静态显示方式,需要的 I/O 端口为 32 个,导致占用大量的端口,且由于数码管的功耗较高,单片机同时驱动 32 个 I/O 端口会超过其极限输出电流,因此利用锁存器,将单片机的数据输出轮流送给 4 个锁存器,数据被保持在锁存器中实现静态显示。这里选择 74HC573 作为锁存器。其原理如图3.28所示。

图中 74HC573 的 D0~D7 为输入,Q0~Q7 为输出,OE 为输出使能引脚,LE 为锁存引脚。其功能如下:当 OE 使能引脚为高电平时,不管 LE 和 D0~D7 的信号如何变化,Q0~Q7 是一种高阻态,即相当于与之连接的电路断开,只有在 OE 为低电平时,输出才有效;LE 锁存引脚为高电平,Q0~Q7 跟随输入的变化,当 LE 引脚出现从高到低的跳变时,输出 Q0~Q7 与输入 D0~D7 相同,当 D0~D7 变化时,输出保持不变。这样为驱动 4 个数码管,可以使用 4 片 74HC573,将它们的输入端都接到单片机的 P1 端口,而锁存端 LE 分别接到单片机其他不同的 I/O 端口,输出端 Q0~Q7 接数

图 3.28　74HC573 逻辑图

码管的输入端,利用锁存端的下降沿把需要显示的数据锁存,当单片机将 4 片 74HC573 的数据锁存完成,就可以实现 4 个数码管的静态驱动。

1)硬件电路设计

硬件电路如图 3.29 所示。

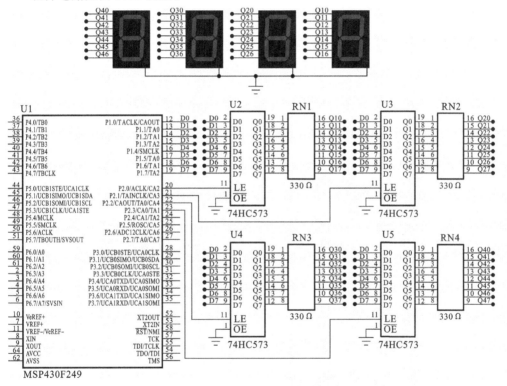

图 3.29　实例 3.8 硬件电路图

2)程序设计

```c
#include <msp430f249.h>
#define uchar unsigned char
#define uint unsigned int
uchar const led_tab[]={
0x3f,0x06,0x5b,0x4f,0x66,0x6d,0x7d,0x07,
0x7f,0x6f,0x77,0x7c,0x39,0x5e,0x79,0x71};  //共阴极数码管段选码表,无小数点
void delayus(uint t)
{
    uint i;
```

```
        while(t--)
            for(i=1300;i>0;i--);
}
void system_Initial(void)
{
  P1DIR=0xFF;                         //设置方向为输出
  P1SEL=0x00;                         //设置为普通 I/O 端口
  P2DIR=BIT0+BIT1+BIT2+ BIT3; ;       //P2.0,P2.1,P2.2,P2.3 作为锁存控制
                                      //引脚
  P1OUT=0x00;                         //LED 输出全部关闭
  P2OUT &= ~(BIT0+BIT1+ BIT2+ BIT3);
}
int main(void)
{
  uint count=0;                       //计数值
  uchar disp_buf[4];                  //显示缓冲区
  WDTCTL=WDTPW+WDTHOLD;               //关闭看门狗
  system_Initial();
  while(1)
  {
    disp_buf[3]=(count/1000)%10;      //对计数值取千位数
    disp_buf[2]=(count/100)%10;       //对计数值取百位数
    disp_buf[1]=(count/10)%10;        //对计数值取十位数
    disp_buf[0]=count%10;             //对计数值取个位数
    count++;
    P2OUT &= ~BIT0;                   //锁存个位数
    P1OUT=led_tab[disp_buf[0]];
    delayus(100);
    P2OUT |= BIT0;
    P2OUT &= ~BIT0;
    P2OUT &= ~BIT1;                   //锁存十位数
    P1OUT=led_tab[disp_buf[1]];
    delayus(100);
    P2OUT |= BIT1;
    P2OUT &= ~BIT1;
    P2OUT &= ~BIT2;                   //锁存百位数
    P1OUT=led_tab[disp_buf[2]];
    delayus(1);
    P2OUT |= BIT2;
    P2OUT &= ~BIT2;
    P2OUT &= ~BIT3;                   //锁存千位数
    P1OUT=led_tab[disp_buf[3]];
    delayus(1);
    P2OUT |= BIT3;
    P2OUT &= ~BIT3;
    delayus(100);
  }
}
```

程序说明:本例程序较为简单,在主循环中对 4 片 74HC573 分别进行数据锁存处理,锁存的时序是先将 LE 信号置低,这样 74HC573 输出不变;再将显示的数据通过 P1 端口送到 74HC573 的 D0～D7;通过将 LE 置高再置低产生一个下降沿,数据就会

被锁存到 74HC573 中。

3）仿真结果与分析

运行加载程序后其仿真效果如图 3.30 所示。

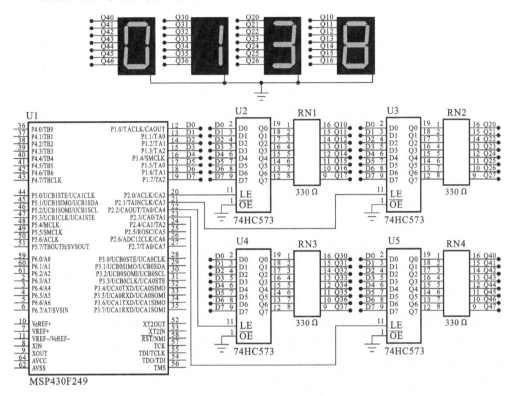

图 3.30 实例 3.8 仿真结果图

实例 3.9 8 位一体数码管动态显示时钟

任务要求：用动态显示方式，利用单片机控制 8 位一体数码管，使其两位一组，分别显示时、分、秒，实现时钟的功能。

1）硬件电路设计

MSP430F249 单片机的 P1 端口控制 8 位一体数码管的段码，图 3.31 为其硬件原理图。图中采用了 8 个共阴极的 LED 数码管。单片机的 P3 端口作为位扫描控制端口，P3.0～P3.7 分别与 LED0～LED7 的公共端 COM 引脚连接。

与静态方式的数码管驱动电路相比，图 3.31 所示的电路图中占用了 16 个 I/O 端口线。8 个数码管动态显示只需要两个 8 位端口，其中 P1 控制段码，P3 控制位选线。动态扫描的原理是：由 P3 端口向每个位轮流输出扫描信号，使每一瞬间只有一个数码管被选通（共阴极低电平选通，共阳极高电平选通），然后由 P1 送入该位所要显示的字形码，点亮该位字形段显示的字形。这样在 P1 送出的段码和 P3 送出的位选线配合控制下，就可以使各数码管轮流点亮显示各自的字符。虽然显示器的几位数码管是依次被点亮的，但只要每位点亮时间超过 1 ms，隔一段时间使之再显示一遍，如此不断重复扫描，只要扫描频率足够快（＞50 Hz），由于人的视觉惰性，看不出闪烁。动

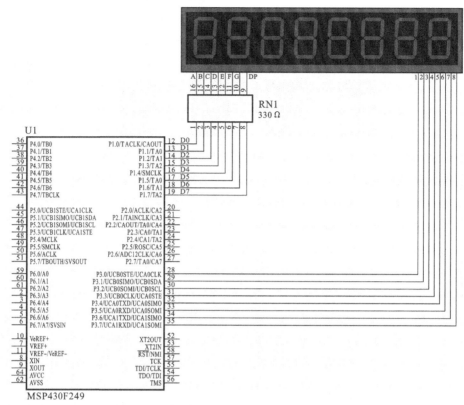

图 3.31 8 位数码管动态扫描时钟显示原理图

态扫描一般用软件实现,可以采用软件延时或者定时器延时来得到。

2) 软件设计

根据硬件电路可以看出,在任何一个时刻,P3.0~P3.7 中只能有一个 I/O 端口输出低电平,即只有一位数码管亮。同时 P1 端口要输出该位相应的段码值。即使显示的内容没有变化,也要不停的进行循环扫描处理。

软件的设计应保证从外表看数码管显示的效果要连续(即在人眼里各个数码管全部点亮),亮度均匀,同时没有拖尾现象。单片机为了保证各数码管显示的效果不产生闪烁情况,让数码管看起来好像是全部点亮,就首先必须在 1 s 中内循环扫描 8 个数码管的次数应大于 25 次,这里是利用了人眼的影像滞留效应。第二要考虑的是,在 25 ms 时间间隔中,要逐一轮流点亮 8 个数码管,那么每个数码管点亮的持续时间要相同,这样亮度才能均匀。第三个要考虑的要点为每个数码管点亮的持续时间,这个时间长一些的话,数码管的亮度高一些,反之则暗一些。通常,每个数码管点亮的持续时间为 1~2 ms。我们将每个数码管的点亮持续时间定为 2 ms,那么 8 个数码管扫描一遍的时间为 16 ms,因此,单片机还有 9 ms 的时间处理其他事件,为了简单起见,本例中还是使用了 delayus( )软件延时函数进行定时,在以后的章节里,将介绍使用 MSP430 的定时器产生更精确的毫秒计时脉冲。

```
#include <msp430f249.h>
const char tab[]={0x3f,0x06,0x5b,0x4f,0x66,0x6d,0x7d,0x07,
0x7f,0x6f,0x40};                    //共阴极数码管段码表
char time[3];                       //时、分、秒计数
```

```
char dis_buff[8];                    //显示缓冲区,存放要显示的6个字符的段码值
                                     //和两个分隔符
char time_counter;                   //1 s计数器
void delayus(unsigned int t)
{
    unsigned int i;
    while(t--)
        for(i=1330;i>0;i--);
}
void display(void)                   //扫描显示函数,执行时间16ms
{
    static char i;
    P3OUT=0xFF;
    P1OUT=tab[dis_buff[i]];          //字段码送数码管
    P3OUT=~(1<<i);                   //位置选低
    if(++i==8) i=0;
    delayus(2000);
}
void time_to_disbuffer(void)         //时间值送显示缓冲区函数
{
    dis_buff[0]=time[2]/10;          //小时
    dis_buff[1]=time[2]%10;
    dis_buff[3]=time[1]/10;          //分钟
    dis_buff[4]=time[1]%10;
    dis_buff[6]=time[0]/10;          //秒
    dis_buff[7]=time[0]%10;
}
void main(void)
{
    P1DIR=0xFF;                      //P1初始化为输出端口
    P3DIR=0xFF;                      //P2初始化为输出端口
    time[2]=23;
    time[1]=58;
    time[0]=55;                      //时间初值23:58:55
    time_to_disbuffer();
    dis_buff[2]=dis_buff[5]=10;
    while (1)
    {
        display();                   //显示扫描
        if (++time_counter >= 40)    //更新时间
        {
            time_counter=0;
            if (++time[0] >= 60)
            {
                time[0]=0;
                if (++time[1] >= 60)
                {
                    time[1]=0;
                    if (++time[2] >= 24) time[2]=0;
                }
            }
            time_to_disbuffer();     //修改显示缓冲区
```

```
            }
        }
    }
```

3) 仿真结果与分析

运行加载程序后可以观察到时钟运行的效果。仿真效果如图 3.32 所示。

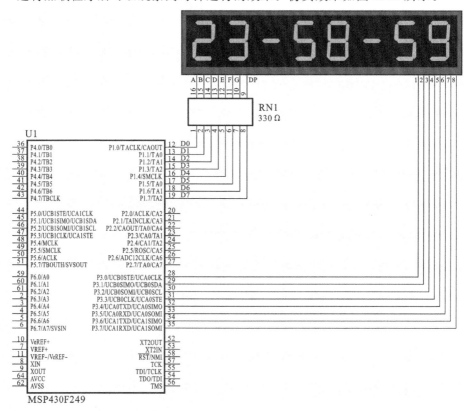

图 3.32　8 位数码管动态显示时钟仿真效果图

思考与练习

1. 简述 MSP430 单片机 I/O 端口的特性和初始化步骤。

2. 将 MSP430F249 单片机的 P1.0、P1.1、P1.2 分别接红色、绿色和蓝色的 LED,低电平输出点亮;P1.5、P1.6、P1.7 接按键 K1、K2、K3。当 K1 和 K2 同时按下时,红色 LED 亮;当 K2 或者 K3 按下时,绿色 LED 亮;K1 单独按下时,蓝色 LED 亮,等待 1 s 时间后 K3 再按下,蓝色 LED 灭。利用 Proteus 和 IAR 完成硬件和软件设计。

3. MSP430F249 单片机外接 16 个 LED 成一排,要求实现如下功能:初始时最左和最右的 LED 点亮,并同时向中间移动(合幕),相遇后停留 1 s,再向两边移动(拉幕),到达两侧停留 1 s;循环运行。利用 Proteus 和 IAR 完成硬件和软件设计。

4. MSP430F249 单片机外接 LED 和数码管,模拟一个路口的红绿灯控制功能。正向绿灯亮 10s,正向数码管倒计时到 0,绿灯灭,红灯亮。同时反向绿灯亮 10 s,反向的数码管倒计时,如此循环反复。

5. 数码管静态显示和动态显示各有什么特点? 各用在什么场合?

6. 用 8 位数码管设计一数字时钟,要求利用 P1 或者 P2 外接按键 K1～K4 实现时间校正的功能,K1～K3 完成时分秒的校正,K4 为确认按键。要求按键的处理利用中断方式实现。

键盘和显示器的应用

在单片机应用系统中,键盘和显示器是非常重要的人机接口。人机接口是指人与计算机系统进行信息交互的接口,包括信息的输入和输出。常用输入设备主要是键盘,常用输出设备包括发光二极管、数码管和液晶显示器等。

4.1 键盘输入

键盘用于实现单片机应用系统中的数据信息和控制命令的输入,按结构可分为编码键盘和非编码键盘。编码键盘上闭合键的识别由专用的硬件编码器实现,并产生相应的键码值,如计算机键盘。非编码键盘是通过软件的方法产生键码,不需要专用的硬件电路。为了减少电路的复杂程度,节省单片机的 I/O 端口,在单片机应用系统中广泛使用非编码键盘,主要对象是各种按键或开关。这些按键或开关可以独立使用(称之为独立键盘),也可以组合使用(称之为矩阵式键盘)。

4.1.1 按键电路与按键抖动处理

按键电路连接方法非常简单,如图 4.1 所示。此电路用于通过外力使按键瞬时接通开关的场合,如单片机的 RESET 电路中,通过按键产生一个瞬时的低电压,CPU 感知这个低电压后重启。

由于按键的闭合与断开都是利用其机械弹性实现的,当机械触点断开、闭合时,会产生抖动,这种抖动操作用户感觉不到,但对 CPU 来说,其输出波形会明显发生变化,如图 4.2 所示。

按键闭合和断开时的抖动时间一般为 10~20 ms ,按键的稳定闭合期由操作用户的按键动作决定,一般为几百毫秒至几秒,而单片机 CPU 的处理速度在微秒级。因此,按键的一次闭合,有可能导致 CPU 的多次响应。为了避免这种错误操作,必须对按键电路进行去抖动处理。常用的去抖动方法有硬件方式和软件方式两种。

使用硬件去抖动,需要在按键连接的硬件设计上增加去抖动电路,比如将按键输出信号经过 R-S 触发器或 RC 积分电路后再送入单片机,就可以保证按一次键只发出一个脉冲。

软件方式去抖动的基本原理是在软件中采用时间延迟,对按键进行两次测试确认,即在第一次检测到按键闭合后,间隔 10 ms 左右,再次检测该按键是否闭合,只有

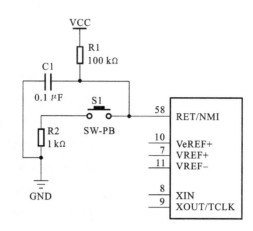

图 4.1   按键复位电路

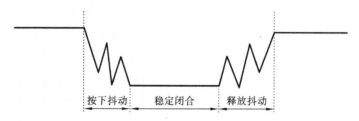

图 4.2   按键断开、闭合时的电压抖动波形

在两次都测到按键闭合时才最终确认有键按下,这样就可以避开抖动时间段,消除抖动影响。同样,在按键断开时也采用相同方法。由于人的按键速度比单片机的运行速度要慢很多,所以,软件延时方法从技术上完全可行,而且经济上更加实惠,因此被广泛采用。

4.1.2   独立键盘检测

独立键盘是一种最简单的键盘,前面章节已经介绍过使用独立键盘的实例。独立按键的每个键单独占用一根 I/O 端口线,每根 I/O 端口线上的按键工作状态不会影响其他 I/O 线的工作状态。

实例 4.1   独立按键编号显示

任务要求:单片机端口连接三个按键,从 1～3 进行编号;如果其中一个按键闭合时,则在 LED 数码管上显示相应的按键编号。

1) 硬件电路设计

选取 MSP430F249 单片机的 P1 端口连接数码管显示按键编号,P3 端口的 P3.0、P3.1、P3.2 端口分别和三个按键连接。硬件电路如图 4.3 所示。

三个 I/O 端口 P3.0、P3.1、P3.2 作为输入端口(输入方式),分别与 K1、K2、K3 三个按键连接。当按键断开时,I/O 端口的输入为高电平;按键闭合时,I/O 端口的输入为低电平。此三个引脚上接了上拉电阻,是为了保证按键断开时逻辑电平为高。

2) 程序设计

按键闭合时,与该键相连的 I/O 引脚为低电平;按键断开时,与该键相连的 I/O

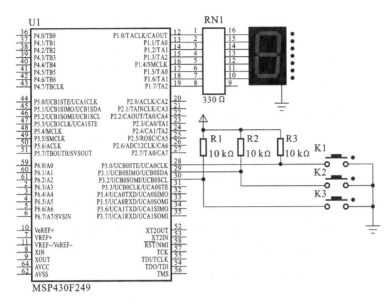

图 4.3 独立键盘检测电路图

引脚为高电平。所以在程序中通过 P3IN 寄存器读取 P3.0、P3.1、P3.2 这三个 I/O 端口的电平状态,便可检测按键是否闭合。另外,在有按键闭合时,要有一定的延时,以防止由于键盘抖动而引起误操作。当确认某按键闭合后,就让数码管显示其按键编号。

```
#include "msp430f249.h"
unsigned char const table[]={
0x3f,0x06,0x5b,0x4f,0x66,0x6d,0x7d,0x07,
0x7f,0x6f,0x77,0x7c,0x39,0x5e,0x79,0x71};   //共阴极数码管段选码表,无小数点
void delayus(unsigned int t)
{
    unsigned int i;
    while(t--)
    for(i=1330;i>0;i--);
}
unsigned char ReadKey(void)
{
  unsigned char temp;
  temp= P3IN&0x07;
  if(temp! = 0x07)
  {
    delayus(10);                            //等待按键抖动时间
    if(temp == (P3IN&0x07))
    {
      return temp;
    }
    else
      return 0xFF;
  }
else
  return 0xFF;
}
void main(void)
```

```
    {
        unsigned char key,i;
        WDTCTL=WDTPW+WDTHOLD;              //关闭看门狗
        P1DIR=0xFF;                        //设置方向
        P1OUT=0x00;
        P3DIR=0x00;                        //P3 端口作为键盘输入
        while(1)
        {
            key=ReadKey();
            switch(key)
            {
            case 0x06:
                P1OUT=table[1];
                break;
            case 0x05:
                P1OUT=table[2];
                break;
            case 0x03:
                P1OUT=table[3];
                break;
            }
        }
    }
```

　　程序说明:当按键闭合时,P3 端口的低三位将不全为高电平。在 ReadKey 函数中,当判断 P3 的低三位不全为 **1**,即 0x07 时,则认为有按键闭合,然后延迟 20 ms,再次判断 P3 的低三位;如果低三位依旧不全为 **1**,可以确定是有键按下,并获取键值后显示在数码管上。

　　3) 仿真结果与分析

　　双击 MSP430F249 单片机,装载可执行文件。运行时,LED 最初没有显示。当按下某键时,将显示相应的数值。图 4.4 为编号是"3"的按键闭合时的仿真效果图。

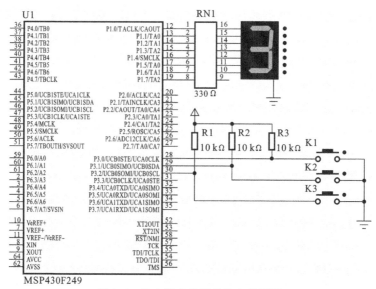

图 4.4　独立键盘检测的仿真效果图

4.1.3　矩阵式键盘检测

独立键盘与单片机连接时,每一个按键开关占用一个 I/O 端口线,若单片机系统中需要较多按键,独立按键的方式便会占用过多的 I/O 端口资源。此时,为了节省 I/O 端口线,采用矩阵式键盘(也称为行列式键盘)。

下面以 4×4 矩阵式键盘为例讲解其工作原理和检测方法。将 16 个按键排成 4 行 4 列,将第一行每个按键的一端连接在一起构成行线,将第一列每个按键的另一端连接在一起构成列线,这样便有 4 行 4 列共 8 根线,如图 4.5 所示。将这 8 根线连接到单片机的 8 个 I/O 端口上,即可通过程序扫描键盘检测到哪个键闭合,具体方法见实例 4.2。

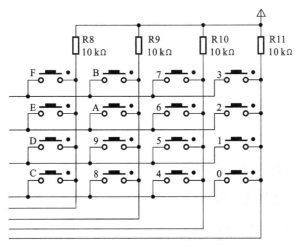

图 4.5　4×4 矩阵式键盘

实例 4.2　矩阵键盘编号显示

任务要求:将 4×4 矩阵式键盘编号,如果其中一个按键闭合,则在 LED 数码管上显示相应的按键编号。

分析说明:4×4 矩阵式键盘只需要占用一个 8 位的端口,硬件电路的设计较为简洁,重点在于如何在程序中判断矩阵键盘的按键位置。

1) 硬件电路设计

选取 MSP430F249 单片机的 P1 端口连接数码管,P3 端口的 8 个引脚分别和矩阵式键盘的行线和列线连接。硬件电路如图 4.6 所示。

图 4.6 中,列线 P3.4~P3.7 通过上拉电阻连接电源,处于输入状态;行线 P3.0~P3.3 为输出状态。键盘上没有按键闭合时,所有列线 P3.4~P3.7 的输入全部为高电平。当键盘上某个按键闭合时,则对应的行线和列线短接。例如 A 号键闭合时,行线 P3.1 和列线 P3.5 短接,此时 P3.5 输入电平由 P3.2 的输出电平决定。

在检测是否有键闭合时,先使 4 条行线全部输出低电平,然后读取 4 条列线的状态。如果全部为高电平则表示没有任何键闭合;如果有任一键闭合,由于列线是上拉

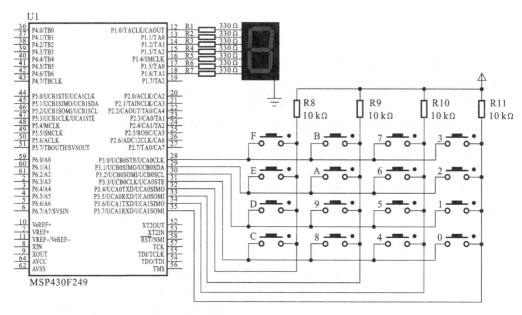

图 4.6　矩阵式键盘电路原理图

至 VCC 的,则行线上读到的将是一个非全"**1**"的值。

2）程序设计

确定矩阵式键盘上哪个键闭合通常采用行扫描法,又称为逐行（或列）扫描查询法,其软件主要基于扫描方式完成。关于键盘扫描查询的程序大致可分为以下几个步骤。

（1）检测当前是否有键闭合。

首先看输入的列线,假设 4 条行线都输出低电平,4 条列线都是上拉至 VCC 的,在没有任何键闭合时,4 条列线输入都为"**1**"。但当与某一条行线相连的 4 个键中的任何一个闭合时,这条列线将输入低电平,即当某条列线输入低电平时,必定是连接在这条列线上的某个键闭合了。

（2）去除键抖动。

当检测到有键闭合后,延长一段时间再作下一步的检测判断。

（3）若有键闭合,检测出是哪一个键闭合。

逐行扫描方式:在 4 条行线上分别输出"**0**"信号。第一次,在 P3.0 上输出低电平,其他的行线（P3.1、P3.2、P3.3）上输出高电平;第二次,在 P3.1 上输出低电平,其他的行线（P3.0、P3.2、P3.3）上输出高电平;第三次,在 P3.2 上输出低电平,其他的行线（P3.0、P3.1、P3.3）上输出高电平;第四次,在 P3.3 上输出低电平,其他的行线（P3.0、P3.1、P3.2）上输出高电平。当某一行线上输出低电平时,如果此行上有键被按下,那么相应键的列线上就会读取到"**0**",于是可以唯一的确定是哪一个键闭合了。

假设图 4.6 中编号为"6"的键闭合,第一次扫描时,P3.0 端口输出"**0**",P3.1、P3.2、P3.3 输出"**1**",则 P3.4~P3.7 所读到的电平全为"**1**";第二次扫描时,P3.1 端口输出"**0**",P3.0、P3.2、P3.3 输出"**1**",此时,P3.4、P3.5、P3.6、P3.7 读到的电平分别为

"1"、"1"、"0"、"1"，由此即可确定 P3.1 行线和 P3.6 列线交叉的编号"6"键的具体位置。

矩阵式键盘的按键检测过程如图 4.7 所示。

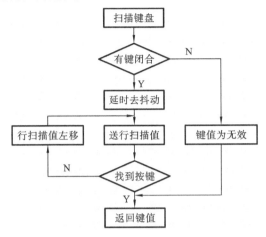

图 4.7 矩阵式键盘按键检测流程图

此实例的源程序如下。

```
#include <msp430f249.h>
unsigned char const table[]={
0x3f,0x06,0x5b,0x4f,0x66,0x6d,0x7d,0x07,
0x7f,0x6f,0x77,0x7c,0x39,0x5e,0x79,0x71};  //共阴极数码管段选码表,无小数点
static char key;
void delayus(unsigned int t)
{
    unsigned int i;
    while(t--)
      for(i=1330;i>0;i--);
}
char keyscan(void)
{
  char sccode,recode;
  P3OUT=0x00;
  if((P3IN&0xF0)!=0xF0)                    //判断是否有键闭合
  {
    delayus(20);
    if((P3IN&0xF0)!=0xF0)                  //再次判断按键是否有抖动,如果是返回
    {
      sccode=0xFE;                         //逐行扫描初值,先扫描第 1 行 P3.0
      while((sccode&0x0F)!=0x0F)           //行扫描完成
      {
        P3OUT=sccode;                      //输出行扫描码
        if((P3IN&0xF0)!=0xF0)              //当前行有键闭合
        {
          recode=(P3IN&0xF0)|0x0F;         //读取高 4 位列值,低 4 位置 1
          key=(sccode & recode);           //行和列组合得到键盘编码
          return key;
```

```
            }
            else                              //所扫描行没有键闭合,则扫描下一行
            {
                sccode=(sccode<<1)|0x01;      //行扫描码左移一位
            }
        }
    }
    return 0xFF;                              //无键闭合
    }
    return 0xFF;                              //无键闭合
}
char getkeyval(char keycode)
{
    char keyval;
    switch(keycode)
    {
    case 0x77:                                //0b01110111:
        keyval=0;
        break;
    case 0x7B:                                //0b01111011:
        keyval=1;
        break;
    case 0x7D:                                //0b01111101:
        keyval=2;
        break;
    case 0x7E:                                //0b01111110:
        keyval=3;
        break;
    case 0xB7:                                //0b10110111:
        keyval=4;
        break;
    case 0xBB:                                //0b10111011:
        keyval=5;
        break;
    case 0xBD:                                //0b10111101:
        keyval=6;
        break;
    case 0xBE:                                //0b11011110:
        keyval=7;
        break;
    case 0xD7:                                //0b11010111:
        keyval=8;
        break;
    case 0xDB:                                //0b11011011:
        keyval=9;
        break;
    case 0xDD:                                //0b11011101:
        keyval=10;
        break;
    case 0xDE:                                //0b11011110:
```

```
            keyval＝11；
            break；
        case 0xE7：                              //0b11100111；
            keyval＝12；
            break；
        case 0xEB：                              //0b11101011；
            keyval＝13；
            break；
        case 0xED：                              //0b11101101；
            keyval＝14；
            break；
        case 0xEE：                              //0b11101110；
            keyval＝15；
            break；
        default：
            keyval＝255；
        }
        return keyval；
    }
    void main(void)
    {
        unsigned char key,i；
        WDTCTL＝WDTPW＋WDTHOLD；     //关闭看门狗
        P1DIR＝0xFF；                       //设置方向
        P1SEL＝0；                          //设置为普通 I/O 端口
        P1OUT＝0x00；
        P3DIR＝0x0F；   //P3.4～P3.7 端口作为键盘输入,P3.0～P3.3 端口作为键盘扫描
                            信号输出
        while(1)
        {
            key＝getkeyval(keyscan())；
            if(key ! ＝ 255)
            {
                P1OUT＝table[key]；
            }
        }
    }
```

程序说明:主程序通过调用键盘扫描程序获取键值,并通过数码管显示出键盘编号。键盘扫描首先通过读取列线输入,如果不是全为 1,则延迟 20 ms 后再次判断列线是否全为 1;如果依旧不是全为 1,可以确定是稳定的按键动作;通过逐行扫描的方式得到按键的位置。从程序上来看还存在两个问题:一是按键扫描中延迟去抖需要20 ms 的时间,浪费了单片机的运算资源;二是在扫描到按键后如果按键闭合不动,主程序会得到多个相同的键值,即重复按键,这种情况可以通过判断按键弹起的动作予以解决。

3) 仿真结果与分析

装载可执行文件,运行后的仿真结果如图 4.8 所示。

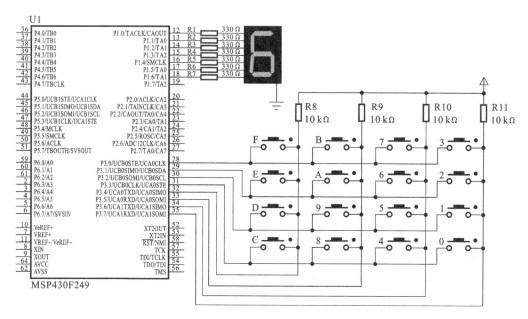

图 4.8　矩阵式键盘仿真电路图

4.2　LED 点阵显示

　　LED 点阵显示器由发光二极管 LED 按矩阵的方式排成一个 $n \times m$ 的点阵,每个发光二极管构成点阵中的一个点。这种点阵显示器不仅可以静态的显示信息,而且可以通过动态滚动,增加信息显示的容量和效果,因此应用十分广泛。

4.2.1　LED 点阵显示原理

　　LED 点阵显示器的分类有多种方法:按阵列点数可分为 5×7、5×8、6×8、8×8 等 4 种,按发光颜色可分为单色、双色、三色等 3 种;按极性排列方式可分为共阳极型和共阴极型等 2 种。

　　图 4.9 所示为常见的 8×8 LED 点阵显示器,它由 64 个发光二极管组成,且每个发光二极管是放置在行线和列线的交叉点上。当对应的某一行置 **1** 电平,某一列置 **0** 电平,则相应的发光二极管就亮。如要将第一个发光二极管点亮,则将第 9 脚接高电平,第 13 脚接低电平;如果要将第一行点亮,则将第 9 脚要接高电平,而将第 13、3、4、10、6、11、15、16 引脚接低电平;如要将第一列点亮,则将第 13 脚接低电平,而第 9、14、8、12、1、7、2、5 引脚接高电平。

　　从原理上来说,模块没有共阳或共阴之分,共阳的翻转 $90°$ 就是共阴的了,共阴的翻转 $90°$ 就是共阳的了。但电路会有行扫描接阴或行扫描接阳之分。

　　显示单个字母、数字时,只需要一个 5×7 的 LED 点阵显示器即可;显示汉字时,需要使用多个 LED 点阵显示器组合,最常见的组合方式有 15×14、16×15、16×16、32×32 等。例如,一个 16×16 的点阵由 4 个 8×8 点阵组合而成,即每一个汉字在纵、横各 16 点的区域内显示,有笔画经过地方的发光二极管都为点亮状态(即"**1**"),没有笔画经过的发光二极管都为熄灭状态(即"**0**"),这样就可以表示不同的汉字。

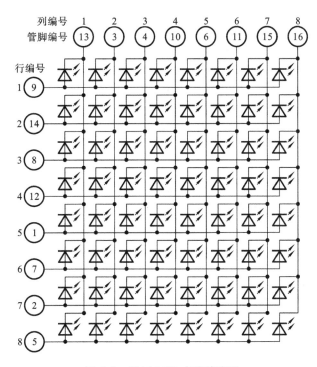

图 4.9   8×8 LED 点阵管脚图

LED 点阵显示器与 LED 数码管类似,常用的工作方式有静态显示和动态显示两种。所谓静态显示,就是当显示器显示一个字符时,相应的发光二极管始终保持导通或截止,在显示的过程中,其状态是静止不变的,直到一个字符显示完毕、将要显示下一个字符时其状态才改变。而动态显示则不同,它在显示每一个字符的过程中,都是按列(或行)不停扫描,一位一位地轮流点亮要显示的每个位,如此反复循环。动态显示方式利用了人眼的视觉暂留性质,当扫描的速度足够快时,可以得到静态显示的效果。由于 LED 点阵引脚设计的特殊性,一般采用动态扫描显示方式。

下面介绍用动态扫描方式在 8×8 共阳极 LED 点阵显示器上显示字符"B"的过程,如图 4.10 所示,由此简要说明动态扫描的原理。

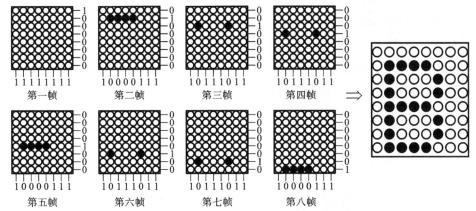

图 4.10   用动态扫描方式显示字符"B"的过程

假设 X、Y 为两个 8 位的字节型数据,X 的每位对应 LED 点阵的 8 条列线 X7~

X0;同样,Y 的每位对应 LED 点阵的 8 条行线 Y7～Y0。Y 为行扫描线,在每个时刻只有一条为"**1**",即有效行选通电平;X 为列数据线,其内容就是点阵化的字模数据的体现。

① Y＝0x01,X＝0xFF,如图 4.10 中的第一帧;

② Y＝0x02,X＝0x87,如图 4.10 中的第二帧;

③ Y＝0x04,X＝0xBB,如图 4.10 中的第三帧;

④ Y＝0x08,X＝0xBB,如图 4.10 中的第四帧;

⑤ Y＝0x10,X＝0x87,如图 4.10 中的第五帧;

⑥ Y＝0x20,X＝0xBB,如图 4.10 中的第六帧;

⑦ Y＝0x40,X＝0xBB,如图 4.10 中的第七帧;

⑧ Y＝0x80,X＝0x87,如图 4.10 中的第八帧;

⑨ 跳到第①步循环。

如果高速地进行①～⑨的循环,且两个步骤的间隔时间小于 1/24 s,则由于视觉暂留,LED 显示屏上将呈现一个完整的"B"字符。

实例 4.3　8×8 LED 点阵数字显示

任务要求:利用 MSP430F249 单片机控制一个 8×8 LED 点阵显示器,使其循环显示数字 0～9。

1) 硬件电路设计

选用 MSP430F249 单片机的 P2 端口控制 LED 点阵的行扫描信号,P1 端口控制点阵的列显示数据,硬件电路原理如图 4.11 所示。

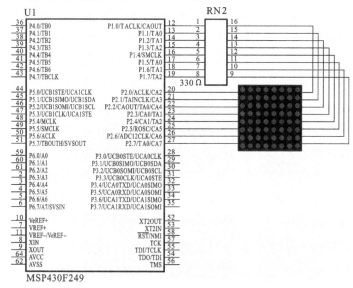

图 4.11　点阵显示数字字符硬件电路原理图

2) 程序设计

```
#include "msp430f249.h"
#define uchar unsigned char
```

```
#define uint unsigned int                            //数字 0~9 的 8×8 点阵编码
const uchar Table_OF_Digits[] =
{
    0x00,0x3C,0x66,0x42,0x42,0x66,0x3C,0x00,//0
    0x00,0x08,0x38,0x08,0x08,0x08,0x3E,0x00,//1
    0x00,0x3C,0x42,0x04,0x08,0x32,0x7E,0x00,//2
    0x00,0x3C,0x42,0x1C,0x02,0x42,0x3C,0x00,//3
    0x00,0x0C,0x14,0x24,0x44,0x3C,0x0C,0x00,//4
    0x00,0x7E,0x40,0x7C,0x02,0x42,0x3C,0x00,//5
    0x00,0x3C,0x40,0x7C,0x42,0x42,0x3C,0x00,//6
    0x00,0x7E,0x44,0x08,0x10,0x10,0x10,0x00,//7
    0x00,0x3C,0x42,0x24,0x5C,0x42,0x3C,0x00,//8
    0x00,0x38,0x46,0x42,0x3E,0x06,0x3C,0x00 //9
};
const uchar scan_tab[]={0x01,0x02,0x04,0x08,0x010,0x20,0x40,0x80};    //扫描代码
void delayus(uint t)
{
    uint i;
    while(t--)
      for(i=1300;i>0;i--);                          //仿真时,取值 130
}
void main(void)
{
    char i,j,t=0;
    WDTCTL=WDTPW+WDTHOLD;
    P1DIR=0xFF;
    P2DIR=0xFF;
    while(1)
    {
      P1OUT=0xFF;                                   //关闭显示,防止切换数字时产生拖影
      P2OUT=0xFF;
      for(i=0;i < 10;i++)                           //循环显示 0~9
      {
        for(j=0 ;j < 255 ;j++)                      //每个字符显示稳定
        {
          P2OUT=scan_tab[t];                        //送行扫描信号
          P1OUT=~Table_OF_Digits[t+8 * i];//送列显示数据
          delayus(2);
          if(++t==8)
            t=0;
        }
      }
    }
}
```

程序说明:在主循环中对 0~9 这 10 个数字进行循环显示,每个数字扫描次数为 255,是为了让每个数字显示时间足够长,得到稳定的显示效果。P2 端口送出行扫描信号后,P1 端口给出列显示数据。注意,此例中 8×8 点阵为共阴极接法,显示数据是经过取反后送出的。

3) 仿真结果

加载程序后,运行得到仿真效果如图 4.12 所示。

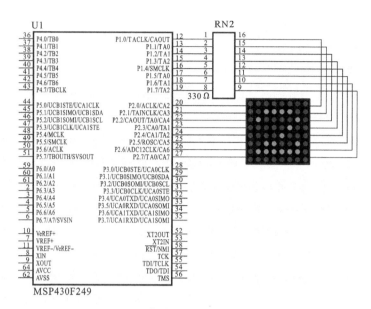

图 4.12 点阵显示数字字符仿真图

4.2.3 16×16 汉字点阵显示

与字母和数字显示原理一样,16×16 汉字点阵的显示也是采用动态逐行(或逐列)扫描的方式完成,只是列扫描需要 16 位,而每列数据需要 2×8 位(2 字节),显示一个完整的汉字则需要 32 字节。

1. 点阵驱动电路

实例 4.3 中,单片机控制一个 8×8 LED 点阵显示器,需要两组 I/O 端口,其中一组实现点阵的行扫描,另一组输出列数据。按照这种硬件连接方式,如果利用单片机控制一个 16×16 汉字点阵实现显示功能,需要 8 组 I/O 端口;如果控制多个汉字点阵显示,需要更多的 I/O 端口。显然,这种连接方式是难以实现的。因此,在多个点阵驱动电路设计中,一般采用移位寄存器的方法来减少对单片机 I/O 端口的需求。

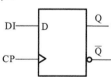

图 4.13 D 触发器

寄存器是存放二进制数的电路,由 D 触发器构成,如图 4.13 所示。在 CP 时钟信号的上升沿,将输入的数字 DI 存入 D 触发器,Q 端的输出就与 DI 相同,即无论触发器 Q 原来的值是什么,只要时钟脉冲 CP 上升沿到来,加在数据输入端的数据就立即被送入触发器,当 DI 端信号消失,输出 Q 保持不变,数据被保存在触发器中,所以又称为寄存器。将多个寄存器级联,第一级 D 触发器接输入信号 DI,其余触发器输入 D 接前级输出 Q,所有 CP 连在一起接输入移位脉冲,所有 D 触发器都在一个 CP 的上升沿工作,这种电路称为移位寄存器。以 4 个 D 触发器构成的 4 级移位寄存器如图 4.14 所示。

在移位脉冲的作用下,输入信息的当前数字 DI 存入第一级 D 触发器,第一级 D 触发器的状态存入第二级 D 触发器,依此类推,低位 D 触发器存入高位 D 触发器状态,实现了输入数码在移位脉冲的作用下向左逐位移存。假设所有寄存器初态为

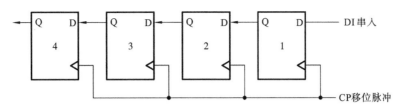

图 4.14　4 级移位寄存器

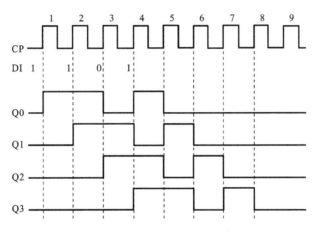

图 4.15　4 级移位寄存器串行移位

0,DI=**1101** 串行送入寄存器输入,如图 4.15 所示。当第一个移位脉冲上升沿到来后,DI=**1**,第一个触发器输出 Q=D,而因为初始值都为 **0**,所有 Q2、Q3、Q4 依然为 **0**。当第二个移位脉冲上升沿到来后,DI=**1**,因此 Q1=**1**,而 Q2 的值等于触发器 Q1 之前的输出 **1**,依次类推,当第四个脉冲的上升沿到来后,Q4Q3Q2Q1=**1101**。

　　在 4 个 CP 作用下,输入的 4 位串行数码 **1101** 全部存入寄存器,这种方式称为串行输入。寄存器中的 4 位数码 **1101** 是并行输出,这种方式称为并行输出。当移位脉冲继续产生,而输入全部为 **0** 时,可以看到每一个触发器的输出都是在对输入的 **1101** 进行移位操作。

　　移位寄存器的特点如下。

　　(1) 单向移位寄存器中的数字,在 CP 脉冲操作下,可以依次右移或左移。

　　(2) n 位单向移位寄存器可以寄存 n 位二进制代码。n 个 CP 脉冲即可完成串行输入工作,此后可从 Q1~Qn 端获得并行的 n 位二进制数字,再用 n 个 CP 脉冲又可实现串行输出操作。

　　(3) 若串行输入端状态为 **0**,则 n 个 CP 脉冲后,寄存器便被清零。

　　利用移位寄存器串行输入、并行输出的特点,在驱动 16×16 点阵的列信号时,可以在单片机和点阵之间增加一个 8 位的移位寄存器。由单片机产生 CP 时钟信号和所需的串行数据输出信号,在 8 个 CP 时钟后,可以将串行数据移入移位寄存器并行输出。因此,这种驱动方式只需要单片机的两个 I/O 端口,大大节约了单片机的引脚资源。

　　本书选择点阵显示系统中常用移位寄存器 74HC595 来实现点阵列数据的串行输入、并行输出功能。74HC595 的管脚图和逻辑图如图 4.16 和图 4.17 所示。

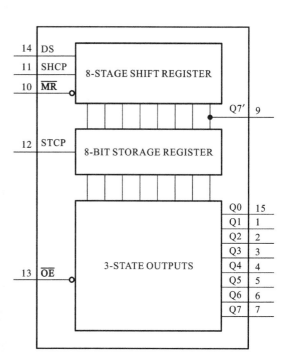

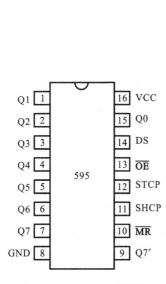

图 4.16   74HC595 管脚图   图 4.17   74HC595 逻辑功能图

74HC595 输入端是 8 位串行移位寄存器,输出端是 8 位并行缓存器,具有锁存功能。其管脚功能描述如表 4-1 所示。

表 4-1   74HC595 管脚描述

管 脚 符 号	管 脚 编 号	描 述
Q0~Q7	15,1~7	并行数据输出
GND	8	地
Q7′	9	串行数据输出
MR	10	复位,低电平有效
SHCP	11	串行移位时钟
STCP	12	锁存时钟
OE	13	输出使能,低电平有效
DS	14	串行数据输入
VCC	16	电源

74HC595 的逻辑功能是在串行移位时钟 SHCP 的上升沿,将串行数据输入 DS 的数据,从低位到高位依次移入内部的寄存器中,当 8 个数据都移入后,若 OE 为低电平,通过 STCP 的上升沿将 8 个数据输出到 Q0~Q7 引脚上。由于 74HC595 输出电流较大,可以直接驱动 LED,因此,在亮度要求不高的设计中,可以直接将 74HC595 输出端连接到 LED 点阵。一片 74HC595 能驱动一个 8 位的点阵列输入,若需要驱动

多个点阵,则可利用 74HC595 的 Q7′串行数据输出端,将多个 74HC595 串联起来使用,如图 4.18 所示。

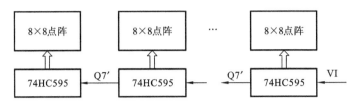

图 4.18　多片 74HC595 **级联驱动点阵示意图**

另外,由于 74HC595 串行数据时钟和锁存时钟是独立的,移位时钟 SHCP 的上升沿将串行数据移入内部的寄存器后,在锁存时钟 STCP 的作用下才会输出到 Q0～Q7。当多片 74HC595 级联驱动点阵的时候,通过同一个锁存时钟 STCP,在所有列数据准备好后,启动锁存信号使所有数据同时锁存并输出,满足多个点阵列数据并行输出的目的。串行数据时钟,串行数据输入对于 MSP430 单片机可以通过内部的 SPI 接口实现高速数据传输,也可以采用 I/O 端口模拟所需的时序的方式。串行数据时钟模拟的方法是按照移位脉冲时序图,利用单片机的 I/O 端口定时输出高电平或者低电平,以获得所需的时钟信号。对串行数据的输出,可以通过程序判断 8 位的数据的最高位是否为 **1**,将数据输出端口置高或者置低。并将数据左移一位,循环八次后即可实现输出 8 位的串行数据。下面以单片机向 74HC595 串行发送一个字节函数send_byte 为例。

```
#define SHCP_H P3OUT |= BIT2
#define SHCP_L P3OUT &= ~BIT2
#define DS_H P3OUT |= BIT1
#define DS_L P3OUT &= ~BIT1
void send_byte(char data)
{
    char i,k;
    for(i=0; i< 8 ; i++)              //循环 8 次发送一个字节
    {
        if ((data&0x80)== 0)         //最高为 1
            DS_L;                    //串行输出信号置低
        else
            DS_H;                    //串行输出信号置高
        data=data<<1;                //数据左移 1 位
        SHCP_H;                      //移位时钟信号产生上升沿
        for(k=2;k>0;k--);            //时钟延迟
        SHCP_L;
        for(k=2;k>0;k--);
    }
}
```

其中,DS_L 和 DS_H 分别是单片机 I/O 端口输出串行数据的宏定义,SHCP_L 和 SHCP_H 是输出串行移位脉冲的宏定义,假定串行数据用P3.1端口,串行移位脉冲用P3.2端口。从程序可以看出,通过软件模拟串行移位方式是参照移位

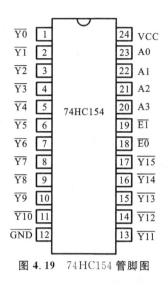

图 4.19　74HC154 管脚图

寄存器的时序图实现的,这种方式可以推广到具有串行输入或者输出方式的芯片驱动中。

同理,除了列数据输出电路以外,还需要行输出电路实现逐行选通控制功能,即 16×16 的汉字点阵需要从上到下循环扫描 16 次,每次扫描过程中某一行被选通,而其他行都要关闭。为减少单片机端口的占用,可以使用 74HC154 译码器实现点阵行扫描的驱动。

74HC154 是一种 4 线/16 线译码器,数据输入端有 4 位,数据输出端有 $2^4 = 16$ 个。74HC154 译码器的管脚如图 4.19 所示,其输入输出关系如表 4.2 所示。

表 4.2　74HC154 的输入输出关系表

输	入			输							出								
A	B	C	D	Y0	Y1	Y2	Y3	Y4	Y5	Y6	Y7	Y8	Y9	Y10	Y11	Y12	Y13	Y14	Y15
0	0	0	0	0	1	1	1	1	1	1	1	1	1	1	1	1	1	1	1
0	0	0	1	1	0	1	1	1	1	1	1	1	1	1	1	1	1	1	1
0	0	1	0	1	1	0	1	1	1	1	1	1	1	1	1	1	1	1	1
0	0	1	1	1	1	1	0	1	1	1	1	1	1	1	1	1	1	1	1
0	1	0	0	1	1	1	1	0	1	1	1	1	1	1	1	1	1	1	1
0	1	0	1	1	1	1	1	1	0	1	1	1	1	1	1	1	1	1	1
0	1	1	0	1	1	1	1	1	1	0	1	1	1	1	1	1	1	1	1
0	1	1	1	1	1	1	1	1	1	1	0	1	1	1	1	1	1	1	1
1	0	0	0	1	1	1	1	1	1	1	1	0	1	1	1	1	1	1	1
1	0	0	1	1	1	1	1	1	1	1	1	1	0	1	1	1	1	1	1
1	0	1	0	1	1	1	1	1	1	1	1	1	1	0	1	1	1	1	1
1	0	1	1	1	1	1	1	1	1	1	1	1	1	1	0	1	1	1	1
1	1	0	0	1	1	1	1	1	1	1	1	1	1	1	1	0	1	1	1
1	1	0	1	1	1	1	1	1	1	1	1	1	1	1	1	1	0	1	1
1	1	1	0	1	1	1	1	1	1	1	1	1	1	1	1	1	1	0	1
1	1	1	1	1	1	1	1	1	1	1	1	1	1	1	1	1	1	1	0

从表 4-2 可以看出,当输入一个 0~15 的二进制数据时,对应的某个 Y 引脚输出低电平,而其他输出引脚为高电平,正好满足行扫描的要求。如果需要行扫描时输出高电平,通过 74HC154 输出端接入反相器即可。值得注意的是,74HC154 输出电流只有 20 mA,按每一个 LED 器件需要 10 mA 计算,16 个 LED 同时发光时,需要 160

mA 电流,因此实际应用中应增加专用电流驱动电路,如 ULN2803 或者三极管才能实现行扫描驱动。

要完成 16×16 点阵的驱动,需要 4 片 74HC595 级联实现其列数据输入,其级联方式参照汉字取模的方式。每片 74HC595 的 Q0~Q7 连接一个 8×8 点阵的 8 根列数据输入引脚,而点阵的行扫描信号连接到一片 74HC154 的 Y0~Y15 即可。依照此方式,可以完成更多点阵级联的驱动电路。

2. 汉字字模提取

根据前面所述,16×16 点阵由 4 个 8×8 点阵组成,分别为 ABCD 四个部分,如图4.20 所示。

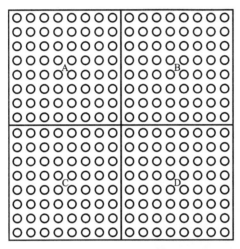

图 4.20　16×16 点阵组成示意图

汉字显示需要先获得汉字点阵的数据,才能通过单片机驱动点阵显示,这种获得汉字点阵的方法称为取模,取模方式按照点阵驱动的不同,可以有 ABCD、ACBD、BACD、CABD 等四种顺序。取模后得到的数据保存在数组中。由于这些数据是常量,在程序设计中一般用 const 关键字来描述。对于 MSP430 序列单片机,常量会保存到单片机内部的 Flash 存储器中,以节省内存空间的占用。汉字取模通常用取模软件完成,如字模提取软件 zimo 等。本书使用的字模提取软件如图 4.21所示。

这里字模提取方式为横向取模,取模顺序为 ABCD。比如汉字"中"取模得到的数据为:

0x01,0x00,0x01,0x00,0x01,0x04,0x7F,0xFE,0x41,0x04,0x41,0x04,0x41,0x04,0x41,0x04,0x7F,0xFC,0x41,0x04,0x01,0x00,0x01,0x00,0x01,0x00,0x01,0x00,0x01,0x00,0x01,0x00

数据共 32 个字节,对照上面提取软件的点阵图像可以看出,0x01 对应的是左上的第一行数据,0x00 对应的是右上的第一行,如此类推。根据取模的方式,硬件上对74HC595 级联时,如果是 ABCD 这种方式,则是 AB 级联,CD 级联,我们在单片机程序中输出数据的顺序也要按照取模的顺序。

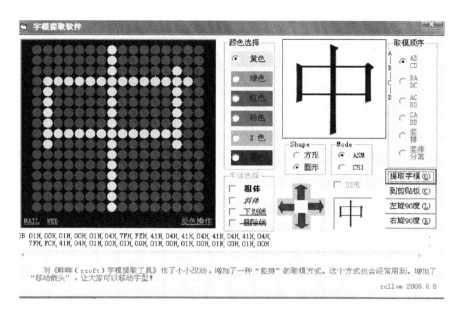

图 4.21　字模提取软件

实例 4.4　16×64 LED 点阵汉字显示

任务要求:利用 16 个 8×8 点阵构成 4 个 16×16 点阵,显示四个汉字字符"中国你好"。

分析说明:4 个 16×16 点阵用 8 片 74HC595 输出列数据驱动,行扫描可以用 1 片 74HC154 译码器实现,将占用单片机 I/O 端口的资源降到最低,同时也解决了单片机输出电流不足的问题。

1) 硬件电路设计

16 个 8×8 点阵构成 4 个 16×16 点阵汉字,单片机控制其显示的原理框图如图 4.22 所示。该点阵为"行共阴极",即一行中所有的阴极接在一起。16 条行选通利用单片机的 4 个 I/O 端口控制 4 线/16 线译码器 74HC154,实现 16 条行线的低电平分别选通。每 1 个 8×8 点阵的列线由 1 片 8 位串入并出移位寄存器 74HC595 控制。74HC595 输出具有锁存功能,使得 74HC595 锁存显示某一行数据时,单片机可以进行下一行数据的传送。

图 4.22 中,74HC595 首尾串行连接,每两片驱动一个 16×16 点阵的列,一共有 8 片 74HC595,所有 74HC595 共用 SHCP 和 STCP 时钟信号,在单片机输出的 SHCP 驱动下,数据从 DS 端输入到第一片 74HC595 的 DS 端,经过 8 个时钟脉冲将第一个数据输出到第一片 74HC595,在下一个时钟脉冲的作用下,一方面第一片 74HC595 继续接收数据,另一方面将接收的数据移位输出到第二片 74HC595,如此经过 16×8 =256 个时钟的驱动,可将所有的行数据保存在 16 个 74HC595 内部寄存器中,再经过 STCP 锁存信号驱动输出到 LED 点阵。同时,单片机此时应输出行的编号,通过 74HC154 选通行信号点亮汉字字模对应的 LED。当所有的行扫描结束后再次循环,

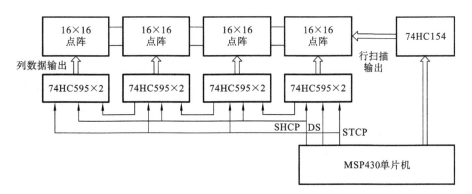

图 4.22 16×64 LED 点阵显示原理框图

从而输出所需的汉字。

按照显示原理框图设计的 proteus 硬件电路如图 4.23 所示。

图 4.23 中，为简化图纸，芯片之间的电路连接都采用网络标号实现。其中 P1.0、P1.1、P1.2、P1.3 作为 74HC154 译码器输入信号，P3.0 作为锁存时钟信号 STCP 输出端，P3.1 作为串行数据输出端连接到 74HC595 的 DS 端，P3.2 作为串行移位时钟信号输出端连接到 74HC595 的 SHCP 端。

2）程序设计

```
#include "msp430f249.h"
#define SHCP_H P3OUT |= BIT2
#define SHCP_L P3OUT &= ~BIT2
#define DS_H P3OUT |= BIT1
#define DS_L P3OUT &= ~BIT1
#define STCP_H P3OUT |= BIT0
#define STCP_L P3OUT &= ~BIT0
#define DECODE_PORT P1OUT
const char tab[]=
{
0x01,0x00,0x01,0x00,0x01,0x04,0x7F,0xFE,0x41,0x04,0x41,0x04,0x41,0x04,0x41,0x04,//中
0x7F,0xFC,0x41,0x04,0x01,0x00,0x01,0x00,0x01,0x00,0x01,0x00,0x01,0x00,0x01,0x00,
0x00,0x04,0x7F,0xFE,0x40,0x24,0x5F,0xF4,0x41,0x04,0x41,0x04,0x41,0x44,0x4F,0xE4,//国
0x41,0x04,0x41,0x44,0x41,0x24,0x41,0x04,0x5F,0xF4,0x40,0x04,0x7F,0xFC,0x40,0x04,
0x11,0x00,0x11,0x00,0x11,0x00,0x23,0xFC,0x22,0x04,0x64,0x08,0xA8,0x40,0x20,0x40,//你
0x21,0x50,0x21,0x48,0x22,0x4C,0x24,0x44,0x20,0x40,0x20,0x40,0x21,0x40,0x20,0x80,
0x10,0x00,0x11,0xFC,0x10,0x04,0x10,0x08,0xFC,0x10,0x24,0x20,0x24,0x24,0x27,0xFE,//好
0x24,0x20,0x44,0x20,0x28,0x20,0x10,0x20,0x28,0x20,0x44,0x20,0x84,0xA0,0x00,0x40,
};

void send_byte(char data)
{
    char i,k;
    for(i=0;i<8;i++)
```

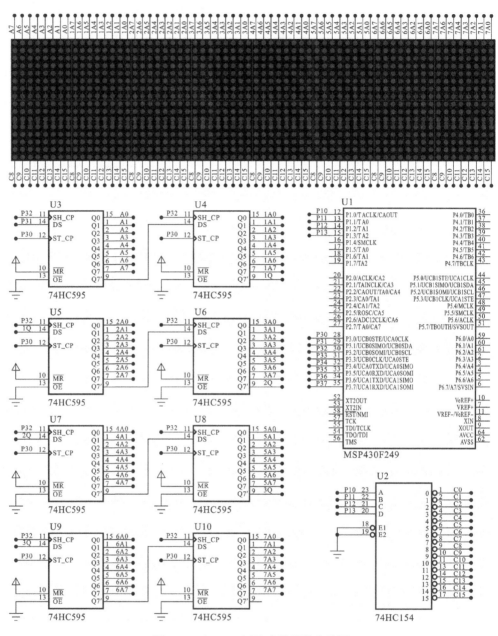

图 4.23 16×64 LED 点阵硬件电路图

```
{
if ((data&0x80)== 0)
        DS_L;                       //串行输出信号置低
    else
        DS_H;                       //串行输出信号置高
    SHCP_H;                         //移位时钟信号产生上升沿
    data=data<<1;
    for(k=2;k>0;k--);               //时钟延迟
    SHCP_L;
```

```
        for(k=2;k>0;k--);
        }
    }
void delayus(unsigned int ms)
{
    unsigned int i,j;
    for(i=ms;i>0;i--)
        for(j=1330;j>0;j--);
}
void main(void)
  {
    unsigned char i;
    unsigned int k=0;
    WDTCTL=WDTPW+WDTHOLD;        //禁止看门狗
    P1DIR=0xFF;                 //P1 端口为输出
    P3DIR=0xFF;                 //P3 端口为输出
    P3OUT =0;                   //
    while (1)
      {
      for(i=0;i<16;i++)         //逐行输出点阵数据
      {
        DECODE_PORT=i;          //输出行选通
        send_byte(tab[i*2+1+96]);
        send_byte(tab[i*2+96]);
        send_byte(tab[i*2+1+64]);
        send_byte(tab[i*2+64]);
        send_byte(tab[i*2+1+32]);
        send_byte(tab[i*2+32]);
        send_byte(tab[i*2+1]);
        send_byte(tab[i*2]);
        SHCP_H;
        for(k=2;k>0;k--);
        SHCP_L;
        STCP_L;
        for(k=300;k>0;k--);
        STCP_H;
      }
      }
  }
```

3) 仿真结果与分析

加载程序后运行得到本实例的仿真结果如图 4.24 所示,可见到点阵上显示"中国你好"字符。

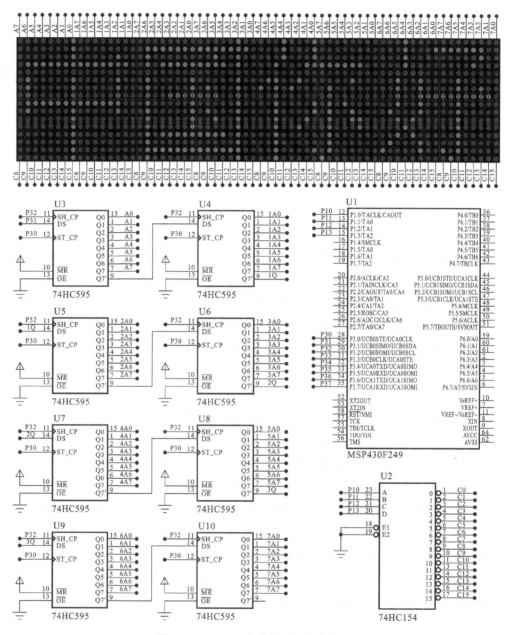

图 4.24　16×64 点阵显示汉字仿真图

4.3　LCD 液晶显示器的应用

　　LCD 液晶显示器（LCD，简称液晶）是一种被动式的显示器，与 LED 不同，液晶本身并不发光，而是利用液晶在电压作用下能改变光线通过方向的特性，达到显示字符或者图片的目的。LCD 由于体积小、重量轻、电压低（工作电压一般为 3～5 V）、功耗低（每平方厘米液晶显示屏的耗电量在 μA 级，主要的功耗是 LCD 的背光所产生）等优点已在单片机系统中得到广泛使用。近年来液晶显示器技术的发展迅猛，彩色液晶、OLED 有机发光液晶显示器、大屏幕显示器也开始用于人—机接口领域。在要求低功耗的电子产品中,如手机、万用表等,液晶显示器是首选的显示器。

　　各种型号的液晶通常是按照显示字符的行数或液晶点阵的行、列数来命名的。比如:1602 的意思是每行显示 16 个字符,一共显示两行;类似的命名还有 0801、0802、1601 等。这类液晶通常都是点阵字符型液晶,即由点阵字符液晶显示器件和专用的行、列驱动器、控制器及必要的连接件、结构件装配而成,可以显示数字和西文字符,但不能显示图形。12864 液晶属于点阵图形型液晶,其点阵像素连续排列,行和列在排布中均没有空格,这种液晶不仅可以显示字符,而且可以显示连续、完整的图形。其命名的意思是液晶由 128 列、64 行组成,即共有 128×64 个点来显示各种图形、字符和汉字等,我们可以通过程序控制这 128×64 个点中的任一个点显示或不显示。类似的命名还有 12232、19264、320240 等。点阵图形型液晶显示器的显示灵活性好,自由度大,如果驱动液晶显示器以一定速度更新,可以实现视频的播放。但点阵图形型液晶显示器的控制复杂,硬件连接线多,且要对点阵数据进行更新,占用单片机的存储空间大。

　　因此,本章节主要介绍点阵字符型液晶 1602 的显示应用,通过学习其工作原理和相关指令,让大家掌握液晶显示的程序设计方法。

4.3.1　1602 引脚功能

　　1602 液晶是把 LCD 控制器、点阵驱动器、字符存储器全做在一块 PCB 板上,构成便于应用的显示器模块,实物如图 4.25 所示。

图 4.25　1602 液晶实物图

　　1602 LCD 采用标准的 14 引脚(无背光)或 16 引脚(背光)接口,芯片和背光电路工作电压与单片机兼容,液晶是否带背光在应用中并无差别。其引脚分电源、通信数据和控制三部分,可以很方便地与单片机进行连接。各引脚接口说明如表 4-3 所示。

表 4-3　1602 引脚接口说明

编号	符号	引脚说明	编号	符号	引脚说明
1	VSS	电源地	9	D2	数据(I/O)
2	VDD	电源正极	10	D3	数据(I/O)
3	VL	液晶显示偏压信号	11	D4	数据(I/O)
4	RS	数据命令选择端	12	D5	数据(I/O)
5	R/W	读/写选择端(H/L)	13	D6	数据(I/O)
6	E	使能信号	14	D7	数据(I/O)
7	D0	数据(I/O)	15	BLA	背光源正极
8	D1	数据(I/O)	16	BLK	背光源负极

● VDD 接 5 V 正电源,为模块最佳工作电压。

● VL 为液晶对比度调整端,接正电源时对比度最低,接地时对比度最高。对比度过高时会产生"鬼影",使用时可以通过一个 10 kΩ 的电位器调整对比度。

● RS 为寄存器选择,高电平时选择数据寄存器,低电平时选择指令寄存器。

● R/W 为读写信号线,高电平时进行读操作,低电平时进行写操作。当 RS 和 R/W 共同为低电平时可以写入指令或显示地址;当 RS 为低电平、R/W 为高电平时可以读忙信号;当 RS 为高电平、R/W 为低电平时可以写入数据。

● E 端为使能端,当 E 端从高电平跳变到低电平时,液晶模块执行命令。

● DO～D7 为 8 位双向数据线。

4.3.2　1602 时序及指令说明

1. 基本时序操作

单片机驱动 1602 LCD 的主要操作包括读状态、写指令、读数据、写数据等。数据的读写是通过 1602 LCD 的数据端口 D0～D7 和 RS、R/W、E 三个控制端电平组合控制实现的,具体的操作时序如表 4-4 所示。

表 4-4　基本操作时序

功能	控制引脚电平	数据口
读状态	RS＝0,R/W＝1,E＝1	D0～D7＝指令码
写指令	RS＝0,R/W＝0,D0～D7＝指令码,E＝高电平跳变	无
读数据	RS＝1,R/W＝1,E＝1	D0～D7＝数据
写数据	RS＝1,R/W＝0,D0～D7＝数据,E＝高电平跳变	无

在数据或指令的读写过程中,控制端外加电平有一定的时序要求,图 4.26、图 4.27分别为该器件的读写操作时序图,时序图说明了三个控制端口与数据之间的时间对应关系,这是基本操作的程序设计的基础。

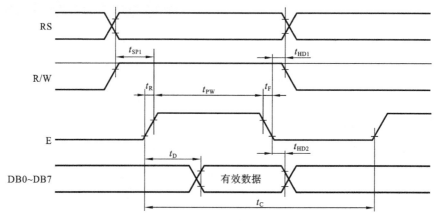

图 4.26　读操作时序

2. 控制指令

1602 LCD 模块内部的控制器共有 11 条控制指令,各指令利用 2 位 16 进制代码

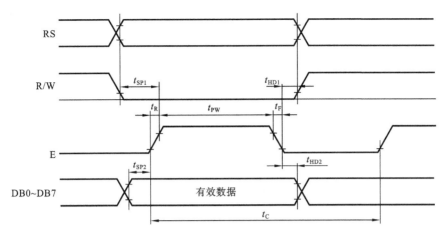

图 4.27　写操作时序

表示,如表 4-5 所示。

表 4-5　1602 LCD 控制指令集

指 令 功 能	指 令 编 码									
	RS	R/W	D7	D6	D5	D4	D3	D2	D1	D0
清屏	0	0	0	0	0	0	0	0	0	1
光标归位	0	0	0	0	0	0	0	0	1	0/1
模式设置	0	0	0	0	0	0	0	1	I/D	S
显示开关控制	0	0	0	0	0	0	1	D	C	B
屏幕光标	0	0	0	0	0	1	S/C	R/L	0/1	0/1
功能设定	0	0	0	0	0	DL	N	F	0/1	0/1
设定 CGRAM	0	0	0	1	CGRAM 地址(6 位)					
设定 DDRAM	0	0	1	DDRAM 地址(7 位)						
读忙信号或地址	0	1	BF	计数器地址内容(7 位)						
写数到 CGRAM/DDRAM	1	0	写入的数据(8 位)							
从 CGRAM/DDRAM 读数	1	1	读出的数据(8 位)							

● 清屏指令代码为 0x01。单片机向 1602 的数据端口写入 0x01 后,1602 自动将本身 DDRAM 的内容全部填入"空白"的 ASCII 代码 0x20,并将地址计数器 AC 的值设为 0,同时光标归位,即将光标撤回液晶显示屏的左上方。此时显示器无显示。

● 光标归位指令代码为 0x02 或 0x03。其主要功能是把地址计数器(AC)的值设置为 0,保持 DDRAM 的内容不变,同时把光标撤回到显示器的左上方。

● 模式设置指令中,当 I/D 为 0 时,写入新数据后光标右移;当 I/D 为 1 时,写入新数据后光标左移,显示屏幕不移动。当 S＝0 时,写入新数据后显示屏幕不移动;当 S＝1 时,写入新数据后显示屏幕整体右移 1 个字符。如指令代码为 0x06 时,光标随写入数据自动右移。

● 显示开关控制指令中,D 为 0 时关显示功能,为 1 时开显示功能;C 为 0 时无光闪烁,C 为 1 时有光闪烁;B 为 0 时光标闪烁,为 1 时光标不闪烁。如指令码为 0x0C,

设置为显示功能开,无光标,光标不闪烁。

● 屏幕光标指令中,S/C、R/L 设定为 **0、0** 时光标左移 1 格,且 AC 减 1;S/C、R/L 设定为 **0、1** 时光标右移 1 格,且 AC 加 1;S/C、R/L 设定为 **1、0** 时显示器上的字符左移 1 格,光标不动;S/C、R/L 设定为 **1、1** 时显示器上的字符右移 1 格,光标不动。如指令码 0x14,设置为 AC+1,光标右移 1 格(打字的效果)。

● 功能设定指令主要是设置 1602 的初始工作状态。其中 DL 为 **0** 时,数据总线为 4 位,DL 为 **1** 时,数据总线为 8 位;N 为 **0** 时显示 1 行,N 为 **1** 时显示 2 行;F 为 **0** 时,1602 显示的一个字符为 5×7 点阵,为 **1** 时为 5×10 点阵。如指令码为 0x38,1602 被设置成为 8 位并行数据接口,显示 2 行,5×7 点阵显示。

● 设定 CGRAM/DDRAM(字符发生存储器地址/数据存储器地址)指令有 0x40+地址、0x80+地址两个。0x40 是设定 CGRAM 地址的命令,地址是指你要设置的 CGRAM 地址;0x80 是设定 DDRAM 地址的命令,地址是指要写入的 DDRAM 地址。

● 读取忙信号或 AC 地址指令中,RS=**0**、R/W=**1**,单片机读取忙信号 BF 的内容。当 BF=**1** 时,表示液晶显示器忙,暂时无法接收单片机送来的数据或指令;当 BF=**0** 时,液晶显示器可以接收单片机送来的数据或指令,同时单片机读取地址计数器(AC)的内容。

● 写入 CGRAM/DDRAM 数据操作中,RS=**1**、R/W=**0**,单片机可以将字符码写入 DDRAM,以使液晶显示屏显示出相对应的字符,也可以将用户自己设计的图形存入 CGRAM。

● 从 CGRAM/DDRAM 读数据指令中,RS=**1**、R/W=**1**,单片机读取 DDRAM 或 CGRAM 中的内容。

4.3.3 1602 的 RAM 地址映射及标准字库表

液晶显示模块是一个慢显示器件,所以在执行每条指令之前一定要确认模块的忙标志是否为低电平,如果是低电平则表示不忙(空闲),否则此指令失效。显示字符时要先输入显示字符地址,也就是告诉模块在哪里显示字符,图 4.28 所示的是 1602 液晶的内部显示地址。

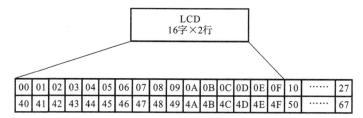

图 4.28 1602 液晶内部 RAM 地址映射图

例如,第二行第一个字符的地址是 0x40,那么是否直接写入 0x40 就可以将光标定位在第二行第一个字符的位置呢？ 这样不行,因为写入显示地址时要求最高位 D7 恒定为高电平 **1**,所以实际写入的数据应该是 **01000000**B(40H)+**10000000**B(80H)=**11000000**B(C0H)。

在初始化液晶模块时要先设置其显示模式,在液晶模块显示字符时光标是自动右移的,无需人工干预。每次输入指令前都要判断液晶模块是否处于忙的状态。

1602 液晶模块内部的字符发生存储器(CGROM)已经存储了 160 个不同的点阵字符图形,这些字符有阿拉伯数字、大小写英文字母、常用的符号和日文假名等,如图 4.29 所示。每一个字符都有一个固定的代码,比如大写的英文字母"A"的代码是 **01000001**B (41H),显示时模块把地址 41H 中的点阵字符图形显示出来,就能看到字母"A"。

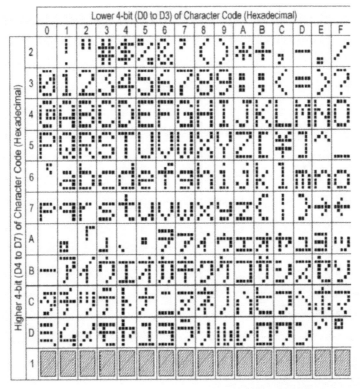

图 4.29　CGROM 和 CGRAM 中字符代码与字符图形对应关系

实例 4.5　1602 液晶显示字符

任务要求:利用 MSP430F249 单片机驱动 1602 LCD,使其显示两行字符:第一行显示"I like mcu",第二行显示"I can;I do "。

1) 硬件电路设计

无背光 1602 LCD 的引脚共 14 根,其中数据线 D0~D7 与单片机的 P1 端口相连,控制端口 RS、R/W 和 E 分别与 P2 端口低 3 位相连,如图 4.30 所示。控制单片机的 P2 端口的电平变换,产生所需的液晶时序。

2) 程序设计

```
#include "msp430f249.h"
#include "string.h"
#define uchar unsigned char
#define uint unsigned int
const uchar table1[]="I like mcu ";
const uchar table2[]="I can;I do ";
#define SET_RS P2OUT |= BIT0
```

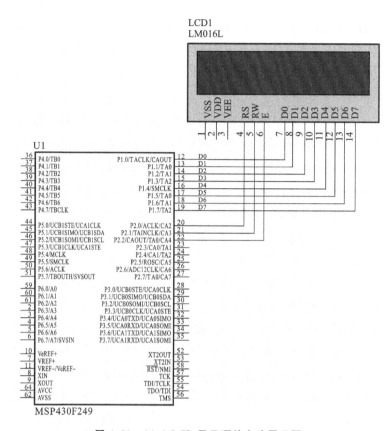

图 4.30 1602 LCD 显示硬件电路原理图

```
#define RST_RS P2OUT &= ~BIT0
#define SET_RW P2OUT |= BIT1
#define RST_RW P2OUT &= ~BIT1
#define SET_E P2OUT |= BIT2
#define RST_E P2OUT &= ~BIT2
void delayus(uint ms)
{
  uint i,j;
  for(i=0;i<ms;i++)
    for(j=0;j<1141;j++);
}
void write_com(uchar com)          //写命令函数
{
  RST_RS;
  RST_RW;
  P1OUT= com;
  SET_E;
  delayus(1);
  RST_E;
}
void write_dat(uchar dat)
{
```

```
        SET_RS；
        RST_RW；
        P1OUT＝dat；
        SET_E；
        delayus(1)；
        RST_E；
    }
    int main( void )
    {
        uchar i；
        WDTCTL＝WDTPW＋WDTHOLD；
        P1DIR＝0xFF；
        P2DIR＝BIT0＋BIT1＋ BIT2；
        RST_E；
        write_com(0x38)；                  //设置 16×2 显示 ,5×7 点阵,8 位数据接口
        delayus(5)；
write_com(0x01)；                  //显示清屏
        delayus(5)；
        write_com(0x0C)；                  //显示开关,光标设置
        delayus(5)；
        write_com(0x06)；                  //显示开关,光标设置
        delayus(5)；
        write_com(0x80)；                  //数据指针设置,第一行显示
        delayus(5)；
        for(i＝0;i＜sizeof(table1);i＋＋)
            write_dat(table1[i])；
        write_com(0x80＋0x40)；            //数据指针设置,第二行显示
        delayus(5)；
        for(i＝0;i＜sizeof(table2);i＋＋)
            write_dat(table2[i])；
        while(1)
        { }
    }
```

　　程序说明:程序首先对端口进行初始化,将 P1 和 P2 的某些端口设置为输出,并对液晶初始化。在液晶的程序设计中,用了一些宏定义实现对液晶的 RS、R/W、E 等引脚的高低电平的控制,其顺序是按照前面介绍的液晶时序设计的。值得注意的是,当单片机将字符串输出给液晶显示器后,液晶显示器就不再需要单片机对其进行动态刷新操作,这种显示类似于数码管的静态显示,可使单片机程序设计得以简化。另外,液晶显示一般都是对字符串的输出,在很多情况下,比如 A/D 转换、数据处理等,结果都是数字,需要将这些数字转换为字符串。

　　3) 仿真结果与分析

　　程序的仿真运行参照前面的实例,点击运行后可以观察到液晶上显示了两行字符。仿真结果如图 4.31 所示。

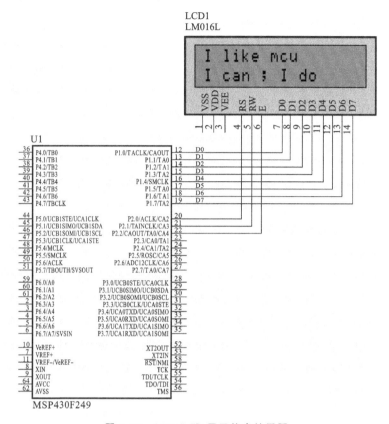

图 4.31　1602 LCD 显示仿真结果图

思考与练习

1. 简述键盘的机械特性和键盘扫描程序的特点。

2. 键盘扫描方式中,除了行扫描方法以外,还有一种行反转的方法,试分析其工作方式并完成 4×4 键盘的扫描功能。

3. 将 MSP430F249 单片机 P1 端口外接 4×4 键盘,为减少键盘扫描时间,试采用 MSP430F249 端口中断方式判断键盘按下的动作。要求用 Proteus 和 IAR 完成硬件和软件设计。

4. 利用 8×8 LED 点阵实现一个箭头符号循环向上移动的动作。要求用 Proteus 和 IAR 完成硬件和软件设计。

5. 用 6 个 8×8 LED 点阵设计一数字钟,显示时、分、秒。要求用 Proteus 和 IAR 完成硬件和软件设计。

6. 试利用 MSP430F249 单片机和 2 个 16×16 LED 点阵显示"你好"两个汉字,并循环左移。驱动电路可采用 74HC595 和 74HC154。

7. 设计一数字时钟,要求 MSP430F249 单片机外接 1602 LCD 和按键 K1、K2、K3、K4,1602 LCD 显示时、分、秒,外接的按键 K1、K2、K3 完成对时、分、秒进行校时,K4 为确认键。

8. 试采用 74HC595 实现对 1602 LCD 的控制,利用 Proteus 和 IAR 完成测试。

5

MSP430 单片机的定时器/计数器

在学习 MSP430F249 的定时器之前,我们先回顾一下 MSP430F249 的时钟系统。MSP430F249 的基础时钟模块具有 3 个振荡器,这 3 个振荡器分别是 LFXT1 低频振荡器(32768 Hz)、XT2 高频振荡器(400 kHz～16 MHz)和 DCO 内部数字控制振荡器(约 1.1 MHz)。这 3 个振荡器都可以通过软件设定进行 1/2/4/8 分频,产生单片机工作需要的 3 个时钟信号:主时钟 MCLK、子系统时钟 SMCLK 和辅助时钟 ACLK。MCLK 可以通过编程选择 3 个振荡器(LFXT1、XT2、DCO)之一,或它们 1/2/4/8 分频后作为其信号源;SMCLK 可以选择 2 个振荡器(XT2、DCO),或它们 1/2/4/8 分频后作为其信号源;ACLK 只能由 LFXT1 时钟信号或 1/2/4/8 分频后作为其信号源。在 MSP430F249 单片机的大部分内部设备中,都能选择上述 3 种时钟信号 MCLK、SMCLK 和 ACLK 作为时钟源并对上述时钟信号再进行 1/2/4/8 分频,应用极其灵活。

低频振荡器主要用来降低能量消耗(如使用电池供电的系统),高频振荡器用来对事件做出快速反应或者供 CPU 进行大量运算。我们可以根据需要选择合适的振荡器,也可以在不需要时关闭一些振荡器,节省功耗。

5.1 看门狗定时器

看门狗定时器 WDT 实际上是一个特殊的定时器,其主要功能是当单片机软件出现故障(例如外部干扰引起单片机程序跑飞或陷入死循环)时,能使系统重新启动。看门狗定时器的工作原理就是发生故障的时间满足规定的时间后,产生一个非屏蔽中断,使系统复位。当不使用看门狗功能时,看门狗定时器可以作为内部定时器使用。

1) 看门狗模式

单片机系统通电后,WDT 模块默认为看门狗模式,默认使用内部时钟源 DCO-CLK,经过 32768 个时钟周期后(若 DCOCLK 为 1 MHz,则看门狗时间间隔约为 32 ms)系统复位。因此,用户使用时,一般在程序中先停止看门狗功能,然后根据要求配置好,再作为看门狗模式或者定时器模式使用。

作为看门狗模式使用时,通过编写程序使 WDT 的定时时间略大于程序循环执行一次的时间,并且程序执行过程中有对看门狗计数器清零的指令,使计数器重新计数,因此程序正常运行时,就会在 WDT 定时时间到来之前对 WDT 清零(俗称定时喂狗),不会产生 WDT 溢出。如果由于干扰等原因使得程序跑飞,就不会在 WDT 定时时间到来之前执行 WDT 清零指令,则 WDT 就会产生溢出,从而产生系统复位,CPU重新从头开始执行用户程序,这样程序就可以回到正常运行状态。

为了说明看门狗模式的工作原理,来分析下列程序片段:

```
void main(void)
{
    WDTCTL=WDTPW+WDTHOLD;       //停止看门狗功能
    初始化部分
    while(1)
    {
        WDTCTL=WDT_ARST_250;       //看门狗模式,定时 250 ms
        程序主体
        ……
    }
}
```

程序说明:在 while 循环中,设置看门狗时间间隔为 250 ms(时钟源为 ACLK),同时计数器清零,然后执行程序主体,如此反复执行。如果程序主体执行时间加上所有中断程序执行时间之和小于设定的看门狗时间间隔 250 ms,那么程序总是正常进行的;如果系统受到干扰,程序跑飞或陷入死循环,这时在 250 ms 时间内执行不到 WDTCTL=WDT_ARST_250 指令,从而看门狗计数器没有被清零,看门狗计数器溢出 WDTIFG 标志置位,产生 PUC 复位信号,系统重新启动,这样系统就脱离了死循环状态。

WDTCTL 为看门狗控制寄存器,参见看门狗定时器相关寄存器和 msp430f249.h头文件。

msp430f249.h 头文件放在 MSP430 集成开发环境 IAR 软件安装目录下:D:\Program Files\IAR Systems\Embedded Workbench 6.0 Evaluation\430\inc

```
/* The bit names have been prefixed with "WDT" */
#define WDTIS0            (0x0001u)
#define WDTIS1            (0x0002u)
#define WDTSSEL           (0x0004u)
#define WDTCNTCL          (0x0008u)
#define WDTTMSEL          (0x0010u)
#define WDTNMI            (0x0020u)
#define WDTNMIES          (0x0040u)
#define WDTHOLD           (0x0080u)
#define WDTPW             (0x5A00u)
/* Watchdog mode -> reset after expired time */看门狗模式
/* WDT is clocked by fSMCLK (assumed 1MHz) */
#define WDT_MRST_32    (WDTPW+WDTCNTCL) /* 32ms interval (default) */
#define WDT_MRST_8     (WDTPW+WDTCNTCL+WDTIS0)     /* 8ms */
#define WDT_MRST_0_5   (WDTPW+WDTCNTCL+WDTIS1)     /* 0.5ms */
#define WDT_MRST_0_064(WDTPW+WDTCNTCL+WDTIS1+WDTIS0)
                                                   /* 0.064ms */
/* WDT is clocked by fACLK (assumed 32KHz) */
#define WDT_ARST_1000   (WDTPW+WDTCNTCL+WDTSSEL)  /* 1000ms */
#define WDT_ARST_250    (WDTPW+WDTCNTCL+WDTSSEL+WDTIS0)
                                                   /* 250ms */
```

```
#define WDT_ARST_16    (WDTPW＋WDTCNTCL＋WDTSSEL＋WDTIS1)
                                                      /* 16ms */
#define WDT_ARST_1_9   (WDTPW＋WDTCNTCL＋WDTSSEL＋WDTIS1＋WDTIS0)
                                                      /* 1.9ms */
```

2）定时器模式

将 WDTCTL 寄存器的 WDTTMSEL 置位时，WDT 处于定时器模式。当设定的时间间隔一到，中断标志寄存器 IFG1 中的 WDTIFG 就会置位，系统复位 PUC 信号不会产生。如果中断允许寄存器 IE1 中的 WDTIE 位和状态寄存器 SR 中的 GIE 位都置位，则 WDTIFG 向 CPU 请求中断，进入中断服务程序后 WDTIFG 自动复位。如果未使用中断服务，WDTIFG 也可以用软件复位。内部定时器模式与看门狗模式的中断矢量地址是不同的。改变定时器时间间隔时，应该用一条指令同时将 WDTC-NTCL 置位，从而避免发生不期望的 PUC 复位。

3）看门狗定时器相关寄存器

定时器的控制寄存器如表 5-1 所示。

表 5-1　控制寄存器 WDTCTL

15～8	7	6	5	4	3	2	1	0
WDTPW	WDTHOLD	WDTNMIES	WDTNMI	WDTTMSEL	WDTCNTCL	WDTSSEL	WDTIS x	

PUC　复位后 WDTCTL＝0x6900。

WDTPW　看门狗定时器访问安全口令，读取时总为 0x69，写入时必须为 0x5A，否则产生一个 PUC 信号。

WDTHOLD　看门狗暂停位，置 **0** 时看门狗定时器正常工作；置 **1** 时看门狗定时器停止工作。

WDTNMIES　NMI 边沿选择位，置 **0** 时上升沿触发 NMI 中断；置 **1** 时下降沿触发 NMI 中断。

WDTNMI　复位引脚和 NMI 选择位，置 **0** 时 RST/NMI 引脚为复位端；置 **1** 时 RST/NMI 引脚为边沿触发的非屏蔽中断输入。

WDTTMSEL　看门狗定时器模式选择位，置 **0** 时为看门狗模式；置 **1** 时为定时器模式。

WDTCNTCL　计数器清零控制位，置 **0** 时无作用；置 **1** 时计数器清零，即 WDTCNT ＝**0**。

WDTSSEL　时钟源选择位，置 **0** 时为 SMCLK；置 **1** 时为 ACLK。

WDTIS x　时间间隔选择位，x＝0、1，如表 5-2 所示。

表 5-2　时间间隔选择位

WDTIS 1、WDTIS 0	频　率	时钟源为 1 MHz 时，看门狗的时间间隔/ms	时钟源为 32768 Hz 时，看门狗的时间间隔/ms
00	时钟源/32768	32	1000
01	时钟源/8192	8	250
10	时钟源/512	0.5	16
11	时钟源/64	0.064	1.9

定时器的中断允许寄存器 IE1 如表 5-3 所示。

表 5-3　中断允许寄存器 IE1(与看门狗有关的部分)

7	6	5	4	3	2	1	0
			NMIIE				WDTIE

NMIIE　NMI 中断允许位,置 **0** 时中断禁止;置 **1** 时中断允许。

WDTIE　看门狗定时器中断允许位,置 **0** 时中断禁止;置 **1** 时中断允许,用于定时器模式,看门狗模式不需要中断允许。

定时器的中断标志寄存器 IFG1 如表 5-4 所示。

表 5-4　中断标志寄存器 IFG1(与看门狗有关的部分)

7	6	5	4	3	2	1	0
			NMIIFG				WDTIFG

NMIIFG　NMI 中断标志位,置 **0** 时没有中断;置 **1** 时中断标志建立。

WDTIFG　看门狗定时器中断标志位,置 **0** 时没有中断;置 **1** 时中断标志建立。

实例 5.1　看门狗定时器的应用

任务要求:利用看门狗定时器产生设定的时间间隔中断,在中断服务程序中切换 LED 灯,亮 1 s 灭 1 s。

分析说明:看门狗定时器的时钟源只有 SMCLK 和 ACLK 两种;4 种分频值,只能实现几种简单的定时间隔中断。

1) 硬件电路设计

P1.0 引脚接 LED 发光二极管,同时用虚拟示波器观察 P1.0 引脚的电平变化。低频晶振 LFXT1 采用 32768 Hz 的晶振,获得稳定的 ACLK 时钟源。硬件电路图如图 5.1 所示,XT2 接 8MHz 晶振(XT2 频率范围为 400 kHz~16 MHz),两个 22 pF

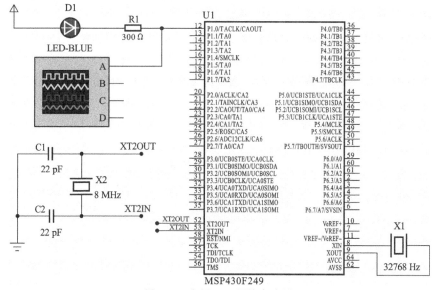

图 5.1　实例 5.1 硬件电路图

匹配电容,供 MCLK、SMCLK 选用。一般发光二极管 LED 管压降约 1.8~2.2 V,电流 5~10 mA,因此限流电阻 R1 取 300 Ω。

2) 程序设计

看门狗定时器时钟源选用 ACLK(32768 Hz),分频系数为 32768,得到 1 s 定时时间间隔。P1.0 引脚设置为输出方式,进入 LPM3 低功耗模式。

```
#include <msp430f249.h>
void main(void)
{
    WDTCTL=WDT_ADLY_1000;        //看门狗定时时间间隔为 1 s
    IE1 |= WDTIE;                //允许 WDT 中断
    P1DIR |= 0x01;               //P1.0 输出
    _BIS_SR(LPM3_bits+GIE);      //进入 LPM3 低功耗模式,总中断允许
}

#pragma vector=WDT_VECTOR
__interrupt void watchdog_timer(void)   //看门狗中断服务程序
{
    P1OUT ^= 0x01;               //P1.0 取反
}
```

3) 仿真结果与分析

双击 MSP430F249 单片机,装载可执行文件 Debug\Exe\WDT.hex,设置仿真参数 MCLK=(Default),ACLK=32768 Hz。运行后可以观察到 LED 灯亮 1 s 灭 1 s;同时在示波器上观察到高电平 1 s、低电平 1 s 的周期信号,如图 5.2 所示。

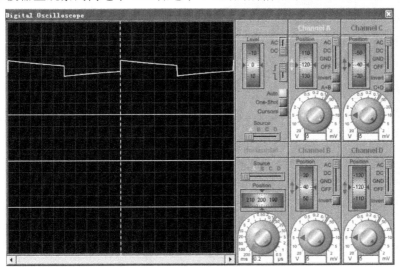

图 5.2　实例 5.1 仿真结果图

5.2　定时器 A

1. 定时器 A 的功能

MSP430F249 单片机的定时器 A 是具有 3 个捕获/比较寄存器的 16 位定时器/计数器。定时器 A 可以用来实现计数、延时、信号频率测量、信号触发检测、脉冲脉宽

信号测量。定时器 A 还可以实现下列功能。

（1）PWM 信号输出功能：通过设置 TA 的工作模式，结合 CCR0、CCR1 或 CCR2 计数，直接从 CCR0、CCR1 或 CCR2 中子模块的 OUTx 端输出。

（2）Slope AD 转换功能：利用定时器 A 与比较器 A 结合设计成斜边数模转换器。

（3）实现软 USART 功能：利用 CCR0 子模块中的捕获输入功能，结合 TAR 实现通用串行异步通讯功能（USART）。

（4）ADC12 模块的采样信号：利用定时器的 TAR 或 CCR0 实现 OUTx 输出得到 ADC12 模块所需要的采样触发信号。

2. 定时器 A 的结构

定时器 A 的基本结构如图 5.3 所示。

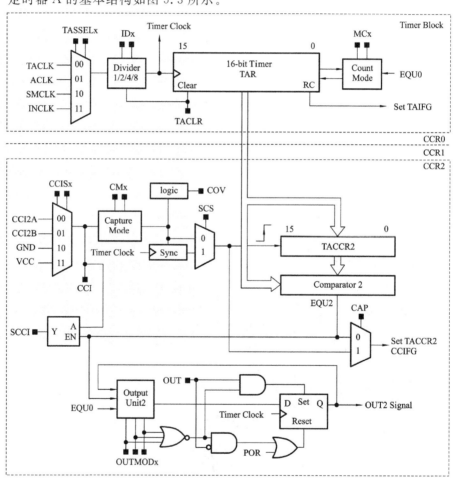

图 5.3　定时器 A 的基本结构图

在详细讲述定时器 A 的工作原理之前，我们先了解一下与定时器 A 有关的 9 个寄存器。定时器 A 主要资源有 1 个 16 位的定时计数器、1 个控制寄存器、1 个中断向量寄存器、3 个可配置的捕获/比较控制寄存器和 3 个捕获/比较寄存器。以上定时器资源可作多种组合使用，以实现强大的功能。

3. 定时器 A 的寄存器

定时器 A 的相关寄存器如表 5-5 所示。

表 5-5　定时器 A 的相关寄存器

序号	地址	简写	寄存器名称
1	160H	TACTL	定时器 A 控制寄存器
2	162H	TACCTL0	捕获/比较控制寄存器 0
3	164H	TACCTL1	捕获/比较控制寄存器 1
4	166H	TACCTL2	捕获/比较控制寄存器 2
5	170H	TAR	定时器 A 计数寄存器
6	172H	TACCR0	捕获/比较寄存器 0
7	174H	TACCR1	捕获/比较寄存器 1
8	176H	TACCR2	捕获/比较寄存器 2
9	12EH	TAIV	中断向量寄存器

（1）定时器 A 的控制寄存器如表 5-6 所示。

表 5-6　定时器 A 的控制寄存器 TACTL

15～10	9	8	7	6	5	4	3	2	1	0
未用	TASSELx		IDx		MCx		未用	TACLR	TAIE	TAIFG

TASSELx　定时器时钟源选择（x＝0、1）如表 5-7 所示。

表 5-7　定时器时钟源选择

TASSEL1 TASSEL0	时钟源	说明	宏定义
0　0	TACLK	外部引脚输入时钟	TASSEL_0
0　1	ACLK	辅助时钟	TASSEL_1
1　0	SMCLK	子系统时钟	TASSEL_2
1　1	INCLK	TACLK 的反相信号	TASSEL_3

IDx　分频系数（x＝0、1）选择如表 5-8 所示。

表 5-8　分频系数选择

ID1、ID0	分频系数	宏定义
0　0	直通	ID_0
0　1	2 分频	ID_1
1　0	4 分频	ID_2
1　1	8 分频	ID_3

MCx　定时器模式选择（x＝0、1）如表 5-9 所示。

表 5-9　定时器模式选择

MC1、MC0	模式选择	说　　明	宏定义
0　0	停止		MC_0
0　1	增计数模式	计数值上限为 TACCR0	MC_1
1　0	连续计数模式	计数值上限为 FFFFH	MC_2
1　1	增减计数模式	计数值上限为 TACCR0	MC_3

TACLR   定时器 A 清除位,该位置位将计数器 TAR 清零、分频系数清零、计数模式置为增计数模式。TACLR 由硬件自动复位,其读出始终为 0。定时器在下一个有效输入沿开始工作。

TAIE   定时器 A 中断允许位,置 0 时中断禁止;置 1 时中断允许。

TAIFG   定时器 A 中断标志位,置 0 时没有中断;置 1 时中断标志建立。增计数模式:当定时器由 CCR0 计数到 0 时,TAIFG 置位。连续计数模式:当定时器由 0FFFFH 计数到 0 时,TAIFG 置位。增/减计数模式:当定时器由 CCR0 减计数到 0 时,TAIFG 置位。

(2) 定时器 A 的 16 位计数器 TAR,如表 5-10 所示。

表 5-10   定时器 A 的 16 位计数器

15～0
TARx

这是计数器的主体,内部可读写。如果要写入 TAR 计数值或用 TACLK 控制寄存器中的控制位来改变定时器工作(特别是修改输入选择位、输入分频器和定时器清除位时),修改时应先停止定时器,否则输入时钟和软件所用的系统时钟异步可能引起时间竞争,使定时器响应出错。

(3) 定时器 A 有 3 个捕获/比较模块,每个模块都有自己的控制寄存器 TAC-CTL0～TACCTL2。

捕获/比较控制寄存器 TACCTLx(x=0、1、2)如表 5-11 所示。

表 5-11   捕获/比较控制寄存器

15	14	13	12	11	10	9	8	7	6	5	4	3	2	1	0
CMx		CCISx		SCS	SCCI		CAP	OUTMODx			CCIE	CCI	OUT	COV	CCIFG

CMx 捕获模式(x=0、1)的选择如表 5-12 所示。

表 5-12   CMx 捕获模式(x=0、1)

CM1、CM0	捕获模式	宏定义
00	禁止捕获	CM_0
01	上升沿捕获	CM_1
10	下降沿捕获	CM_2
11	上升沿与下降沿都捕获	CM_3

CCISx 捕获/比较输入信号选择如表 5-13 所示。

表 5-13   CCISx 捕获/比较输入信号选择(x=0、1)

CCIS1、CCIS0	输入信号选择	宏定义
00	CCIxA(x=0、1、2)	CCIS_0
01	CCIxB(x=0、1、2)	CCIS_1
10	GND	CCIS_2
11	VCC	CCIS_3

SCS　同步捕获源选择,置 **0** 时为异步捕获;置 **1** 时为同步捕获。异步捕获模式允许在请求时立即将 CCIFG 置位和捕获定时器值,适用于捕获信号的周期远大于定时器时钟周期的情况。但是,如果定时器时钟和捕获信号发生时间竞争,则捕获寄存器的值可能出错。在实际中经常使用同步捕获模式,捕获事件发生时,CCIFG 置位和捕获定时器值将与定时器时钟信号同步。

SCCI　同步捕获/比较输入位,仅用于比较模式。比较相等信号 EQUx 将选中的捕获、比较输入信号 CCIx(CCIxA,CCIxB,VCC 和 GND)进行锁存,这样当计数器的值继续变化时,锁存器中的值仍然保持不变,然后可以通过 SCCI 位读出。

CAP　模式选择位,置 **0** 时为比较模式;置 **1** 时为捕获模式。

OUTMODx　输出模式(x=0、1、2),如表 5-14 所示。

表 5-14　输出模式

OUTMOD2 OUTMOD1 OUTMOD0	模式名称	说　　明	宏定义
000	输出	输出信号由 TACCTLx 的 OUT 决定	OUTMOD_0
001	置位	当计数值达到 TACCRx 寄存器中的值时,输出信号为高电平并保持,直到定时器复位	OUTMOD_1
010	翻转/复位	当计数值达到 TACCRx 寄存器中的值时,输出信号翻转;当计数值达到 TACCR0 寄存器中的值时,输出信号复位	OUTMOD_2
011	置位/复位	当计数值达到 TACCRx 寄存器中的值时,输出信号置位;当计数值达到 TACCR0 寄存器中的值时,输出信号复位	OUTMOD_3
100	翻转	当计数值达到 TACCRx 寄存器中的值时,输出信号翻转	OUTMOD_4
101	复位	当计数值达到 TACCRx 寄存器中的值时,输出信号复位	OUTMOD_5
110	翻转/置位	当计数值达到 TACCRx 寄存器中的值时,输出信号翻转;当计数值达到 TACCR0 寄存器中的值时,输出信号置位	OUTMOD_6
111	复位/置位	当计数值达到 TACCRx 寄存器中的值时,输出信号复位;当计数值达到 TACCR0 寄存器中的值时,输出信号置位	OUTMOD_7

CCIE　捕获/比较中断使能位,置 **0** 时中断禁止;置 **1** 时中断允许。

CCI　捕获/比较输入位,用来读取选择的输入信号。

OUT　输出位,如果 OUTMODx 设为 **000** 时,那么由该位决定输出到 OUTx 中的信号。置 **0** 时输出低电平;置 **1** 时输出高电平。

COV　捕获溢出标志位。当 CAP=1 时,选择捕获模式,如果捕获寄存器的值被读出前再次发生捕获事件,则 COV 置位。读捕获寄存器时不会使溢出标志复位,须用软件复位。

CCIFG　捕获/比较中断标志位。捕获模式:寄存器 CCR0 捕获了定时器 TAR 值时置位。比较模式:定时器 TAR 值等于寄存器 CCR0 值时置位。

(4) 定时器 A 的中断矢量寄存器 TAIV 如表 5-15 所示。

表 5-15   定时器 A 的中断矢量寄存器 TAIV

15~4	3~1	0
0	TAIVx	0

中断矢量值确定申请 TAIVx 中断的中断源,具体含义如表 5-16 所示。

表 5-16   中断源的含义

TAIVx	TAIV 的值	中断源	中断标志	中断优先级
000	0	没有中断		高
001	2	捕获/比较器 1	TACCR1_CCIFG	
010	4	捕获/比较器 2	TACCR2_CCIFG	
011	6	保留		
100	8	保留		
101	10	定时器溢出	TAIFG	
110	12	保留		
111	14	保留		低

4. 定时器工作原理

1) 定时器的 4 种工作模式

(1) 停止模式:定时器停止工作。

(2) 增计数模式:如果定时器原来处于停止模式,设置增计数模式会同时启动计数器 TAR 开始计数。当计数值达到 TACCR0 寄存器的值时,中断标志 TACCR0_CCIFG 置位。当下一个计数时钟到来时,计数器 TAR 的值变为 0,重新开始新一轮计数。因此定时器的计数周期由 TACCR0 的值决定。由于必须用 TACCR0 寄存器存放计数的最大值,所以增计数模式比连续计数模式多占用了 TACCR0 寄存器空间。在增计数期间还可以设置 CCR1、CCR2 来产生中断标记,产生 PWM 等信号。

(3) 连续计数模式:连续计数模式与增计数模式的区别是连续计数模式不占用 TACCR0 寄存器。当 CCRx(x=0、1、2)寄存器的值与 TAR 的值相等时,若此时 CCRx 处于中断允许,则产生相应的中断标志 CCIFGx。而 TAR 的中断标志 TAIFG 位则在 TAR 计数值从 FFFFH 转为 0 时产生中断标志 TAIFG。定时器 A 连续计数模式启动后,TAR 的值开始从 0~FFFFH 不断重复计数,直至软件控制其停止计数为止。

(4) 增减计数模式:增减计数模式也要用到 TACCR0 寄存器,定时器启动后,计数值先从 0 增加到 TACCR0 寄存器中的值,然后计数器又开始减少,减少到 0 后,计数器又递增,如此周而复始。在增减计数模式一个周期中,中断标志 TAIFG 和 TACCR0_CCIFG 各置位一次。当计数值达到最大值即 TACCR0 的值时,中断标志 TACCR0_CCIFG 置位;当计数值递减到 0 时,中断标志 TAIFG 置位。增减计数模式在定时器周期不是 0FFFFH 且需要产生对称的脉冲时使用。例如,两个输出驱动一个 H 桥时不能同时为高,增减计数模式支持在输出信号之间有死区时间的应用。

2) 定时器工作原理说明

(1) 比较模式:这是定时器的默认模式。如果事先设置好定时器的比较值 TAC-

CRx(x＝0、1、2),并开启定时器中断,当 TAR 的值增加到 TACCRx 的时候,中断标志位 CCIFGx(x＝0、1、2)置 1,进入相应的中断服务程序。比较模式常用于产生 PWM 信号或设置给定时间间隔中断。

(2) 捕获模式:当 TACCTLx(x＝0、1、2)控制寄存器中的 CAP 置位时,则相应的 TACCRx 处于捕获模式。捕获源可以由 CCISx 选择 CCIxA,CCIxB,GND,VCC,可以利用外部信号的上升沿、下降沿或上升/下降沿触发,完成捕获后相应的捕获标志位 CCIFGx 置 1。当捕获事件发生时,硬件自动将计数器 TAR 的值拷贝到 TACCRx 寄存器中,同时中断标志 CCIFGx 置位。捕获模式主要用于测量脉冲周期、频率、速度等。

(3) 输出模式:输出模式由 OUTMODx 位来确定,如表 5-14 所示。模式 0 用于电平输出,由 OUT 位来控制 TAx(x＝0、1、2)管脚的高低电平输出;模式 1 和模式 5 为单脉冲输出,可以用来代替单稳态电路产生单脉冲波形;模式 3 和模式 7 用来产生脉宽调制信号(PWM 信号);模式 4 为可变频率或移相输出;模式 2 和模式 6 为带死区的 PWM 模式,广泛用于逆变器、开关电源、变频调速和斩波器等高效率的功率变换应用场合。

3) 定时器工作模式说明

(1) 定时器 A 工作在增计数模式下,TACCR0 作为周期寄存器,TACC1 作为比较寄存器,不同的输出模式产生的输出波形如图 5.4 所示。

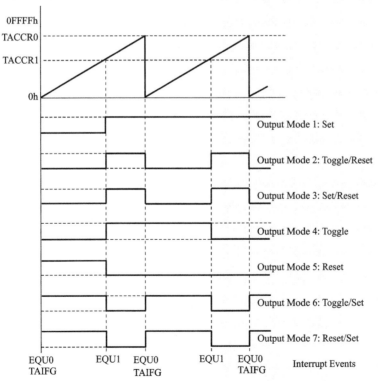

图 5.4　定时器 A 处于增计数模式

(2) 定时器 A 工作在连续计数模式下,TACCR0、TACCR1 作为比较寄存器,不同的输出模式产生的输出波形如图 5.5 所示。

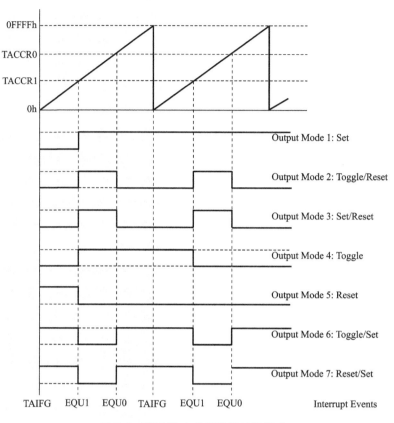

图 5.5 定时器 A 处于连续计数模式

（3）定时器 A 工作在增/减计数模式下，TACCR0 作为周期寄存器，TACC1 和 TACC2 作为比较寄存器，不同的输出模式产生的输出波形如图 5.6 所示。

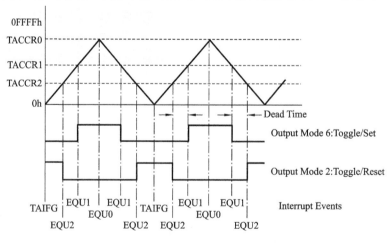

图 5.6 定时器 A 处于增/减计数模式

4）定时器 A 的中断说明

定时器 A 有两个中断向量，一个单独分配给捕获比较寄存器 CCR0，另一个作为共用的中断向量用于定时器溢出和其他的捕获比较寄存器（CCR1 和 CCR2）。

CCR0 中断向量具有最高的优先级，CCR0 用于定义增计数和增/减计数模式的周期。CCR0 的中断标志 TACCR0_CCIFG 在执行中断服务程序时能自动复位。CCR1、CCR2 和定时器溢出共用另一个中断向量,属于多源中断,对应的中断标志为 TACCR1_CCIFG、TACCR2_CCIFG 和 TAIFG1,在读中断向量字 TAIV 后自动复位。如果不访问 TAIV 寄存器,则不能自动复位,须用软件清除;如果相应的中断允许位为零(不允许中断),则将不会产生中断请求,但中断标志仍存在,这时须用软件清除。

实例 5.2　定时器 A 定时 1 s

任务要求:利用定时器 A 产生设定的时间间隔中断,在中断服务程序中切换 LED 灯的亮灭,亮 1 s 灭 1 s。

分析说明:定时器 A 的时钟源可以选择为 SMCLK、ACLK 和外部引脚输入(TACLK、INCLK),一般选择为 SMCLK 和 ACLK。ACLK 为低频晶振 32768 Hz 及 1/2/4/8 分频,定时器 A 可以再次对 ACLK 进行 1/2/4/8 分频,定时器 A 的时基最小为 1/32768 s(约 30 μs),最大为 64 分频后即 1.95 ms,因此定时器 A 的定时范围为 2 s(对应时基 30 μs)和 128 s(对应时基 1.95 ms)。SMCLK 可选择 XT2 和内部 DCO 作为时钟源,若 SMCLK 选择 XT2(例如 8 MHz),则定时器 A 的时基最小为 0.125 μs,最大为 64 分频后即 8 μs,因此定时器 A 的定时范围为 8.19 ms(对应时基 0.125 μs)和 524 ms(对应时基 8 μs)。

总而言之,要求定时器时间间隔小于几百毫秒时,定时器 A 的时钟源采用 SMCLK,SMCLK 一般选取 XT2 作为时钟源;定时时间间隔几百毫秒至几十秒应采用 ACLK(或者适当分频)作为定时器 A 的时钟源。

1) 硬件电路设计

P1.0 引脚接 LED 发光二极管,同时用虚拟示波器观察 P1.0 引脚的电平变化。低频晶振采用 32768 Hz 的晶振,获得稳定的 ACLK 时钟源。硬件电路如图 5.7 所

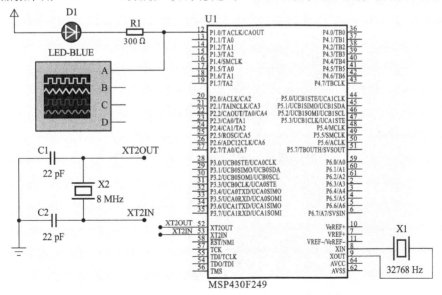

图 5.7　实例 5.2 硬件电路图

示，XT2 接 8 MHz 晶振（XT2 频率范围为 400 kHz～16 MHz），两个 22 pF 匹配电容，供 MCLK、SMCLK 选用。一般 LED 发光二极管的管压降 1.8～2.2 V，电流 5～10 mA，因此限流电阻取 300 Ω。

2）程序设计

MSP430F249 单片机的程序运行主时钟 MCLK＝DCO＝1.1 MHz。定时器 A 采用增计数模式，定时器 A 的时钟源为 ACLK＝32768 Hz。时基单位为 1/32768 s，设置 CCR0＝32768，则定时时间间隔 1 s。

```c
#include <msp430f249.h>
void main(void)
{
    WDTCTL=WDTPW+WDTHOLD;       //停止看门狗
    P1DIR |= 0x01;             //P1.0 输出
    CCTL0=CCIE;                //CCR0 中断允许
    CCR0=32768;                //定时时间间隔 1 s
    TACTL=TASSEL_1+MC_1;       //定时器 A 时钟源为 ACLK，增计数模式
    _BIS_SR(LPM0_bits+GIE);    //LPM0 模式，总中断允许
}
#pragma vector=TIMERA0_VECTOR
__interrupt void Timer_A (void)  //定时器 A0 中断服务程序
{
    P1OUT ^= 0x01;             //P1.0 取反
}
```

3）仿真结果与分析

程序虽然很短，但是它包含了定时器的基本使用方法。使用定时器前，先设置好控制寄存器 TACTL，时钟源选择、计数模式选择、中断允许和定时时间间隔 CCR0 的值。增计数模式，定时器 A 的计数值达到 CCR0，TACCR0_CCIFG 中断标志建立，CCR0 中断为单源中断，CPU 响应中断，进入定时器 A0 中断服务程序后，自动清除中断标志 TAC-CR0_CCIFG。在中断服务程序中，对 P1.0 取反，得到周期 2 s 的信号，其中高电平 1 s，低电平 1 s，如图 5.8 所示。仿真时设置参数 MCLK＝(Default)，ACLK＝32768 Hz。

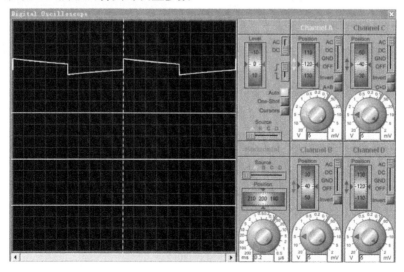

图 5.8　实例 5.2 仿真结果图

实例 5.3　定时器 A 产生 4 路周期信号

任务要求:利用定时器 A 产生 4 路周期信号,周期分别为 4 s、2 s、1 s 和 0.25 s,四路周期信号分别从 P1.0 和 P1.1~P1.4 的 A0~A3 输出。

分析说明:定时器 A 有 3 个捕获/比较寄存器 CCR0、CCR1 和 CCR2。若设置定时器 A 工作在连续模式,利用 3 个比较器可以获得 3 路不同的周期信号,再利用定时器溢出中断可以再输出 1 路周期信号。因此,定时器 A 可以很方便地产生 4 路时间间隔不同的周期信号。

1) 硬件电路设计

硬件电路如图 5.9 所示,用虚拟示波器观察 P1.0~P1.3 这 4 路引脚电平的变化。

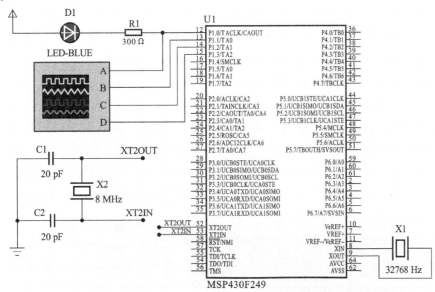

图 5.9　实例 5.3 硬件电路图

2) 程序设计

MSP430F249 单片机的程序运行主时钟 MCLK=DCO=1.1 MHz。定时器 A 采用连续模式,定时器 A 的时钟源为 ACLK=32768 Hz。时基单位为 1/32768 s,设置 CCR0=32768,则定时时间间隔 1 s(周期 2 s);CCR1=32768/2,则定时时间间隔 0.5 s(周期 1 s);CCR2=32768/8,则定时时间间隔 0.125 s(周期 0.25 s);定时器 A 溢出中断,定时时间间隔 2 s(周期 4 s)。

```
#include <msp430f249.h>
void main(void)
{
    WDTCTL=WDTPW+WDTHOLD;      //停止看门狗
    P1SEL |=0x0E;              //P1.1~P1.3 功能选择
    P1DIR |=0x0F;              //P1.0~P1.3 输出
    CCTL0=OUTMOD_4+CCIE;       //CCR0 翻转,中断允许
    CCTL1=OUTMOD_4+CCIE;       //CCR1 翻转,中断允许
    CCTL2=OUTMOD_4+CCIE;       //CCR2 翻转,中断允许
```

```
        TACTL＝TASSEL_1＋MC_2＋TAIE;        //定时器 A 时钟源为 ACLK,连续模式,
                                              //中断允许
        _BIS_SR(LPM0_bits＋GIE);             //LPM0 模式,总中断允许
}
#pragma vector＝TIMERA0_VECTOR
__interrupt void Timer_A0 (void)             //定时器 A0 中断服务程序
{
    CCR0 ＋＝ 32768;                          //周期 2 s
}
#pragma vector＝TIMERA1_VECTOR
__interrupt void Timer_A1(void)              //定时器 A1 中断服务程序
{
    switch( TAIV )                           //TAIV 中断矢量
    {
    case 2: CCR1 ＋＝ 32768/2;               //周期 1 s
            break;
    case 4: CCR2 ＋＝ 32768/8;               //周期 0.25 s
            break;
    case 10: P1OUT ^＝ 0x01;                 //溢出中断,周期 4 s
            break;
    }
}
```

3） 仿真结果与分析

仿真结果如图 5.10 所示,第 1 路信号周期为 4 s,定时器 A 溢出时间间隔为 2 s,在中断程序中对 P1.0 取反;第 2 路信号周期为 2 s,比较寄存器 CCR0 设置值为 32768,1 s 对 TA0(P1.1)取反一次;第 3 路信号周期为 1 s,比较寄存器 CCR1 设置值为 32768/2,0.5 s 对 TA1(P1.2)取反一次;第 4 路信号周期为 0.25 s,比较寄存器 CCR2 设置值为 32768/8,0.125 s 对 TA2(P1.3)取反一次。

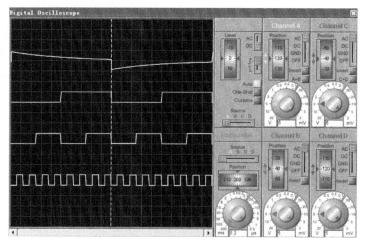

图 5.10　实例 5.3 仿真结果图

实例 5.4　定时器 A 产生两路 PWM 信号

任务要求:利用定时器 A 产生占空比 75% 和 15% 的两路 PWM 信号,周期均为 20 ms。

　　分析说明:定时器 A 有多种信号输出模式,其中输出模式 3 和模式 7 用来产生脉宽调制信号(PWM 信号),在定时器 A 的增计数模式,用 CCR0 控制 PWM 信号的周期,CCR1、CCR2 控制占空比,可以得到两路不同占空比的 PWM 信号。

1) 硬件电路设计

硬件电路如图 5.11 所示。

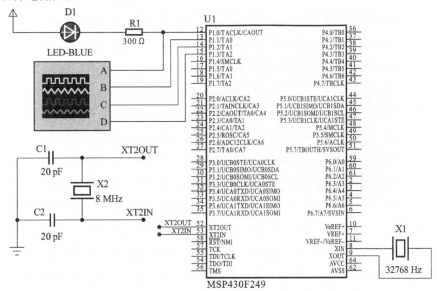

图 5.11　实例 5.4 电路图

2) 程序设计

　　MSP430F249 单片机的程序运行主时钟 MCLK＝ DCO＝1.1 MHz。SMCLK＝XT2＝8 MHz,定时器 A 时钟源为 SMCLK 的 8 分频(即 1 MHz),增计数模式。时基单位 1 μs,CCR0 ＝20000,则定时时间间隔 20 ms(即 PWM 周期＝20 ms)。两路 PWM 信号从 P1.2(TA1)和 P1.3(TA2)输出,设置 CCR1＝20000 ∗ 75％＝15000,则 TA1 的 PWM 信号占空比为 75％,设置 CCR2＝20000 ∗ 15％＝3000,则 TA2 的 PWM 信号占空比为 15％。

```
#include <msp430f249.h>
void main(void)
{
    WDTCTL=WDTPW+WDTHOLD;        //停止看门狗
    BCSCTL2 |= SELS;             //SMCLK＝XT2
    BCSCTL2=DIVS0+DIVS1;         //SMCLK 8 分频
    P1DIR |= 0x0C;               //P1.2 和 P1.3 输出
    P1SEL |= 0x0C;               //P1.2(TA1)和 P1.3(TA2) 输出
    CCR0=20000;                  //PWM 周期
    CCTL1=OUTMOD_7;              //CCR1 复位/置位
    CCR1=15000;                  //CCR1 PWM 占空比 75%
    CCTL2=OUTMOD_7;              //CCR2 复位/置位
    CCR2=3000;                   //CCR2 PWM 占空比 15%
    TACTL=TASSEL_2+MC_1;         //定时器 A 时钟源为 SMCLK,增计数模式
    _BIS_SR(LPM0_bits);          //进入低功耗 LPM0
}
```

3) 仿真结果与分析

仿真结果如图 5.12 所示,第 3 路信号为 TA1 输出的 PWM 信号,周期为 20 ms,占空比 75%;第 4 路信号为 TA2 输出的 PWM 信号,周期为 20 ms,占空比 15%。

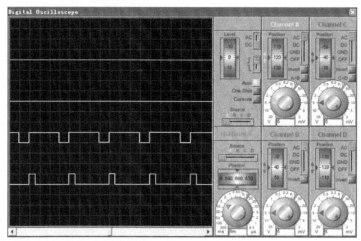

图 5.12 实例 5.4 仿真结果图

实例 5.5 定时器 A 精确测量输入信号的周期

任务要求:利用定时器 A 精确测量某输入信号的周期,周期范围 $0\sim999999$ μs。

分析说明:利用定时器 A 的脉冲捕获功能可以精确地测量外部输入信号的脉宽和周期。捕获模式测量输入信号的周期时,一般设置定时器 A 为连续模式,如果选定的引脚上出现设定的跳变沿(上升沿或者下降沿),那么定时器 A 的计数值被复制到 TACCRx 中,并且中断标志 TACCIFGx 置位。在捕获中断程序中读取捕获值,相邻两次捕获值之差就是信号周期。由于事件(上升沿或者下降沿)发生的随机性,注意在需要时使能溢出中断,在溢出中断中记录溢出发生次数,周期=65536x 溢出次数+两次捕获值之差。

1) 硬件电路设计

低频晶振采用 32768 Hz 的晶振,XT2 接 8MHz 晶振(XT2 频率范围为 400 kHz~16 MHz),两个 22 pF 匹配电容,供 SMCLK 选用。显示使用 6 位 LED 共阳极模块,单片机 P4 端口输出每位数码管的段码,P5 端口的 P5.0~P5.5 输出位码。输入信号源采用虚拟仪器中的信号发生器。硬件电路如图 5.13 所示。

2) 程序设计

MSP430F249 单片机的程序运行主时钟 MCLK = DCO=1.1 MHz。SMCLK = XT2=8 MHz,定时器 A 时钟源为 SMCLK 的 8 分频(即 1 MHz),连续计数模式。定时器 A 使用捕获模式测量信号周期时,可以让主计数器 TAR 工作在连续计数模式。捕获模块设置 TAx(x=0~2)管脚上升沿触发,每次捕获事件发生后,在捕获中断程序中读取捕获值,相邻两次捕获值之差就是信号周期。对于计数值溢出的情况,可以在溢出中断程序中记录溢出次数,扩展周期信号的测量范围。

```
#include <msp430f249.h>
```

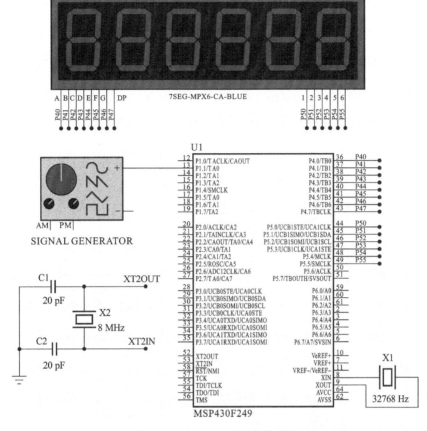

图 5.13　实例 5.5 的硬件电路图

```
#define NUM 16                                    //测量次数
unsigned int new_cap=0;
unsigned int old_cap=0;
char N1;                                          //溢出次数
long diff[NUM];                                   //周期测量值
char index=0;
long data;                                        //计算测量周期的平均值
char led[]={0xC0,0xF9,0xA4,0xB0,0x99,0x92,0x82,0xF8,0x80,
            0x90,0x88,0x83,0xC6,0xA1,0x86,0x8E,0xff};    //共阳极数码管
char position[]={0x20,0x10,0x08,0x04,0x02,0x01};   //位码
char led_buf[]={0,0,0,0,0,0};                      //显示缓冲区
void data_to_buf(long data1)                       //值送显示缓冲区函数
  {
    char i;
    for (i=0;i<6;i++)
      {
        led_buf[i]=data1%10;                       //低位在前
        data1=data1/10;
      }
  }
void disp(void)                                    //动态扫描显示函数
{
  char i;
```

```
        unsigned int k;
        for(i=0;i<6;i++)
          {
            P4OUT=led[led_buf[i]];
            P5OUT=position[i];
            //if(i==3)
            //P4OUT &=0X7F;                        //小数点
            for ( k=0; k<600; k++);                //延时
            P5OUT=0X00;                             //关显示
          }
      }
  void main(void)
  {
      char k1;
      WDTCTL=WDTPW+WDTHOLD;                         //停止看门狗
      BCSCTL2 |= SELS;                             //SMCLK=XT2
      BCSCTL2=DIVS0+DIVS1;                         //SMCLK 8 分频
      P4DIR=0xFF;                                  //设置 P4 端口为输出
      P5DIR=0xFF;                                  //设置 P5 端口为输出
      P1SEL=0x02;                                //设置 P1.1(TA0)为输入信号管脚
      CCTL0=CM_1+SCS+CCIS_0+CAP+CCIE;
      //上升沿捕获＋CCI0A (P1.1)输入＋捕获模式＋中断允许
      TACTL=TASSEL_2+MC_2+ TAIE;//TA 时钟源为 SMCLK＋连续模式＋中断允许
      _EINT();                                     //总中断允许
  while(1)
    {
      if(index==0)                          //多次测量周期值后,取平均值并更新数据
        {
          data=0;
          for(k1=0;k1<NUM;k1++)
          data+=diff[k1];
          data=data/NUM;
        }
      data_to_buf(data);                          //数据送显示缓冲区
      disp();                                     //动态扫描显示程序
    }
  }


  #pragma vector=TIMERA0_VECTOR
  __ interrupt void TimerA0(void)                 //TA0 捕获中断服务程序
  {
      new_cap=TACCR0;
      diff[index]=65536 * N1+new_cap-old_cap;     //计算周期值
      index++;
      if (index ==NUM) index=0;
      old_cap=new_cap;                            //保存捕获值
      N1=0;                                       //溢出次数清零
  }
  #pragma vector=TIMERA1_VECTOR
  __ interrupt void Timer_A1(void)                //TA 中断服务程序
  {
    switch( TAIV )
```

```
{
case 2：break;
case 4：break;
case 10：N1++；break;                          //溢出次数加 1
}
}
```

3）仿真结果与分析

输入信号 50 Hz，测量的周期信号显示为 20000 μs；调整输入信号为 5 Hz，显示为 200000 μs；多调整几次输入信号周期，可以看出测试结果正确。如图 5.14 所示。

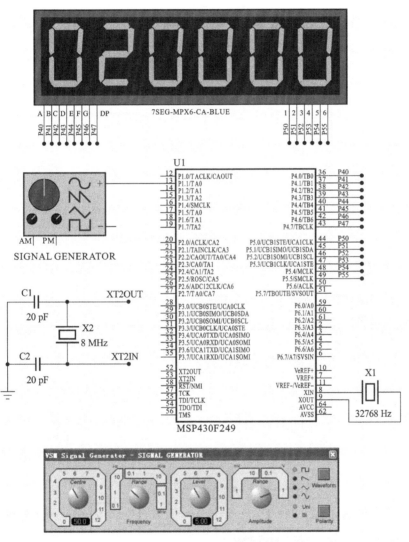

图 5.14　实例 5.5 仿真结果图

5.3　定时器 B

1. 定时器 B 的功能

MSP430F249 单片机的定时器 B 是具有 7 个捕获/比较寄存器的 16 位定时器/计

数器。TB 可以支持捕获/比较功能、PWM 输出和定时器功能,TB 的捕获比较寄存器是双缓冲结构,定时器 B 比定时器 A 使用更为灵活。

定时器 B 与定时器 A 的大多数功能相同,它们的主要区别如下:定时器 B 的长度是可编程的,可编程为 8、10、12、16 位;定时器 B 的 TBCCRx(x=0~6)寄存器是双缓冲的,并可以成组工作;所有定时器 B 的输出可以为高阻抗状态;SCCI 位功能在定时器 B 中不存在。定时器 B 的结构如图 5.15 所示。

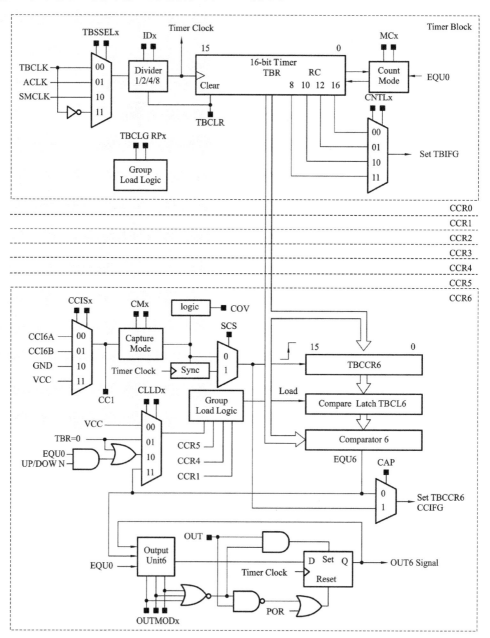

图 5.15　定时器 B 的结构示意图

定时器 B 可以通过 CNTL0、CNTL1 位将它配置为 8、10、12 或 16 位定时器,相应的最大计数数值分别为 0FFh、03FFh、0FFFh 和 0FFFFh。在 8、10 和 12 位模式下,对 TBR 写入数据时,数据的高 4 位必须为 0。

时钟源的选择和分频:定时器的时钟源可以是内部时钟源 ACLK、SMCLK,或外部源 TBCLK 和 INCLK。时钟源由 TBSSEL0、TBSSEL1 位来选择,所选择的时钟可以通过 ID0、ID1 位进行 2、4、8 分频,当 TBCLR 置位时,分频器复位。

定时器可以通过以下两种方式启动或重新启动。

(1) 当定时器 B 的 TBCTL 寄存器中的 MCx>0 并且时钟源处于活动状态时。

(2) 当定时器模式为 up 或 up/down 模式时(即单调增和增/减模式),定时器可以通过写 0 到 TBCLR 来停止计数。定时器可以通过写一个非 0 的数值来重新开始计数。在这种情况下,定时器从 0 开始增计数。

捕获比较寄存器 TBCCRx(x=1~6)中的 CCIFG 和 TBIFG 标志共用一个中断向量(不包括 TBCCR0_CCIFG)。中断向量寄存器 TBIV 用于确定它们中的哪个中断要求得到响应。最高优先级的中断(不包括 TBCCR0_CCIFG,TBCCR0 单独使用一个中断向量)在 TBIV 寄存器中产生一个数字(见寄存器说明),这个数字是规定的数字,可以在程序中识别并自动进入相应的子程序。禁止定时器 B 中断不会影响 TBIV 的值。

2. 定时器 B 的寄存器

定时器 B 的相关寄存器如表 5-17 所示。

表 5-17 定时器 B 的相关寄存器

序号	地 址	简 写	寄存器名称
1	0180h	TBCTL	定时器 B 控制寄存器
2	0182h	TBCCTL0	捕获/比较控制寄存器 0
3	0184h	TBCCTL1	捕获/比较控制寄存器 1
4	0186h	TBCCTL2	捕获/比较控制寄存器 2
5	0188h	TBCCTL3	捕获/比较控制寄存器 3
6	018Ah	TBCCTL4	捕获/比较控制寄存器 4
7	018Ch	TBCCTL5	捕获/比较控制寄存器 5
8	018Eh	TBCCTL6	捕获/比较控制寄存器 6
9	0190h	TBR	定时器 B 计数器
10	0192h	TBCCR0	捕获/比较寄存器 0
11	0194h	TBCCR1	捕获/比较寄存器 1
12	0196h	TBCCR2	捕获/比较寄存器 2
13	0198h	TBCCR3	捕获/比较寄存器 3
14	019Ah	TBCCR4	捕获/比较寄存器 4
15	019Ch	TBCCR5	捕获/比较寄存器 5
16	019Eh	TBCCR6	捕获/比较寄存器 6
17	011Eh	TBIV	TB 中断向量寄存器

(1) 定时器 B 的控制寄存器 TBCTL 如表 5-18 所示。

表 5-18   定时器 B 控制寄存器 TBCTL

15	14~13	12~11	10	9~8	7~6	5~4	3	2	1	0
—	TBCLGRPx	CNTLx	—	TBSSELx	IDx	MCx	—	TBCLR	TBIE	TBIFG

定时器 B 的比较寄存器成组控制,如表 5-19 所示。

表 5-19   TBCLGRPx 比较寄存器成组控制

TBCLGRP1 TBCLGRP0	说　明	宏定义
00	每个 TBCLx 锁存器独立加载	TBCLGRP_0
01	TBCL1+TBCL2 (TBCCR1 CLLDx 位控制更新) TBCL3+TBCL4 (TBCCR3 CLLDx bits 位控制更新) TBCL5+TBCL6 (TBCCR5 CLLDx bits 位控制更新) TBCL0 单独更新	TBCLGRP_1
10	TBCL1+TBCL2+TBCL3 (TBCCR1 CLLDx bits 位控制更新) TBCL4+TBCL5+TBCL6 (TBCCR4 CLLDx bits 位控制更新) TBCL0 独立更新	TBCLGRP_2
11	TBCL0+TBCL1+TBCL2+TBCL3+TBCL4+TBCL5+TBCL6 (TBCCR1 CLLDx bits 位控制更新)	TBCLGRP_3

定时器 B 的 CNTLx 计数长度选择如表 5-20 所示。

表 5-20   CNTLx 计数长度选择

CNTL1、CNTL0	计数长度	TBR 最大值	宏定义
0　0	16	0FFFFh	CNTL_0
0　1	12	0FFFh	CNTL_1
1　0	10	03FFh	CNTL_2
1　1	8	0FFh	CNTL_3

定时器 B 的 TASSELx 定时器时钟源选择如表 5-21 所示。

表 5-21   TASSELx 定时器时钟源选择

TBSSEL1、TBSSEL0	时钟源	说　明	宏定义
0　0	TBCLK	外部引脚输入时钟	TBSSEL_0
0　1	ACLK	辅助时钟	TBSSEL_1
1　0	SMCLK	子系统时钟	TBSSEL_2
1　1	INCLK	TBCLK 的反相信号	TBSSEL_3

定时器 B 的 IDx 分频系数选择如表 5-22 所示。

定时器 B 的模式选择如表 5-23 所示。

TBCLR   定时器 B 清除位,若该位置位将计数器 TBR 清零、分频系数清零、计数模式置为增计数模式。TBCLR 由硬件自动复位,其读出始终为 **0**。定时器在下一个有效输入沿开始工作。

表 5-22 IDx 分频系数

ID1、ID0	分 频 系 数	宏 定 义
00	直通	ID_0
01	2 分频	ID_1
10	4 分频	ID_2
11	8 分频	ID_3

表 5-23 MCx 定时器模式选择

MC1、MC0	模 式 选 择	说 明	宏 定 义
00	停止		MC_0
01	增计数模式	计数值上限为 TBCCR0	MC_1
10	连续计数模式	计数值上限为 TBmax	MC_2
11	增/减计数模式	计数值上限为 TBCCR0	MC_3

TBIE 定时器 B 中断允许位,置 **0** 时中断禁止;置 **1** 时中断允许。

TBIFG 定时器 B 中断标志位,置 **0** 时没有中断;置 **1** 时中断标志建立。增计数模式:当定时器由 CCR0 计数到 **0** 时,TBIFG 置位。连续计数模式:当定时器由 0FFFFH 计数到 **0** 时,TBIFG 置位。增/减计数模式:当定时器由 CCR0 减计数到 **0** 时,TBIFG 置位。

（2）定时器 B 的 16 位计数器 TBR 如表 5-24 所示。

表 5-24 定时器 B 的 16 位计数器 TBR

15~0
TBRx

这是计数器的主体,内部可读写。如果要写入 TBR 计数值或用 TBCLK 控制寄存器中的控制位来改变定时器工作(特别是修改输入选择位、输入分频器和定时器清除位时),修改时应先停止定时器,否则输入时钟和软件所用的系统时钟异步可能引起时间竞争,使定时器响应出错。

（3）定时器 B 有 7 个捕获/比较模块,每个模块都有自己的控制寄存器 TBCCTL0~TBCCTL6,如表 5-25 所示。

表 5-25 捕获/比较控制寄存器 TBCCTLx (x=0~6)

15	14	13	12	11	10~9	8	7	6	5	4	3	2	1	0
CMx		CCISx		SCS	CLLDx	CAP		OUTMODx		CCIE	CCI	OUT	COV	CCIFG

定时器 B 的 CMx 捕获模式选择如表 5-26 所示。

表 5-26 CMx 捕获模式(x=0、1)

CM1、CM0	捕 获 模 式	宏 定 义
00	禁止捕获	CM_0
01	上升沿捕获	CM_1
10	下降沿捕获	CM_2
11	上升沿与下降沿都捕获	CM_3

定时器 B 的 CCIS 捕获/比较输入信号选择如表 5-27 所示。

表 5-27 CCIS 捕获/比较输入信号选择

CCIS1、CCIS0	输入信号选择	宏 定 义
00	CCIxA(x=0、1、2)	CCIS_0
01	CCIxB(x=0、1、2)	CCIS_1
10	GND	CCIS_2
11	VCC	CCIS_3

SCS 同步捕获源选择,置 **0** 时异步捕获;置 **1** 时同步捕获。

异步捕获模式允许在请求时立即将 CCIFG 置位和捕获定时器值,适用于捕获信号的周期远大于定时器时钟周期的情况。但是,如果定时器时钟和捕获信号发生时间竞争,则捕获寄存器的值可能出错。在实际中经常使用同步捕获模式,捕获事件发生时,CCIFG 置位和捕获定时器值将与定时器时钟信号同步。

CLLDx 比较锁存加载,该位选择比较锁存加载事件,如表 5-28 所示。

表 5-28 CLLDx 比较锁存加载选择

CLLD1、CLLD0	说　　明	宏 定 义
00	TBCCRx 写入时,TBCLx 加载(x=0~6)	CLLD_0
01	TBR 计数到 0 时,TBCLx 加载	CLLD_1
10	TBR 计数到 0 时,TBCLx 加载(增模式或连续模式时) TBR 计数到 TBCL0 或 0 时,TBCLx 加载(增/减模式)	CLLD_2
11	TBR 计数到 TBCLx 时,TBCLx 加载	CLLD_3

CAP 模式选择位,置 **0** 时为比较模式;置 **1** 时为捕获模式。

OUTMODx 输出模式(x=0、1、2),输出模式的选择如表 5-29 所示。

表 5-29 输出模式选择

OUTMOD2 OUTMOD1 OUTMOD0	模式 名称	说　　明	宏 定 义
000	输出	输出信号由 TACCTLx 的 OUT 决定	OUTMOD_0
001	置位	当计数值达到 TACCRx 寄存器中的值时,输出信号为高电平并保持,直到定时器复位	OUTMOD_1
010	翻转/复位	当计数值达到 TACCRx 寄存器中的值时,输出信号翻转;当计数值达到 TACCR0 寄存器中的值时,输出信号复位	OUTMOD_2
011	置位/复位	当计数值达到 TACCRx 寄存器中的值时,输出信号置位;当计数值达到 TACCR0 寄存器中的值时,输出信号复位	OUTMOD_3
100	翻转	当计数值达到 TACCRx 寄存器中的值时,输出信号翻转	OUTMOD_4

续表

OUTMOD2 OUTMOD1 OUTMOD0	模式 名称	说 明	宏 定 义
101	复位	当计数值达到 TACCRx 寄存器中的值时,输出信号复位	OUTMOD_5
110	翻转/置位	当计数值达到 TACCRx 寄存器中的值时,输出信号翻转;当计数值达到 TACCR0 寄存器中的值时,输出信号置位	OUTMOD_6
111	复位/置位	当计数值达到 TACCRx 寄存器中的值时,输出信号复位;当计数值达到 TACCR0 寄存器中的值时,输出信号置位	OUTMOD_7

CCIE 捕获/比较中断使能位,置 **0** 时中断禁止;置 **1** 时中断允许。

CCI 捕获/比较输入位,用来读取选择的输入信号。

OUT 输出位,如果 OUTMODx 设为 **000** 时,那么由该位决定输出到 OUTx 的信号。置 **0** 时输出低电平;置 **1** 时输出高电平。

COV 捕获溢出标志。当 CAP=1 时,选择捕获模式,如果捕获寄存器的值被读出前再次发生捕获事件,则 COV 置位。读捕获寄存器时不会使溢出标志复位,须用软件复位。

CCIFG 捕获/比较中断标志位。捕获模式:寄存器 CCRx 捕获了定时器 TAR 值时置位。比较模式:定时器 TAR 值等于寄存器 CCRx 值时置位。

(4) 定时器 B 的中断矢量寄存器 TBIV 如表 5-30 所示。

表 5-30 定时器 B 中断矢量寄存器 TBIV

15～4	3～1	0
0	TBIVx	0

中断矢量值确定申请 TBIV 中断的中断源,具体含义如表 5-31 所示。

表 5-31 中断源的具体含义

TBIVx	TBIV 的值	中 断 源	中断标志	中断优先级
000	0	没有中断		高
001	2	捕获/比较器 1	TBCCIFG1-CCIFG	↑
010	4	捕获/比较器 2	TBCCIFG2-CCIFG	
011	6	捕获/比较器 3	TBCCIFG3-CCIFG	
100	8	捕获/比较器 4	TBCCIFG4-CCIFG	
101	10	捕获/比较器 5	TBCCIFG5-CCIFG	
110	12	捕获/比较器 6	TBCCIFG6-CCIFG	
111	14	定时器溢出	TBIFG	低

实例 5.6   定时器 B 产生 8 路周期信号

任务要求:利用定时器 B 产生 8 路周期信号,周期分别为 4 s、2 s、1 s、0.5 s、0.25 s、0.125 s、0.0625 s 和 0.03125 s,8 路周期信号分别从 P1.0 和 P2.0~P2.6 的 TB0~TB6 输出。

分析说明:定时器 B 有 7 个捕获/比较寄存器 TBCCR0~TBCCR6。若设置定时器 B 工作在连续模式,利用 7 个比较器可以获得 7 路不同的周期信号,再利用定时器溢出中断可以再输出 1 路周期信号。因此,定时器 B 可以很方便地产生 8 路时间间隔不同的周期信号。

1) 硬件电路设计

MSP430F249 的低频晶振为 32768 Hz,为 ACLK 提供精确时钟,定时器 B 采用 ACLK 作为时钟源,最大定时时间间隔 2s(时钟不分频)和 128s(时钟 64 分频)。8 路周期信号分别从 P1.0 和 P2.0~P2.6 的 TB0~TB6 输出,采用两个虚拟示波器观察,硬件电路如图 5.16 所示。

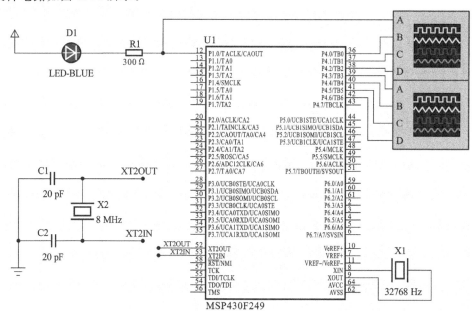

图 5.16   实例 5.6 硬件电路图

2) 程序设计

MSP430F249 单片机的程序运行主时钟 MCLK＝DCO＝1.1 MHz。定时器 B 采用连续模式,定时器 B 的时钟源为 ACLK＝32768 Hz。时基单位为 1/32768 s,设置 TBCCR0~TBCCR6 为适当的初始值,可以得到要求的周期信号输出。利于定时器 B 的溢出中断,可以得到周期 4 s 的信号输出。

```
#include <msp430f249.h>
void main(void)
{
```

```
    WDTCTL＝WDTPW＋WDTHOLD;          //停止看门狗
    P1DIR |＝ 0x01;                  //P1.0 输出
    P4SEL＝0xFF;                      //P4 功能选择
    P4DIR＝0xFF;                      //P4 输出
    TBCCTL0＝OUTMOD_4＋CCIE;          //CCR0 翻转，中断允许
    TBCCTL1＝OUTMOD_4＋CCIE;          //CCR1 翻转，中断允许
    TBCCTL2＝OUTMOD_4＋CCIE;          //CCR2 翻转，中断允许
    TBCCTL3＝OUTMOD_4＋CCIE;          //CCR3 翻转，中断允许
    TBCCTL4＝OUTMOD_4＋CCIE;          //CCR4 翻转，中断允许
    TBCCTL5＝OUTMOD_4＋CCIE;          //CCR5 翻转，中断允许
    TBCCTL6＝OUTMOD_4＋CCIE;          //CCR6 翻转，中断允许
    TBCTL＝TBSSEL_1＋MC_2＋TBIE;
                                     //定时器 B 时钟源为 ACLK,连续模式,中断允许
    _BIS_SR(LPM0_bits＋GIE);         //LPM0 模式,总中断允许
}
# pragma vector＝TIMERB0_VECTOR
__ interrupt void Timer_B0 (void)    //定时器 B0 中断服务程序
{
    TBCCR0 ＋＝ 32768;                //周期 2 s
}


# pragma vector＝TIMERB1_VECTOR
__ interrupt void Timer_B(void)      //定时器 B1 中断服务程序,TBIV 中断矢量
{
  switch( TBIV )
  {
  case 2: TBCCR1 ＋＝ 32768/2;        //周期 1 s
          break;
  case 4: TBCCR2 ＋＝ 32768/4;        //周期 0.5 s
          break;
  case 6: TBCCR3 ＋＝ 32768/8;        //周期 0.25 s
          break;
  case 8: TBCCR4 ＋＝ 32768/16;       //周期 0.125 s
          break;
  case 10: TBCCR5 ＋＝ 32768/32;      //周期 62.5 ms
           break;
  case 12: TBCCR6 ＋＝ 32768/64;      //周期 31.25 ms
           break;
  case 14: P1OUT ^= 0x01;            //溢出中断,周期 4 s
             break;
  }
}
```

3) 仿真结果与分析

实例 5.6 的仿真结果如图 5.17、图 5.18 所示。

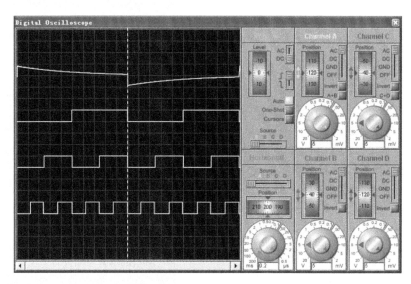

图 5.17 实例 5.6 仿真结果(一)

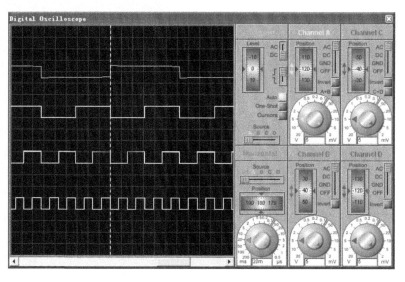

图 5.18 实例 5.6 仿真结果(二)

实例 5.7 定时器 B 产生 6 路 PWM 信号

任务要求:利用定时器 B 产生 6 路 PWM 信号,周期为 20 ms,占空比分别为 90%、80%、70%、60%、50% 和 10%。

分析说明:定时器 B 有多种信号输出模式,其中输出模式 3 和模式 7 用来产生脉宽调制信号(PWM 信号),在定时器 B 的增计数模式,用 TBCCR0 控制 PWM 信号的周期,TBCCR1~TBCCR6 控制占空比,可以得到 6 路不同占空比的 PWM 信号。

1) 硬件电路设计

硬件电路如图 5.19 所示,采用两个虚拟示波器观察 6 路 PWM 信号。

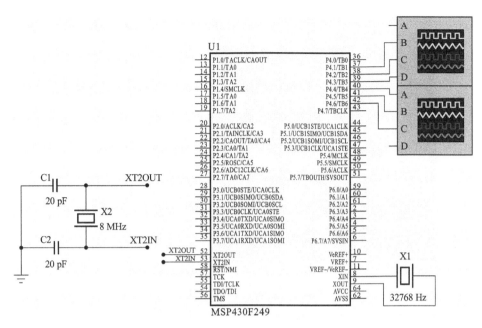

图 5.19 实例 5.7 硬件电路图

2）程序设计

```
#include <msp430f249.h>
void main(void)
{
    WDTCTL=WDTPW+WDTHOLD;          //停止看门狗
    BCSCTL2=SELS+DIVS0+DIVS1;       //SMCLK=XT2,SMCLK 8 分频
    P4DIR |= 0x7e;                  //P4.1~P4.6 输出
    P4SEL |= 0x7e;                  //P4.1~P4.6 TBx(x=1~6)输出
    TBCCR0=20000;                   //PWM 信号周期
    TBCCTL1=OUTMOD_7;               //CCR1 输出模式 7
    TBCCR1=18000;                   //占空比 90%
    TBCCTL2=OUTMOD_7;
    TBCCR2=16000;                   //占空比 80%
    TBCCTL3=OUTMOD_7;
    TBCCR3=14000;                   //占空比 70%
    TBCCTL4=OUTMOD_7;
    TBCCR4=12000;                   //占空比 60%
    TBCCTL5=OUTMOD_7;
    TBCCR5=10000;                   //占空比 50%
    TBCCTL6=OUTMOD_7;
    TBCCR6=2000;                    //占空比 10%
    TBCTL=TBSSEL_2+MC_1;           //SMCLK, 连续计数模式
    _BIS_SR(CPUOFF);               //Enter LPM0
}
```

3）仿真结果与分析

实例 5.7 的仿真结果如图 5.20、图 5.21 所示。

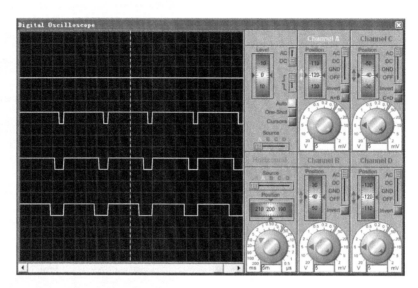

图 5.20　实例 5.7 仿真结果(一)

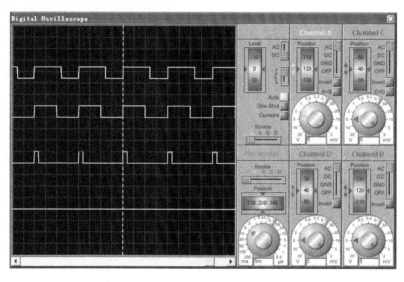

图 5.21　实例 5.7 仿真结果(二)

实例 5.8　定时器 B 精确测量某输入信号的脉冲宽度

任务要求:利用定时器 B 精确测量某输入信号的脉冲宽度,脉冲宽度范围 0～999999 μs。

分析说明:利用定时器 B 的脉冲捕获功能可以精确地测量外部输入信号的脉冲宽度。捕获模式测量输入信号的脉宽时,一般设置定时器 B 为连续模式,可以先设置捕获模式为上升沿触发,在捕获到的上升沿中断程序里记下 TBCCRx(x=0～6)的值;再将捕获模式设置为下降沿触发,在捕获到的下降沿中断程序里记下 TBCCRx(x=0～6)的值,两者之差就是输入信号高电平的脉冲宽度。由于事件(上升沿或者下降沿)发生的随机性,注意使能溢出中断,在溢出中断中记录溢出发生次数,脉冲宽度=65536x 溢出次数+两次捕获值之差。

1) 硬件电路设计

硬件电路参见图 5.22 所示。

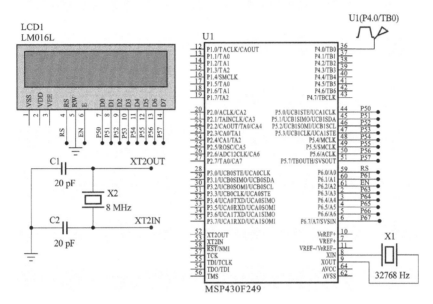

图 5.22　实例 5.8 的硬件电路图

2) 程序设计

受到简短的 C 语言入门程序范例的影响，初学者往往将所有的代码都写在一个 C 文件中。这是一种非常坏的习惯。当程序逐渐变长，只要超过几个屏幕长度，就会发现编辑、查找和调试都将变得非常困难。而且这种代码很难用在别的项目中，除非仔细地理顺函数关系，然后寻找并复制每一段函数。

合理的方法是将一个大程序划分为若干小的 C 文件。在单片机程序中，最常用的划分方法是按硬件功能划分，将每个功能模块做成独立的 C 文件。例如一个项目中会用到定时器 B、16 位 AD 转换器、LCD 显示、键盘，可以划分为 4 个文件：TB. C、ADC16. C、LCD. C、Key. C。属于每个功能模块的函数写在相应的文件中，然后在相应头文件中声明对外引申的函数与全局变量。

做好文件划分和管理之后，每个文件都不会很长，如果需要修改或调试某个函数，打开相应模块的 C 文件，很容易找到。打开相应的头文件还可查看函数列表。这些代码还能被重复使用。假设另一项目也用到 LCD 显示器，只要把 LCD. C 和 LCD. h 文件复制并添加到新工程内即可调用各种 LCD 显示函数，避免了重复劳动。

```
Main. c 主文件
#include<msp430f249.h>
#include "lcd. h"
#define M1 10
unsigned int cap1,N1;
long width[10]={0,0,0,0,0,0,0,0,0,0};
char m=0;
char led_buf[]={0,0,0,0,0,0};          //显示缓冲区
long data;
```

```
const char table[]="0123456789";
const char table1[]="width(us)";
void data_to_buf(unsigned long data2)          //值送显示缓冲区函数
  {
     unsigned char i;
     for (i=0;i<6;i++)
       {
          led_buf[i]=table[data2%10];          //低位在前
          data2=data2/10;
       }
     for(i=5;i>0;i--)
          {if (led_buf[i]=='0')
             led_buf[i]=' ';                    //数字前面的零不显示
           else break;
          }
}

void main()
{
  char num, k1;
  WDTCTL=WDTPW+WDTHOLD;                          //关闭看门狗
  BCSCTL2=SELS+DIVS0+DIVS1;                       //SMCLK=XT2
  P4SEL|=0x01;                                    //P4.0作为捕获模块功能的输入端输入
                                                  //方波
  P5DIR=0xFF;                                     //设置P5端口为输出
  P6DIR=0xFF;                                     //设置P6端口为输出
  lcdinit();
  //TBCCTL0=0;                                    //捕获源为P4.0,即CCI0A(也是CCI0B)
  TBCCTL0|=CM_1+SCS+CAP+CCIE;                     //上升沿捕获,同步捕获,工作在捕获模式
                                                  //+中断允许
  TBCTL|=TBSSEL_2+MC_2+ TBIE;                     //选择时钟SMCLK+连续计数模式
                                                  //+中断允许
    write_com(0x80);                              //显示第一行字
    for(num=0;num<10;num++)
        write_data(table1[num]);
  _EINT();

while(1)
{
  data=0;
  for(k1=0;k1<M1;k1++)
  data+=width[k1];
  data=data/M1;
  if(m==0)
    {
       data_to_buf(data);                          //数据送显示缓冲区
       write_com(0x80+0x40);                       //第二行显示频率
       for(num=0;num<6;num++)
           write_data(led_buf[5-num]);
    }
```

```
    }
}

#pragma vector=TIMERB0_VECTOR
__ interrupt void TimerB0(void)          //定时器 TB 的 CCR0 的中断:用于检测脉
                                         //冲上升与下降沿
{
  if(TBCCTL0&CM1)                        //捕获到下降沿
    {
        width[m++]=65536 * N1+TBCCR0-cap1；  //记录下结束时间
        N1=0；
        TBCCTL0=CM_1+SCS+CAP+CCIE;//+TBCLR；
                                         //改为上升沿捕获:CM1 置 0,CM0 置 1
        if(m==M1) m=0;
    }
  else if(TBCCTL0&CM0)                   //捕获到上升沿
    { cap1=TBCCR0；
    N1=0；
    TBCCTL0=CM_2+SCS+CAP+CCIE;//+TBCLR；
                                         //改为下降沿捕获:CM0 置 0,CM1 置 1
    }
}
//Timer_B7 Interrupt Vector (TBIV) handler
#pragma vector=TIMERB1_VECTOR
__ interrupt void Timer_B(void)
{
 switch( TBIV )
 {
    case 14: N1++; break;                //溢出
 }
}
```

Lcd. c 文件

```
#include<msp430f249. h>
#define lcdrs_0 P6OUT&=~BIT0;            //P6.0=0 命令
#define lcdrs_1 P6OUT|=BIT0;             //P6.0=1 数据
#define lcden_0 P6OUT&=~BIT2;            //P6.2=0 关闭 LCD 使能
#define lcden_1 P6OUT|=BIT2;             //P6.2=1 打开 LCD 使能

void delay(unsigned int z)
{
unsigned int i,j;
for(i=z;i>0;i--)
for(j=110;j>0;j--);
}
void write_com(char com)                 //写入
{
lcdrs_0；                                //LCD 选择输入命令
P5OUT=com；                              //向 P0 端口输入命令
delay(5)；                               //延时
lcden_1；                                //打开 LCD 使能
```

```
    delay(5);                                     //一个高脉冲
    lcden_0;                                      //关闭 LCD 使能
}
void write_data(char dataout)
{
    lcdrs_1;                                      //设置为输入数据
    P5OUT=dataout;                                //将数据赋给 P0 端口
    delay(5);                                     //延时
    lcden_1;                                      //置高
    delay(5);                                     //高脉冲
    lcden_0;                                      //置低,完成高脉冲
}
void lcdinit()
{
    lcden_0;
    write_com(0x38);                              //设置 16×2 显示 5×7 点阵,8 位数据
                                                  //  接口
    writc_com(0x0c);                              //设置开始显示,不显示光标
    write_com(0x06);                              //写一个字符后地址指针加 1
    write_com(0x01);                              //显示清零,数据指针清零
}
Lcd.h 头文件
extern void delay(unsigned int z);
extern void write_com(char com);
extern void write_data(char dataout);
extern void lcdinit();
```

3）仿真结果与分析

输入信号的参数设置如图 5.23 所示。仿真结果如图 5.24 所示。

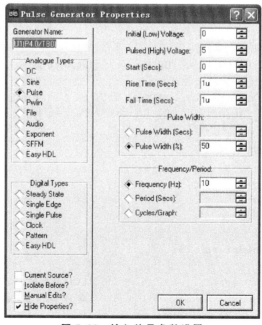

图 5.23　输入信号参数设置

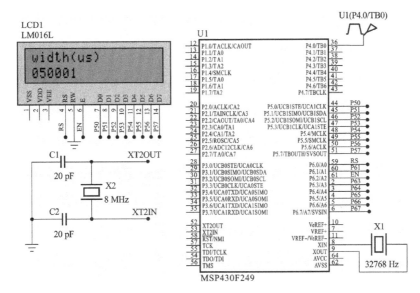

图 5.24　实例 5.5 仿真结果图

思考与练习

1. MSP430F249 定时/计数器的时钟源有哪些？预分频器的作用是什么？

2. MSP430F249 定时/计数器的定时范围是多少？

3. 在 MSP430F249 单片机中,假设 SMCLK＝8 MHz,ACLK＝32768 Hz。要求编程实现为定时器 A 配置时钟源和工作模式,从 P1.0 输出周期 1s 的方波信号,无需 CPU 干预。

4. 使用 MSP430F249 的定时/计数器编程实现产生周期 50 ms、占空比 30％的 PWM 信号,并在 Proteus 上完成仿真。

5. 使用定时器 A 对外部输入的脉冲信号进行计数,当计满 100 次时,定时器 A 暂停计数且蜂鸣器响 1 s,然后定时器 A 又从 0 开始计数,两位 LED 数码管能够实时显示当前计数值。

6. 设计一个 30 s 倒计时器,用两位数码管显示,要求使用定时器 B 作为秒计时器。

7. 使用定时器 B 设计一个分频器,用两位数码管显示分频系数,按 K1 键分频系数递增,按 K2 键分频系数递减,分频值 1～10。

8. 使用定时器 B 设计一个占空比可调的 PWM 信号发生器,按 K1 键占空比以 10％递增,按 K2 键占空比以 10％递减。

6

A/D、D/A 转换器的应用

6.1 A/D、D/A 转换器的工作原理

6.1.1 D/A 转换器的工作原理

D/A 转换器(digital to analog converter)是一种能把数字量转换成模拟量的电子器件;A/D 转换器(analog to digital converter)则相反,它能把模拟量转换成相应的数字量。在微机控制系统中,经常要用到 A/D 和 D/A 转换器。

D/A 转换器按工作原理分为 T 形电阻网络、倒 T 形电阻网络、权电阻网络三种形式。

倒 T 形电阻网络 D/A 转换器的工作原理如图 6.1 所示。

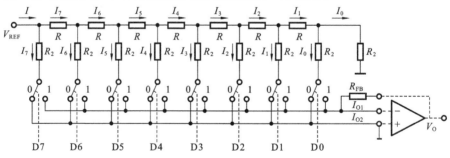

图 6.1 倒 T 形电阻网络 D/A 转换器工作原理图

$$I = V_{REF}/R$$

$$I_7 = I/2^1、\quad I_6 = I/2^2、\quad I_5 = I/2^3、\quad I_4 = I/2^4$$

$$I_3 = I/2^5、\quad I_2 = I/2^6、\quad I_1 = I/2^7、\quad I_0 = I/2^8$$

当输入数据 D7~D0 为 1111 1111B 时,有:

$$I_{O1} = I_7 + I_6 + I_5 + I_4 + I_3 + I_2 + I_1 + I_0$$

$$= (I/2^8) \times (2^7 + 2^6 + 2^5 + 2^4 + 2^3 + 2^2 + 2^1 + 2^0)$$

$$I_{O2} = 0$$

若 $R_{FB} = R$,则:

$$V_O = -I_{O1} \times R_{FB} = -I_{O1} \times R$$

$$= -((V_{REF}/R)/2^8) \times (2^7 + 2^6 + 2^5 + 2^4 + 2^3 + 2^2 + 2^1 + 2^0) \times R$$

$$= -(V_{REF}/2^8) \times (2^7 + 2^6 + 2^5 + 2^4 + 2^3 + 2^2 + 2^1 + 2^0)$$

输出电压 VO 的大小与数字量具有对应的关系。

D/A 转换器的主要性能指标如下。

(1) 分辨率,是指输入数字量的最低有效位(LSB)发生变化时,所对应的输出模拟量(电压或电流)的变化量。它反映了输出模拟量的最小变化值。分辨率与输入数字量的位数有确定的关系,可以表示成 FS/2^n。FS 表示满量程输入值,n 为二进制位数。对于 5 V 的满量程,采用 8 位的 D/A 时,分辨率为 5 V/256＝19.5 mV;当采用 12 位的 D/A 时,分辨率则为 5 V/4096＝1.22 mV。显然,位数越多分辨率就越高。

(2) 线性度(也称非线性误差),是实际转换特性曲线与理想特性直线之间的最大偏差,常以相对于满量程的百分数表示。如±1%是指实际输出值与理论值之差在满刻度的±1%以内。

(3) 绝对精度(简称精度),是指在整个刻度范围内,任一输入数码所对应的模拟量实际输出值与理论值之间的最大误差。绝对精度是由 D/A 转换器的增益误差(当输入数码为全 1 时,实际输出值与理想输出值之差)、零点误差(输入数码为全 0 时, D/A 转换器的非零输出值)、非线性误差和噪声等引起的。绝对精度(即最大误差)应小于 1 个 LSB。

(4) 建立时间,是指输入的数字量发生满刻度变化时,输出模拟信号达到满刻度值的±1/2LSB 所需的时间。该指标是描述 D/A 转换速率的一个动态指标。电流输出型 D/A 转换器的建立时间短。电压输出型 D/A 转换器的建立时间主要取决于运算放大器的响应时间。根据建立时间的长短,可以将 D/A 转换器分成高速($<1\ \mu s$)、中速($100 \sim 1\ \mu s$)、低速($\geqslant 100\ \mu s$)几档。

应当注意,精度和分辨率具有一定的联系,但概念不同。D/A 转换器的位数多时,分辨率会提高,对应于影响精度的量化误差会减小。但其他误差(如温度漂移、线性不良等)的影响仍会使 D/A 转换器的精度变差。

6.1.2　典型的 D/A 转换器 DAC0832

DAC0832 芯片由 8 位输入寄存器、8 位 D/A 转换寄存器、8 位 D/A 转换及控制电路三部分组成,如图 6.2 所示。DAC0832 芯片具备双缓冲、单缓冲和直通三种输入方式,以便适应于各种需要,如要求多路 D/A 异步输入、同步转换等。D/A 转换结果采用电流形式输出,若需要相应的模拟电压信号,可通过一个高输入阻抗的线性运算放大器实现。运放的反馈电阻可通过 RFB 端引用片内固有电阻,也可外接。DAC0832 属于倒 T 形电阻网络 D/A 转换器,内部无运算放大器。

DAC0832 的主要技术指标:

(1) 分辨率 8 位;

(2) 电流建立时间 1 μs;

(3) 只需在满量程下调整其线性度;

(4) 可单缓冲、双缓冲或直接数字输入;

(5) 低功耗 20 mW;

(6) 单一电源＋5 V～＋15 V。

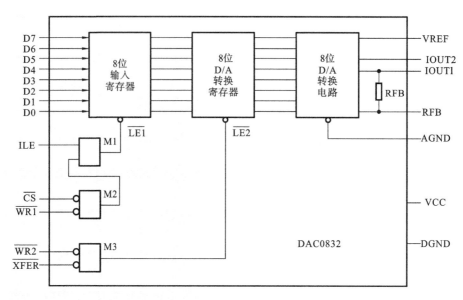

图 6.2 DAC0832 内部结构图

D0～D7:数据输入线,TLL 电平。

ILE:数据锁存允许控制信号输入线,高电平有效。

CS:片选信号输入线,低电平有效。

WR1:为输入寄存器的写选通信号,低电平有效。

XFER:数据传送控制信号输入线,低电平有效。

WR2:为 D/A 转换寄存器写选通输入线,低电平有效。

IOUT1:电流输出线。当输入全为 1 时,IOUT1 最大。

IOUT2:电流输出线。其值与 IOUT1 之和为一常数。

RFB:反馈信号输入线,芯片内部有反馈电阻。

VCC:电源输入线（+5 V～+15 V）。

VREF:基准电压输入线（−10 V～+10 V）。

AGND:模拟地,模拟信号和基准电源的参考地。

DGND:数字地,两种地线在基准电源处共地比较好。

6.1.3 A/D 转换器的工作原理

A/D 转换器按工作原理分为积分型、逐次逼近型、并行比较型/串并行型、Σ-Δ 调制型等。积分型 A/D 转换器工作原理是将输入电压转换成时间(脉冲宽度信号)或频率(脉冲频率),然后由定时器/计数器获得数字值。其优点是用简单电路就能获得高分辨率,但缺点是由于转换精度依赖于积分时间,因此转换速率极低。初期的 A/D 转换器大多采用积分型,现在逐次比较型已逐步成为主流。下面重点讲述逐次逼近型 A/D 转换器的工作原理。

逐次逼近型 A/D 转换器采用对分搜索原理来实现 A/D 转换,逻辑框图如图 6.3 所示。

逐次逼近转换过程与用天平称重物的过程非常相似。天平称重物的过程是,从最重的砝码开始试放,与被称物体进行比较,若物体重于砝码,则该砝码保留,否则

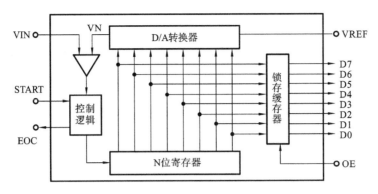

图 6.3　逐次逼近型 A/D 转换器逻辑框图

移去。再加上第二个次重砝码，由物体的重量是否大于砝码的重量决定第二个砝码是留下还是移去。照此一直加到最小一个砝码为止。将所有留下的砝码重量相加，就得此物体的重量。仿照这一思路，逐次比较型 A/D 转换器，就是将输入模拟信号与不同的参考电压进行多次比较，使转换所得的数字量在数值上逐次逼近输入模拟量对应值。

图 6.3 所示的是逐次逼近型 A/D 转换器的工作原理：启动信号 START 发出后，在第一个时钟脉冲作用下，控制逻辑使 N 位寄存器的最高位置 1，其他位置 0，其值送入 D/A 转换器。输入电压首先与 D/A 转换器输出电压（VREF/2）相比较，如果 VIN ≥ VREF/2，转换器输出为 1；若 VIN < VREF/2，则为 0。比较结果存于数据寄存器的 D_{n-1} 位。然后在第二个脉冲作用下，N 位寄存器的次高位置 1，其他位置 0。由于最高位已存 1，则此时 VN=（3/4）VREF。于是 VIN 再与（3/4）VREF 相比较，如果 VIN ≥（3/4）VREF，则次高位 D_{n-2} 存 1，否则 D_{n-2} 存 0……依此类推，逐次比较得到输出数字量。

A/D 转换器的主要技术指标如下。

（1）A/D 转换器的分辨率是指使输出数字量变化一个相邻数码所需输入模拟电压的变化量，常用二进制的位数表示。例如，12 位 A/D 转换器的分辨率就是 12 位，或者说分辨率为满刻度 FS 的 $1/2^{12}$；一个 5 V 满刻度的 12 位 A/D 转换器能分辨输入电压变化的最小值是 5 V$\times 1/2^{12}$=1.22 mV。

（2）偏移误差是指输入信号为零时，输出信号不为零的值，所以又称为零值误差。假定 A/D 转换器没有非线性误差，则其转换特性曲线各阶梯中点的连线必定是直线，这条直线与横轴相交点所对应的输入电压值就是偏移误差。

（3）满刻度误差又称为增益误差。A/D 转换器的满刻度误差是指满刻度输出数码所对应的实际输入电压与理想输入电压之差。

（4）线性度有时又称为非线性度，它是指转换器实际的转换特性曲线与理想直线的最大偏差。

（5）绝对精度是指在一个转换器中，任何数码所对应的实际模拟量输入与理想模拟量输入之差的最大值。对于 A/D 转换器而言，可以在每一个阶梯的水平中点进行测量，它包括了所有的误差。

（6）A/D 转换器的转换速率是指能够重复进行数据转换的速度，即每秒转换的次数。而完成一次 A/D 转换所需的时间（包括稳定时间），则是转换速率的倒数。

实例 6.1 D/A 转换器应用一：锯齿波、三角波和方波发生器

任务要求：以 MSP430F249 为控制核心，DAC0832 为数模转换器，设计一个简易波形发生器，分别产生锯齿波、三角波和方波，周期均为 100 ms，产生的波形如图 6.4 所示。

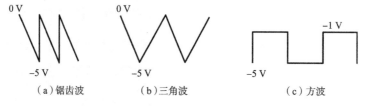

|（a）锯齿波|（b）三角波|（c）方波|

图 6.4 锯齿波、三角波和方波示意图

1）硬件电路设计

数模转换器采用通用的 8 位 D/A 转换芯片 DAC0832，DAC0832 接成直通方式工作，工作和参考电源均为 +5 V。反相放大电路采用通用运放 UA741，工作电源为 ±15 V，反馈电阻直接采用 DAC0832 的内部电阻。MSP430F249 单片机的 P4 端口作为数据输出口，D/A 的转换结果由仿真软件的虚拟示波器进行观察。系统硬件电路如图 6.5 所示。

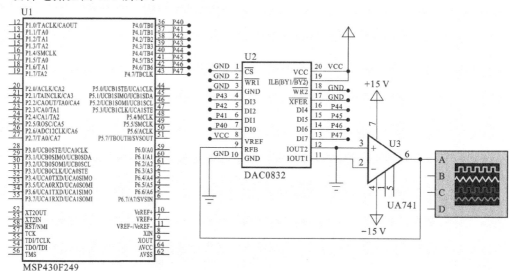

图 6.5 简易波形发生器硬件电路图

2）程序设计

为了精确控制输出波形的周期，单片机 CPU 时钟采用 XT2 外接 8 MHz 晶振。设置 MSP430F249 单片机的 P4 端口为输出，P4 端口输出的数据由小到大，例如从 0 到 0xFF 就能产生锯齿波。要求产生的锯齿波周期为 100 ms，因此，单片机输出的每个数据保持时间为 $100000 \ \mu s/256 = 390.625 \ \mu s$；P4 端口输出的数据由小到大，再由大到小，例如从 0 加 1 变化到 0xFF，再从 0xFF 减 1 变化到 0 就能产生三角波，单片机输出的每个数据保持时间为锯齿波的一半，即 195 μs；方波的高电平为 -1 V，低电平为 -5 V，对应的 P4 端口数据分别为 51 和 255，方波的高电平和低电平

保持的时间各为 50 ms。

```
#include "msp430f249.h"
#define CPU_F ((double)8000000)              //系统时钟为 8MHz
#define delay_us(x) __delay_cycles((long)(CPU_F * (double)x/1000000.0))
#define delay_ms(x) __delay_cycles((long)(CPU_F * (double)x/1000.0))
void sawtooth(void)
  {
  char i;
  P4OUT=i++;                                 //i 的值从 0 到 255,不断循环
  delay_us(390);                             //微秒的延时
  }

void triangular(void)
  {
  char i;
  for(i=0;i<255;i++)
  {P4OUT=i;                                  //i 的值从 0 到 255
  delay_us(195);                             //微秒的延时
  }
  for(i=255;i>0;i--)
  {P4OUT=i;                                  //i 的值从 0 到 255
  delay_us(195);                             //微秒的延时
  }
  }
void square(void)
  {
  P4OUT=51;
  delay_ms(50);                              //毫秒的延时
  P4OUT=255;
  delay_ms(50);                              //毫秒的延时
  }
void main( void )
  { unsigned int i;
    WDTCTL=WDTPW+WDTHOLD;                     //停止看门狗功能
  BCSCTL1 &= ~XT2OFF;                         //使 TX2 有效,TX2 上电时默认为关闭
  do
  { IFG1 &= ~OFIFG;                           //清除振荡器失效标志
    for(i= 0xff; i>0; i--);                   //延时,待稳定
  }
  while ((IFG1 & OFIFG)! =0);                 //若振荡器失效标志有效
  BCSCTL2 |= SELM1;                           //使 MCLK=XT2
   P4DIR=0XFF;
   while(1)
     {
     sawtooth();                             //锯齿波
     //triangular();                         //三角波
     //square();                             //方波
     }
  }
```

在 IAR 软件 MSP430 的编译器里,可以利用它内部的延时子程序来实现想要的高精度软件延时,方法如下:
将以下代码复制到 *.C 源文件中。

```
#define CPU_F ((double)8000000)
#define delay_us(x) __delay_cycles((long)(CPU_F * (double)x/1000000.0))
#define delay_ms(x) __delay_cycles((long)(CPU_F * (double)x/1000.0))
```

在 #define CPU_F ((double)8000000) 语句里 8000000 修改成当前 MSP430 CPU 的主频频率,即 CPU 的 MCLK,单位为 Hz。本例中的 8000000 为 MCLK=8 MHz 的意思。__delay_cycles()是编译系统函数。

3) **仿真结果与分析**

通过子程序调用,分别仿真运行后得到仿真结果如图 6.6～图 6.8 所示,三种波形的幅值、周期均满足课题要求。

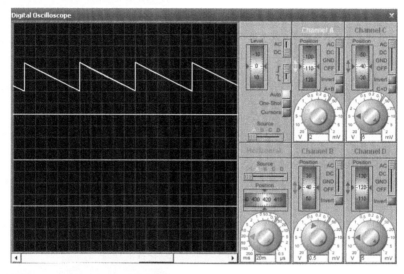

图 6.6　周期为 100 ms 的锯齿波

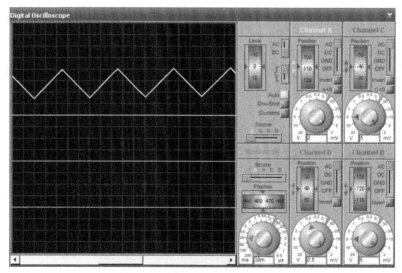

图 6.7　周期为 100 ms 的三角波

思考:1.本电路运放需要±15 V 电源,请问能采用单电源运放方式完成本课题任务吗?

2.本电路输出电压为负,要得到正输出电压怎么实现?

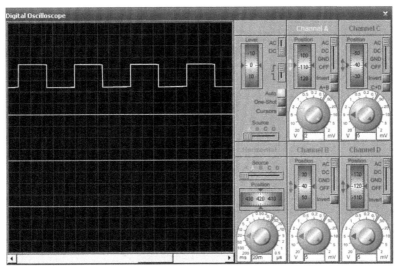

图 6.8　周期为 100 ms 的方波

实例 6.2　D/A 转换器应用二：正弦波发生器

任务要求：在实例 6.1 简易波形发生器的基础上实现正弦波信号输出，最大值±5 V，频率为 50 Hz。

1）硬件电路设计

图 6.5 所示的简易波形发生器硬件电路只能输出−5 V～0 V 电压，本课题要求输出最大值±5 V 正弦信号，运放电路采用两级设计，第二级为加法电路，可以实现双极性输出。正弦波发生器电路如图 6.9 所示，当 VOUT1＝0 时，VOUT2＝＋5 V；当 VOUT1＝−2.5 V 时，VOUT2＝0；当 VOUT1＝−5 V 时，VOUT2＝−5 V。因此，图 6.9 所示的双极性电路就能实现输出±5 V 电压信号。

2）程序设计

由单片机产生正弦波信号的一般方法是：先建立一张正弦波数据表，单片机按查表方式经 D/A 输出得到正弦波信号。实例中采用的 D/A 转换器是 8 位的，因此正弦波数据表最多有 256 个值。一般单片机输出 64 点或 128 点，经 D/A 电路后得到的正弦波形就比较完美了。下面以 128 点输出为例完成本课题任务，要求正弦波频率为 50 Hz，那么周期就是 20 ms，20000 μs/128＝156.25 μs，即单片机输出的每个数据保持 156 μs。

为了得到 128 点的正弦波数据表，我们在 Matlab 环境中新建如下的 m 文件。

```
x＝0：1：127;                    %取 128 点
y＝round(127 * sin(2 * pi * x/128))＋128;   %得到正弦波数据
fid＝fopen ('d:\sin256.txt','w');   %新建并打开 d:\sin256.txt 文件，
                                      写允许
fprintf (fid,'%d,',Y);          %将数据写入 d:\sin256.txt 文件
fclose (fid);                   %关闭 d:\sin256.txt 文件
plot (x,Y)                       %画图查看正弦曲线
```

Matlab 语句说明：round()为取整数函数，四舍五入，D/A 转换值只能是正数；fopen()和 fclose()分别为文件打开和关闭函数。以上程序运行后，可以到 d 盘根目录

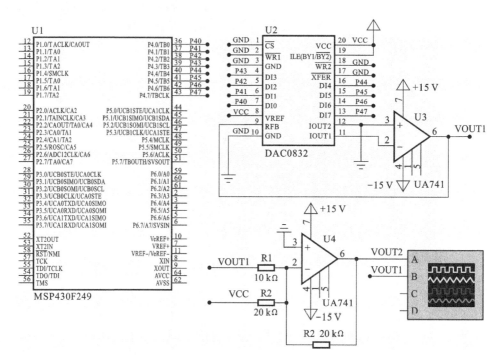

图 6.9　正弦波发生器电路图

中找到 sin256. txt 文件,得到正弦波数据。

```
#include "msp430f249.h"
#define CPU_F ((double)8000000)                    //系统时钟为 8 MHz
#define delay_us(x) __delay_cycles((long)(CPU_F * (double)x/1000000.0))
#define delay_ms(x) __delay_cycles((long)(CPU_F * (double)x/1000.0))
char data_Sin[128]={
    128,134,140,147,153,159,165,171,177,182,188,193,199,204,209,213,
    218,222,226,230,234,237,240,243,245,248,250,251,253,254,254,255,
    255,255,254,254,253,251,250,248,245,243,240,237,234,230,226,222,
    218,213,209,204,199,193,188,182,177,171,165,159,153,147,140,134,
    128,122,116,109,103,97,91,85,79,74,68,63,57,52,47,43,38,34,30,26,
    22,19,16,13,11,8,6,5,3,2,2,1,1,1,2,2,3,5,6,8,11,13,16,19,22,26,30,
    34,38,43,47,52,57,63,68,74,79,85,91,97,103,109,116,122};
                                              //128 点输出正弦波样本值
    int main( void )
    {
        char i;
        WDTCTL=WDTPW+WDTHOLD;
        P4DIR=0xFF;                           //P4 端口输出
    while(1)
    {
    for (i=0;i<128;i++)
        {
            P4OUT=data_Sin[i];
            delay_us(156);                    //微秒的延时
        }
    }
    }
```

3）仿真结果与分析

仿真结果如图 6.10 所示。图中 A 通道是最大值范围±5 V、频率 50 Hz 的正弦波信号；B 通道是最大值范围−5 V～0 V、频率 50 Hz 的正弦波信号；A 通道和 B 通道输出信号的相位相差 180°。

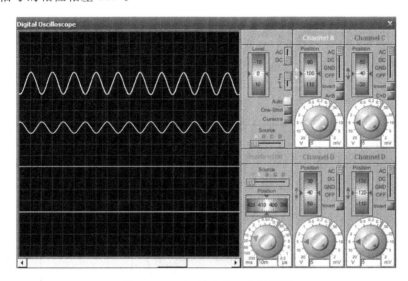

图 6.10　D/A 输出的正弦波信号

6.2　MSP430F249 的 A/D 转换器

MSP430F249 单片机内置了 ADC12 模块，ADC12 是一个 12 位精度的 A/D 转换模块。从图 6.11 所示的 ADC12 结构图中可以看出，ADC12 模块中是由以下部分组成：输入的 16 路模拟开关、ADC 内部电压参考源、ADC12 内核、ADC 时钟源部分、采集与保持/触发源部分、ADC 数据输出部分、ADC 控制寄存器等。

1）输入的 16 路模拟开关

16 路模拟开关选择外部的 8 路模拟信号输入和内部 4 路参考电源输入。外部 8 路从 A0～A7 输入，主要是外部测量时的模拟变量信号。内部 4 路分别是 1 路 VeREF＋，外部参考电源的正端；1 路 VREF−/VeREF−，内部/外部参考电源负端；1 路（AVCC-AVSS）/2 电压源；1 路内部温度传感器源。片内温度传感器可以用于测量芯片上的温度，而其他电源参考源输入可以用作 ADC12 的校验，在设计时作自身校准。

2）ADC 内部电压参考源

ADC 电压参考源是给 ADC12 内核作为基准信号用的，这是 ADC 必不可少的一部分。在 ADC12 模块中，基准电压源可以通过软件来设置 6 种不同的组合，包括 VR＋（有 3 种）AVCC、VREF＋、VeREF＋，VR−（有 2 种）AVSS、VREF−/VeREF−。

3）ADC12 内核

ADC12 模块的内核是共用的，通过前端的模拟开关分别完成采集输入。ADC12 是一个精度为 12 位的 ADC 内核。内核在转换时会用到两个参考基准电压：一个是最大值，当模拟开关输出的模拟变量大于或等于最大值时 ADC 内核的输出数字量为满量程，也就是 0xffff；另一个则是最小值，当模拟开关输出的模拟变量小于或等于最

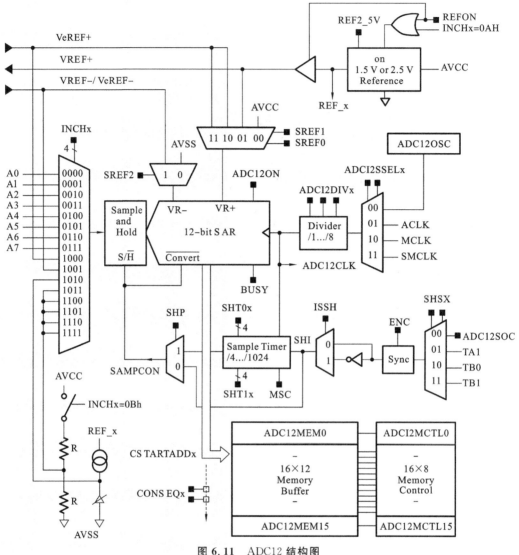

图 6.11 ADC12 结构图

小值时 ADC 内核的输出数字量为最低量程,也就是 0x00。而且,这两个参考基准电压是可以通过软件来编程设置的。

4) ADC 时钟源部分

ADC12 模块的时钟源分别有 ADC12OSC、ACLK、MCLK、SMCLK。通过编程可以选择其中之一的时钟源,同时还可以适当地分频。

5) 采集与保持/触发源部分

ADC12 模块中的采集与保持电路较好,采用不同的设置应用灵活。

6) ADC 数据输出部分

ADC 内核在每次完成转换时都会将相应通道上的输出结果存储到相应通道缓冲单元中,共有 16 个通道缓冲单元。同时,16 个通道的缓冲单元有着相对应的控制寄存器,以实现更灵活地控制。

ADC12 模块采样与转换所需的时序控制有 ADC12CLK 转换时钟、SAMPCON 采样及转换信号、SHT 控制的采样周期、SHS 控制的采样触发源、ADC12SSEL 选择的内核时钟源、ADC12DIV 选择的分频系数。具体如何设置,见寄存器说明部分。

ADC12 模块有 4 种转换模式:单通道单次转换、序列通道单次转换、单通道多次转换和序列通道多次转换。它们由寄存器 ADC12CTL1 中的 CONSEQx 位进行选择。

7) ADC 控制寄存器

ADC12 模块的所有寄存器如表 6-1 所示。

表 6-1   ADC 模块的寄存器

序号	地址	寄存器符号	寄存器名称
1	01A0H	ADC12CTL0	转换控制寄存器 0
2	01A2H	ADC12CTL1	转换控制寄存器 1
3	01A4H	ADC12IFG	中断标志寄存器
4	01A6H	ADC12IE	中断使能寄存器
5	01A8H	ADC12IV	中断向量寄存器
6	0140H	ADC12MCTL0	存储控制寄存器 0
⋮	⋮	⋮	⋮
21	015EH	ADC12MCTL15	存储控制寄存器 15
22	080H	ADC12MEM0	转换结果存储寄存器 0
⋮	⋮	⋮	⋮
37	08FH	ADC12MEM15	转换结果存储寄存器 15

(1) ADC12 控制寄存器 0,ADC12CTL0,每个寄存器的格式如表 6-2 所示。

表 6-2   ADC12 控制寄存器 0

15	14	13	12	11	10	9	8
	SHT1x			SHT0x			
7	6	5	4	3	2	1	0
MSC	REF2.5V	REFON	ADC12ON	ADC12OVIE	ADC12TVIE	ENC	ADC12SC

SHT0x(x=0~3) 定义 ADC12MEM0~ ADC12MEM7 的采样保持时间。

SHT1x(x=0~3) 定义 ADC12MEM8~ ADC12MEM15 的采样保持时间。

SHT00、SHT03 的采样周期如表 6-3 所示。

表 6-3   采样周期

SHT00 SHT03	ADC12CLK 的周期	宏定义	SHT00 SHT03	ADC12CLK 的周期	宏定义
0000	4	SHT0_0	1000	256	SHT0_8
0001	8	SHT0_1	1001	384	SHT0_9
0010	16	SHT0_2	1010	512	SHT0_10
0011	32	SHT0_3	1011	768	SHT0_11
0100	64	SHT0_4	1100	1024	SHT0_12
0101	96	SHT0_5	1101	1024	SHT0_13
0110	128	SHT0_6	1110	1024	SHT0_14
0111	192	SHT0_7	1111	1024	SHT0_15

注:SHT10~SHT13 的宏定义为 SHT1_0~SHT1_15,SHT1 定义的 ADC12CLK 的周期同上表。

MSC   多次采样转换位,序列通道或单通道多次转换模式有效。置 **0** 表示每次采样转换过程需要 SHI 信号的上升沿来触发;置 **1** 表示 SHI 信号的第一个上升沿触发采样定时器,但随后的采样转换在上次转换完成后自动进行。

REF2.5V   内部参考电压的电压值选择位:置 **0** 时选择 1.5 V 内部参考电压;置 **1** 时选择 2.5 V 内部参考电压。

REFON   参考电压控制:置 **0** 时内部参考电压发生器关闭;置 **1** 时内部参考电压发生器打开。

ADC12ON ADC12   内核控制位:置 **0** 时关闭 ADC12 内核;置 **1** 时打开 ADC12 内核。

ADC12OVIE   溢出中断允许位:置 **0** 时溢出中断允许;置 **1** 时溢出中断禁止。当 ADC12MEMx 中原有的数据还没有被读出,而现在又有新的转换结果数据要写入时,则会发生溢出。如果相应的中断允许,则会发生中断请求。

ADC12TVIE   转换时间溢出中断允许位:置 **0** 时没发生转换时间溢出;置 **1** 时发生转换时间溢出。当前转换还没有完成时,如果又发生一次采样请求,则会发生转换时间溢出。如果允许中断,则会发生中断请求。

ENC   转换允许位:置 **0** 时转换禁止;置 **1** 时转换允许。只有在该位为高电平时,才能用软件或外部信号启动转换。

ADC12SC   启动转换控制位:置 **0** 时不进行采样转换;置 **1** 时启动采样转换。

(2) ADC12 控制寄存器 1,ADC12CTL1,寄存器格式如表 6-4 所示。

表 6-4   ADC12 控制寄存器 1

15	14	13	12	11	10	9	8
CSTARTADDx				SHSx		SHP	ISSH
7	6	5	4	3	2	1	0
ADC12DIVx			ADC12SSELx		CONSEQx		ADC12BUSY

CSTARTADDx(x=0~3)   指定转换结果存放的存储器起始地址:该 4 位表示的二进制数 0~15 分别对应 ADC12MEM0~ADC12MEM15,该 4 位定义了单次转换地址或序列转换的首地址。

SHSx(x=0、1)   采样保持的信号源选择位,格式如表 6-5 所示。

表 6-5   信号源选择位

序号	SHS1、SHS0	信 号 源
1	**00**	ADC12SC
2	**01**	Timer_A. OUT1
3	**10**	Timer_B. OUT0
4	**11**	Timer_B. OUT1

SHP 采样信号(SAMPCON)选择控制位:置 **0** 时 SAMPCON 信号来自采样触发输入信号;置 **1** 时 SAMPCON 信号来自采样定时器。

ISSH 采样输入信号方向控制位:置 **0** 时采样输入信号为同向输入;置 **1** 时采样输

入信号为反向输入。

ADC12DIVx(x＝0～2)　ADC12 时钟源分频因子选择位,格式如表 6-6 所示。

表 6-6　ADC12 时钟源分频因子选择位

ADC12DIV2～ADC12DIV0	分频	宏定义
000	1	ADC12DIV_0
001	2	ADC12DIV_1
010	3	ADC12DIV_2
011	4	ADC12DIV_3
100	5	ADC12DIV_4
101	6	ADC12DIV_5
110	7	ADC12DIV_6
111	8	ADC12DIV_7

ADC12SSELx(x＝0、1)　ADC12 时钟源选择位,格式如表 6-7 所示。

表 6-7　ADC12 时钟源选择位

ADC12SSEL1 ADC12SSEL0	时　钟　源	宏定义
00	ADC12OSC	ADC12SSEL_0
01	ACLK	ADC12SSEL_1
10	MCLK	ADC12SSEL_2
11	SMCLK	ADC12SSEL_3

CONSEQx(x＝0、1)　ADC12 转换模式选择位,格式如表 6-8 所示。

表 6-8　ADC12 转换模式选择位

CONSEQ1 CONSEQ0	转换模式选择	宏定义
00	单通道单次转换模式	CONSEQ_0
01	序列通道单次转换模式	CONSEQ_1
10	单通道多次转换模式	CONSEQ_2
11	序列通道多次转换模式	CONSEQ_3

ADC12BUSY　ADC12 忙标志位:置 **0** 时表示没有活动的操作;置 **1** 时表示 ADC12 正处于采样期间、转换期间或序列转换期间。

(3)转换结果存储寄存器共有 16 个,ADC12MEM0～ADC12MEM15,每个寄存器格式如表 6-9 所示。

表 6-9　ADC12 存储寄存器

15	14	13	12	11～0
0	0	0	0	MSB～LSB

注:16 位转换结果只用低 12 位,高 4 位在读出时为 0;12 位转换结果是右对齐的。

（4）ADC12 存储控制寄存器共有 16 个，ADC12MCTL0～ ADC12MCTL15，这 16 个寄存器的格式都相同，每个寄存器的格式如表 6-10 所示。

表 6-10　ADC12 存储控制寄存器

7	6	5	4	3	2	1	0
EOS	SREFx			INCHx			

EOS　序列结束控制位：置 **0** 时序列没有结束；置 **1** 时此序列中最后一次转换。

SREFx(x＝0～2)　参考电压源选择位，格式如表 6-11 所示。

表 6-11　SREFx 参考电压源选择位

SREF2～SREF0	VR+	VR−	宏定义
000	AVCC	AVSS	SREF_0
001	VREF+	AVSS	SREF_1
010	VeREF+	AVSS	SREF_2
011	VeREF+	AVSS	SREF_3
100	AVCC	VREF−/VeREF−	SREF_4
101	VREF+	VREF−/VeREF−	SREF_5
110	VeREF+	VREF−/VeREF−	SREF_6
111	VeREF+	VREF−/VeREF−	SREF_7

INCHx(x＝0～3)　输入通道选择位，格式如表 6-12 所示。

表 6-12　INCHx 输入通道选择位

INCH3～INCH0	输入通道	宏定义	INCH3～INCH0	输入通道	宏定义
0000	A0	INCH_0	**0110**	A6	INCH_6
0001	A1	INCH_1	**0111**	A7	INCH_7
0010	A2	INCH_2	**1000**	VeREF+	INCH_8
0011	A3	INCH_3	**1001**	VeREF−/VeREF−	INCH_9
0100	A4	INCH_4	**1010**	片内温度传感器	INCH_10
0101	A5	INCH_5	**1011～1111**	(AVCC−AVSS)/2	INCH_11～ INCH_15

（5）ADC12 中断使能寄存器，ADC12IE，格式如表 6-13 所示。

表 6-13　中断使能寄存器

15	14	13～2	1	0
ADC12IE15	ADC12IE14	ADC12IE13～ ADC12IE2	ADC12IE1	ADC12IE0

注：当 ADC12IE0～ ADC12IE15 为 0 时，禁止相应的中断；为 1 时，允许相应的中断。

（6）ADC12 中断标志寄存器，ADC12IFG，格式如表 6-14 所示。

表 6-14　中断标志寄存器

15	14	13～2	1	0
ADC12IFG15	ADC12IFG14	ADC12IFG13～ ADC12IFG2	ADC12IFG1	ADC12IFG0

注：当 A/D 转换结束，相应的寄存器有转换结果时，中断标志 ADC12IFG0～ADC12IFG15 建立。

（7）ADC12 中断向量寄存器，ADC12IV，格式如表 6-15 所示。

表 6-15　中断向量寄存器

15～6	5～1	0
全部为 0	ADC12IV 的值	0

ADC12 是一个多源中断，有 18 个中断标志（ADC12IFG.0～ADC12IFG.15、ADC12TOV、ADC12OV），但只有一个中断向量，格式如表 6-16 所示。

表 6-16　中断向量寄存器的选择

ADC12IV 的值	中断源	中断标志	中断优先级
000H	无中断	无	高
002H	AD 值溢出	无	↑
004H	转换时间溢出	无	
006H	ADC12MEM0 中断标志	ADC12IFG0	
008H	ADC12MEM1 中断标志	ADC12IFG1	
00AH	ADC12MEM2 中断标志	ADC12IFG2	
00CH	ADC12MEM3 中断标志	ADC12IFG3	
00EH	ADC12MEM4 中断标志	ADC12IFG4	
010H	ADC12MEM5 中断标志	ADC12IFG5	
012H	ADC12MEM6 中断标志	ADC12IFG6	
014H	ADC12MEM7 中断标志	ADC12IFG7	
016H	ADC12MEM8 中断标志	ADC12IFG8	
018H	ADC12MEM9 中断标志	ADC12IFG9	
01AH	ADC12MEM10 中断标志	ADC12IFG10	
01CH	ADC12MEM11 中断标志	ADC12IFG11	
01EH	ADC12MEM12 中断标志	ADC12IFG12	
020H	ADC12MEM13 中断标志	ADC12IFG13	
022H	ADC12MEM14 中断标志	ADC12IFG14	
024H	ADC12MEM15 中断标志	ADC12IFG15	低

实例 6.3　简易数字电压表

任务要求：设计一个简单的数字电压表，输入电压范围 0～2.5 V，用 4 位数码管显示，3 位小数。

1）硬件电路设计

MSP430F249 单片机的内部包含 12 位 ADC 模块。A/D 转换参考电源采用内部 2.5 V 作为基准，AVSS 接地，VREF 接 10 μF 电容。外部被测电压＋2.5 V 经电位器接入 A/D 转换器的 A0 通道。显示电路采用 4 位数码管模块动态显示,P4 端口为段码,P5 端口低 4 位为位码。此电路仅做功能仿真,实际显示电路需加适当的驱动电路。硬件电路如图 6.12 所示。

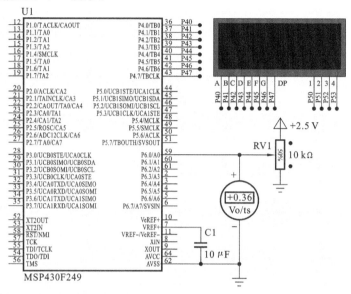

图 6.12　实例 6.3 硬件电路图

2) 程序设计

A/D 转换采用单通道单次转换模式,程序采用查询方式读取 A/D 转换值,然后进行量程转换和数码管动态显示。

A/D 转换基本设置为允许 ADC12 内核工作,时钟源选用内部 ADC12OSC,使用内部参考电压 2.5V,上限 VR+=VREF+,下限 VR−=AVSS,选择 A0 通道,使用采样定时器,采样保持时间为 4 个 ADC12CLK 周期。12 位 A/D 转换值为 0~4095,量程转换公式为 ADC12MEM0×2500/4096。显示部分为 4 位共阳极数码管电路,采用动态扫描方式,每位点亮 2 ms(仿真时根据显示效果调整 k 值大小),不断循环。A/D 采样最快 200ksps,一般采样周期几十到几百微秒,不影响数码管动态显示。

```
#include <msp430f249.h>
unsigned char led[]={0xC0,0xF9,0xA4,0xB0,0x99,0x92,0x82,0xF8,0x80,
                    0x90,0x88,0x83,0xC6,0xA1,0x86,0x8E};
                                            //共阳极数码管段码
char position[4]={0x08,0x04,0x02,0x01};     //数码管位码
unsigned char led_buf[]={0,0,0,0,0};        //显示缓冲区
long data;
void data_to_buf(void)                      //值送显示缓冲区函数
  {
    char i;
    for (i=0;i<4;i++)
      {
        led_buf[i]=data%10;
        data=data/10;
      }
  }
```

```
void disp(void)                                //扫描显示函数
  {
    char i;
    unsigned int k;
    for(i=0;i<4;i++)
      {
        P4OUT=led[led_buf[i]];
        P5OUT=position[i];
        if(i==3)
        P4OUT &=0X7F;                           //小数点
        for ( k=0; k<600; k++){}                //延时
        P5OUT=0X00;                             //关显示
      }
  }
void main(void)
{
  volatile unsigned int i;
  WDTCTL=WDTPW+WDTHOLD;                          //停止看门狗
  P4DIR=0xFF;                                    //设置 P4 端口为输出
  P5DIR=0xFF;                                    //设置 P5 端口为输出
  P6SEL |= 0x01;                                 //I/O 端口设置为 A/D 功能
  ADC12CTL0=ADC12ON+REFON+REF2_5V;
                                                 //ADC12 工作,使用内部参考电压 2.5 V
  ADC12CTL1=SHP;                                 //使用采样定时器
  ADC12MCTL0=SREF_1;                             //VR+=VREF+,VR-=AVSS,
                                                 选择 A0 通道
  for ( i=0; i<0x3600; i++) {}                   //延时等待参考电压建立
  ADC12CTL0 |= ENC;                              //允许转换
  while (1)
  {
    ADC12CTL0 |= ADC12SC;                        //启动转换
    while ((ADC12IFG & BIT0)==0);                //查询方式,等待转换结束
    data=(long)ADC12MEM0 * 2500/4096;            //按量程进行数值转换,0~2.5V
    data_to_buf();                               //数据送显示缓冲区
    disp();                                      //显示程序
  }
}
```

注意:仿真与硬件调试略有不同,proteus 软件不能仿真 MSP430 单片机的硬件乘法器。我们仿真时在 IAR 软件中设置去掉硬件乘法器。在 Options\General Options \Target\Hardware mutiplier 中,将 Hardware mutiplier 的勾选去掉即可。

3) 仿真结果与分析

外部输入电压经电位器接入到 A0 采样通道,A/D 转换器的基准为内部 2.5 V。图 6.13 所示的电压表显示 0.36 V,数码管显示 0.357V,忽略误差,两者基本一致,可以认为 A/D 转换结果正确。多次调整电位器,观察数码管显示的电压值均符合实际所测电压值,因此,完成了"简单的数字电压表"课题任务。

思考:如果采用外部参考电压,硬件电路和程序设计如何改动?

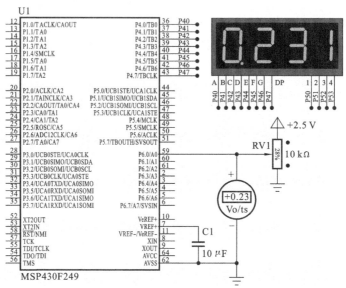

图 6.13　简单的数字电压表

实例 6.4　A/D 采样:数字滤波算法

任务要求:要求在实例 6.3 的基础上,使用外部参考电压 3 V,A/D 采样转换 10 次,数据取算术平均值再显示,从而提高软件抗干扰能力。

分析说明:实例 6.3 中,A/D 采样转换一次,数据就输出显示,实际应用时存在各种干扰因素,显示的数据可能不稳定,即输入电压不变,LED 显示的数据不断变化。除了采用必要的硬件抗干扰措施外,一般在程序中也要采取抗干扰措施。

1) 硬件电路设计

硬件电路如图 6.14 所示。

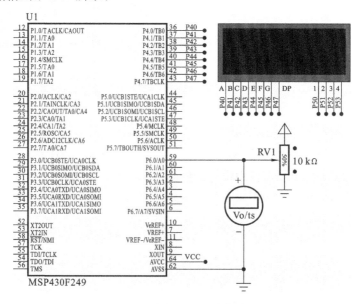

图 6.14　实例 6.4 硬件电路图

2) 程序设计

方法一:利用 ADC12 模块单通道多次转换模式设计。

```
#include           <MSP430F249.h>
#define            Num_of_Results          10
static unsigned int results[Num_of_Results];      //转换结果数组
unsigned char led[]={0xC0,0xF9,0xA4,0xB0,0x99,0x92,0x82,0xF8,0x80,
                     0x90,0x88,0x83,0xC6,0xA1,0x86,0x8E};
                                                   //共阳极数码管
char position[4]={0x08,0x04,0x02,0x01};
unsigned char led_buf[]={0,0,0,0};                 //显示缓冲区
unsigned long data;
void data_to_buf(void)                             //值送显示缓冲区函数
  {
    char i;
    for (i=0;i<4;i++)
      {
        led_buf[i]=data%10;
        data=data/10;
      }
  }
void disp(void)                                    //扫描显示函数
  {
    char i;
    unsigned int k;
    for(i=0;i<4;i++)
      {
        P4OUT=led[led_buf[i]];
        P5OUT=position[i];
        if(i==3)
        P4OUT &=0X7F;                              //小数点
        for ( k=0; k<600; k++){}                   //延时
        P5OUT=0X00;                                //关显示
      }
  }
void main(void)
{
    char i;
    WDTCTL=WDTPW+WDTHOLD;                          //停止看门狗
    P4DIR=0xFF;                                    //设置 P4 端口为输出
    P5DIR=0xFF;                                    //设置 P5 端口为输出
    P6SEL |= 0x01;                                 //打开 A/D 输入通道 A0
    ADC12CTL0=ADC12ON+SHT0_15+MSC;
    //开 ADC12 模块,采集时间分频系数 n=1024,仅需 SHI 信号首次触发
    ADC12CTL1=SHP+CONSEQ_2+ADC12DIV_7;
    //采样信号来自采样定时器,单通道多次转换模式,ADC12 时钟 8 分频
    ADC12IE=0x01;                                  //允许 A0 中断 ADC12IFG.0
    ADC12CTL0 |= ENC;                              //允许转换
    ADC12CTL0 |= ADC12SC;                          //开始转换
    _EINT();
```

```
        while (1)
        {
          data=0;
          for(i=0;i<Num_of_Results;i++)
          {
            data=data+results[i];
          }
          data=data/Num_of_Results;              //求平均值
          data=(long)data*3000/4096;             //按量程进行数值转换,0~3 V
          data_to_buf();                         //数据送显示缓冲区
          disp();                                //显示程序
        }
      }
      #pragma vector=ADC12_VECTOR
      __interrupt void ADC12_ISR (void)
      {
          static unsigned char index=0;
          results[index]=ADC12MEM0;              //移动结果
          //index=(index+1)%Num_of_Results;      //索引增加,取 index 变量的模(余数)
          index++;
          if(index==10)
          index=0;
      }
```

方法二:利用 ADC12 单通道单次转换模式实现,使用外部参考电压 3 V 设计。

```
      #include <msp430x24x.h>
      unsigned char led[]={0xC0,0xF9,0xA4,0xB0,0x99,0x92,0x82,0xF8,0x80,
                      0x90,0x88,0x83,0xC6,0xA1,0x86,0x8E};
                                                 //共阳极数码管
      char position[4]={0x08,0x04,0x02,0x01};
      unsigned char led_buf[]={0,0,0,0,0};       //显示缓冲区
      long data;
      void data_to_buf(void)                     //值送显示缓冲区函数
        {
          char i;
          for (i=0;i<4;i++)
            {
              led_buf[i]=data%10;                //取余数,先取个位,再取十位、百位、千位
              data=data/10;
            }
        }
      void disp(void)                            //扫描显示函数
        {
          char i;
          unsigned int k;
          for(i=0;i<4;i++)
            {
              P4OUT=led[led_buf[i]];
```

```
                P5OUT＝position[i];
                if(i＝＝3)
                P4OUT ＆＝0X7F;                    //小数点
                for（k＝0；k＜600；k++）{}           //延时
                P5OUT＝0X00;                        //关显示
            }
        }
    void main(void)
    { char k,m;
      volatile unsigned int i;
      m＝10;                                        //采样 m 次取平均值
      WDTCTL＝WDTPW＋WDTHOLD;                         //停止看门狗
      P4DIR＝0xFF;                                   //设置 P4 端口为输出
      P5DIR＝0xFF;                                   //设置 P5 端口为输出
      P6SEL |＝ 0x01;                               //I/O 端口设置为 A/D 功能
      ADC12CTL0 ＝ ADC12ON;                          //ADC12 工作,使用外部参考电压
      ADC12CTL1＝SHP;                                //使用采样定时器
      ADC12MCTL0＝SREF_1;                            //VR＋＝VREF＋,VR－＝AVSS,选
                                                      择 A0 通道
      for（i＝0；i＜0x3600；i++）{}                   //延时等待参考电压建立
      ADC12CTL0 |＝ ENC;                            //允许转换
      while（1）
      {
        ADC12CTL0 |＝ ADC12SC;                       //启动转换
        while（(ADC12IFG ＆ BIT0)＝＝0）;              //查询方式,等待转换结束
        k++;
        data＝data＋ADC12MEM0;
        if(k＝＝m)
        {
          data＝data/m;                             //计算平均值
          data＝(long)data＊3000/4096;               //按量程进行数值转换,0～3 V
          data_to_buf();                            //数据送显示缓冲区
          k＝0;
          data＝0;
        }
        disp();                                     //显示程序
      }
    }
```

注意:使用外部参考电压 AVCC 时,AVCC 的值不要超过芯片电源电压 DVCC,DVCC 电压范围 1.8～3.6 V。本例中,AVCC＝VCC＝3 V。同时注意使用 proteus 仿真时,在 IAR 软件中设置去掉硬件乘法器。

3）仿真结果与分析

实例 6.4 的仿真结果如图 6.15 所示。

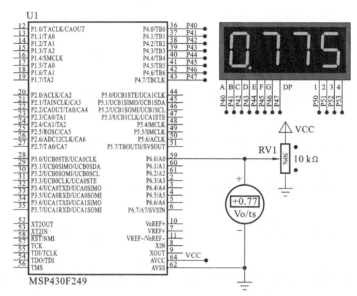

图 6.15　实例 6.4 仿真结果图

实例 6.5　A/D 采样：多路电压信号巡检

任务要求：4 路电压信号输入，电压范围 0～5 V。单片机 A0～A3 通道轮流采样转换，4 位 LED 数码管轮流显示 4 路电压值。

1）硬件电路设计

A/D 转换器参考电压选用内部基准电压 2.5 V，外部 4 路电压信号由电位器分压，引入到单片机 A0～A3 通道。运放跟随器进行阻抗隔离，保证分压精度。显示电路采用 4 位数码管模块动态显示，P4 端口为段码，P5 端口低 4 位为位码。为了方便观察 4 路电压值，仿真电路中加入了 4 路电压探针。此电路仅做功能仿真，实际显示电路需加适当的驱动电路。硬件电路如图 6.16 所示。

2）程序设计

采用 ADC12 序列通道多次采样模式，采样信号由 SHI 第一个上升沿触发，随后的采样转换会在上次转换结束后自动进行。为保证采样转换的抗干扰能力，每个通道数据取多次采样值的算术平均值，4 路信号轮流显示。

```
#include      <msp430x24x.h>
#define       Num_of_Results      8
static unsigned int A0results[Num_of_Results];    //A0 结果数组
static unsigned int A1results[Num_of_Results];    //A1 结果数组
static unsigned int A2results[Num_of_Results];    //A2 结果数组
static unsigned int A3results[Num_of_Results];    //A3 结果数组
unsigned char led[]={0xC0,0xF9,0xA4,0xB0,0x99,0x92,0x82,0xF8,0x80,
                0x90,0x88,0x83,0xC6,0xA1,0x86,0x8E};//共阳极数码管
char position[4]={0x08,0x04,0x02,0x01};
unsigned char led_buf[]={0,0,0,0};        //显示缓冲区
unsigned long data;
void data_to_buf(void)                    //值送显示缓冲区函数
```

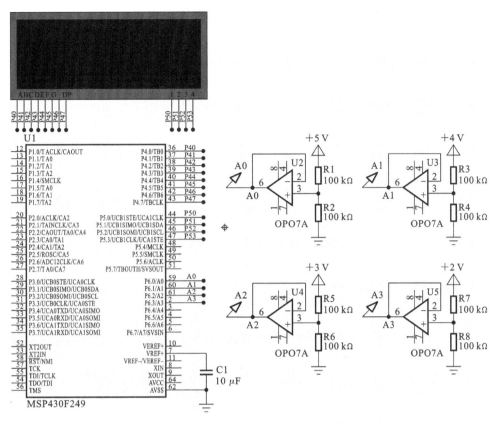

图 6.16 实例 6.5 硬件电路图

```
    {
        char i;
        for (i=0;i<4;i++)
          {
              led_buf[i]=data%10;
              data=data/10;
          }
    }
  void disp(void)                      //扫描显示函数
    {
        char i;
        unsigned int k;
        for(i=0;i<4;i++)
          {
              P4OUT=led[led_buf[i]];
              P5OUT=position[i];
              if(i==3)
              P4OUT &=0X7F;            //小数点
              for ( k=0; k<600; k++){} //延时
              P5OUT=0X00;              //关显示
          }
    }
```

```
void main(void)
{
    char i;
    unsigned long data1,data2,data3,data4;
    WDTCTL=WDTPW+WDTHOLD;        //停止看门狗
    P4DIR=0xFF;                  //设置 P4 端口为输出
    P5DIR=0xFF;                  //设置 P5 端口为输出
    P6SEL=0x0F;                  //打开 A0～A3 A/D 通道输入
    ADC12CTL0 = ADC12ON+REFON+REF2_5V+SHT0_15+MSC;
    //ADC12 工作,使用内部参考电压 2.5V,采样周期 1024,序列通道仅由 SHI 仅首次触发
    ADC12CTL1 = SHP+CONSEQ_3+ADC12DIV_7;
    //SAMPCON 信号来自采样定时器,序列通道多次转换模式,ADC12 时钟 8 分频
    ADC12MCTL0 = SREF_1+INCH_0;
                                 //内部参考电压 VREF+,输入通道选择为 A0
    ADC12MCTL1 = SREF_1+INCH_1;
                                 //内部参考电压 VREF+,输入通道选择为 A1
    ADC12MCTL2 = SREF_1+INCH_2;
                                 //内部参考电压 VREF+,输入通道选择为 A2
    ADC12MCTL3 = SREF_1+INCH_3+EOS;
                                 //内部参考电压 VREF+,输入通道选择为 A3
                                 //由此通道产生序列结束控制位
    ADC12IE=0x08;                //A3 通道开中断 ADC12IFG.3
    ADC12CTL0 |= ENC;            //允许转换
    ADC12CTL0 |= ADC12SC;        //启动转换
    _EINT();
    while (1)
    {
    data1=0;
    data2=0;
    data3=0;
    data4=0;
    for(i=0;i<Num_of_Results;i++)
    {
        data1=data1+A0results[i];
    }
    for(i=0;i<Num_of_Results;i++)
    {
        data2=data2+A1results[i];
    }
    for(i=0;i<Num_of_Results;i++)
    {
        data3=data3+A2results[i];
    }
    for(i=0;i<Num_of_Results;i++)
    {
        data4=data4+A3results[i];
```

```
        }
        data1=data1/Num_of_Results;        //求平均值
        data2=data2/Num_of_Results;        //求平均值
        data3=data3/Num_of_Results;        //求平均值
        data4=data4/Num_of_Results;        //求平均值
        data=(long)data1 * 5000/4096;
        data_to_buf();                     //数据送显示缓冲区
        for(i=0;i<100;i++)
        {
          disp();                          //显示程序
        }
        data=(long)data2 * 5000/4096;
        data_to_buf();                     //数据送显示缓冲区
        for(i=0;i<100;i++)
        {
          disp();                          //显示程序
        }
        data=(long)data3 * 5000/4096;
        data_to_buf();                     //数据送显示缓冲区
        for(i=0;i<100;i++)
        {
          disp();                          //显示程序
        }
        data=(long)data4 * 5000/4096;
        data_to_buf();                     //数据送显示缓冲区
        for(i=0;i<100;i++)
        {
          disp();                          //显示程序
        }
    }
}
#pragma vector=ADC12_VECTOR
__ interrupt void ADC12ISR (void)
{
    //ADC 中断服务程序
    static unsigned int index=0;          //中断服务程序中的静态变量
    A0results[index]=ADC12MEM0;           //移动 A0 结果到数组,同时清除 ADC12FIG.0
    A1results[index]-ADC12MEM1;           //移动 A1 结果到数组,同时清除 ADC12FIG.1
    A2results[index]=ADC12MEM2;           //移动 A2 结果到数组,同时清除 ADC12FIG.2
    A3results[index]=ADC12MEM3;           //移动 A3 结果到数组,同时清除 ADC12FIG.3
    index=(index+1)%Num_of_Results;       //索引增加,取 index 变量的模(余数)
}
```

3) 仿真结果与分析

实例 6.5 的仿真结果如图 6.17 所示。

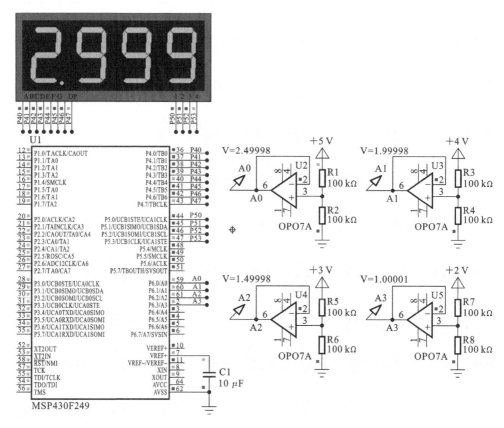

图 6.17 实例 6.5 仿真结果图

思考与练习

1. 某热处理炉温度变化范围为 800 ℃～1300 ℃,经温度变换器变换为 1 V～5 V 电压送至 12 位 A/D 转换器,A/D 转换器的输入范围为 0 V～5V。某时刻采样得到转换结果为 3FFH,问此时炉内温度是多少度? 写出中间过程。

2. 设计一个简易波形发生器,通过按键设置可以分别产生三角波、锯齿波、正弦波等多种信号波形。输出信号的频率、幅度可以通过键盘设定调整。

3. 完成实例 6.3、实例 6.4 和实例 6.5 的程序调试与仿真,观察仿真结果。

7

通用串口的应用

7.1　串行通信的基本知识

计算机系统与外部的信息交换称为通信,通信方式主要有并行与串行两种方式。并行通信是指通信数据的各数据位在多条线上同时被传输,以字或字节为单位并行进行。并行通信速度快,但用的通信线多、成本高,故不宜进行远距离通信。串行通信是指使用一条数据线,将数据一位一位地依次传输,每一位数据占据一个固定的时间长度。串行通信只需要少数几条线就可以在系统间交换信息,特别适用于计算机与计算机、计算机与外设之间的远距离通信。

根据信息的传送方向,串行通信可以进一步分为单工、半双工和全双工三种方式。信息只能单向传送称为单工;信息能双向传送但不能同时双向传送称为半双工;信息能够同时双向传送则称为全双工。

串行通信又分为异步通信和同步通信两种方式。

同步通信是一种连续串行传送数据的通信方式,一次通信只传送一帧信息。这里的信息帧与异步通信中的字符帧不同,通常含有若干数据字符,它们均由同步字符、数据字符和校验字符(CRC)组成。其中,同步字符位于帧开头,用于确认数据字符的开始;数据字符在同步字符之后,个数没有限制,由所需传输的数据块长度来决定;校验字符有1~2个,用于接收端对接收到的字符序列进行正确性的校验。同步通信的缺点是要求发送时钟和接收时钟保持严格的同步。

异步通信中有两个比较重要的指标:字符帧格式和波特率。数据通常以字符或者字节为单位组成字符帧传送。字符帧由发送端逐帧发送,通过传输线被接收设备逐帧接收。发送端和接收端可以由各自的时钟来控制数据的发送和接收,这两个时钟源彼此独立,互不同步。接收端检测到传输线上发送过来的低电平逻辑"**0**"(即字符帧起始位)时,确定发送端已开始发送数据,每当接收端收到字符帧中的停止位时,就知道一帧字符已经发送完毕。

最常见的串行通信标准有 RS-232、RS-485、SPI 和 I2C 等。其中 RS-232 和 RS-485 均是美国电子工业协会 EIA(Electronic Industry Association)制定的串行物理接口标准。RS232 接口是标准串行接口,其通信距离小于 15 m,传输速率小于 20 kb/s。RS-232 标准是按负逻辑定义的,"**1**"电平在 -5 V ~ -15 V 之间,"**0**"电平在 +5 V ~

+15 V 之间。MAX232 接口芯片是 Maxim 公司生产的一种 RS232 芯片,每个器件中都具有两个接收器,其典型连接如图 7.1 所示。

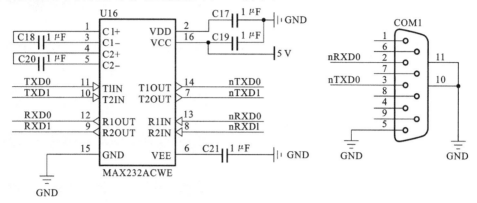

图 7.1 MAX232 **典型连接图**

虽然 RS-232 应用很广,但由于数据传输速率慢,通信距离短,特别是在 100 m 以上的远程通信中通信效果难以让人满意。RS-485 采用差分信号负逻辑,+0.2 V ~ +6 V 表示"0",-6 V ~ -0.2 V 表示"1"。RS-485 有两线制和四线制两种接线,四线制只能实现点对点的通信方式,已经很少采用,现在多采用的是两线制接线方式,这种接线方式为总线式拓扑结构,在同一总线上最多可以挂接 32 个节点。RS-485 采用半双工工作方式,任何时候只能有一点处于发送状态,因此,发送电路须由使能信号加以控制。MAX485 接口芯片是 Maxim 公司生产的一种 RS-485 芯片,每个器件中都具有一个驱动器和一个接收器,其典型连接如图 7.2 所示。

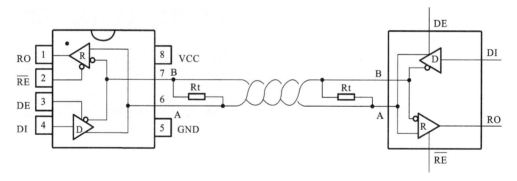

图 7.2 MAX485 **典型连接图**

随着科学技术的飞速发展,采用标准串行通信技术的外围芯片越来越多,而且传输速度也在不断提高,单片机嵌入式系统接口技术的一个重要变化趋势是由并行总线向串行总线发展。尽管采用串行接口具有电路系统简单、占用 I/O 资源少、使用方便灵活等特点,但是其软件设计却相对复杂,对程序设计人员的能力和水平也提出了更高的要求。

7.2 MSP430F249 的 UART 通信模式

MSP430 的通用串行结构 USCI(Universal Serial Communication Interface)支持

多种串行通信模式。每种不同的 USCI 模块用不同的字母命名,比如:USCI_A 与
USCI_B 是不同的。MSP430F249 有 4 个 USCI 模块,其中 USCI_Ax 结构支持
UART 模式、IrDA 通信(红外连接技术)、LIN 通信(低成本的串行通信网络)的自动
波特率检测和 SPI 模式;USCI_Bx 结构支持 I2C 模式和 SPI 模式。

MSP430F249 的串行通信模式可以通过软件设置来完成。当 USCI_Ax 控制寄
存器 UCAxCTL0 的 UCSYNC 位为 **0** 时,工作在 UART 模式。

UCAxCTL0 和 UCAxCTL1 是 USCI_Ax 控制寄存器,参见 USCI 相关寄存器的
功能说明和 msp430f249.h 头文件中对各功能控制位的值进行的宏定义,在学习和编
写程序时注意前后对照,以便于对程序的理解和提高程序的可读性。

(1) UCAxCTL0 控制寄存器 0 如表 7-1 所示。

表 7-1　UCAxCTL0 控制寄存器

7	6	5	4	3	2	1	0
UCPEN	UCPAR	UCMSB	UC7BIT	UCSPB	UCMODEx		UCSYNC

UCAxCTLO 控制寄存器在程序中的功能如下。

```
//UART-Mode Bits
# define UCPEN      (0x80)    /* 校验使能位 */
# define UCPAR      (0x40)    /* 奇偶校验  0:odd / 1:even */
# define UCMSB      (0x20)    /* 最高位优先  0:LSB / 1:MSB */
# define UC7BIT     (0x10)    /* 数据位数  0:8-bits / 1:7-bits */
# define UCSPB      (0x08)    /* 停止位  0:one / 1:two */
# define UCMODE1    (0x04)    /* USCI Mode 1 */
# define UCMODE0    (0x02)    /* USCI Mode 0 */
# define UCSYNC     (0x01)    /* 模式选择  0:UART-Mode / 1:SPI-Mode */
```

(2) UCAxCTL1 控制寄存器 1 如表 7-2 所示。

表 7-2　UCAxCTL1 控制寄存器

7	6	5	4	3	2	1	0
UCSELx		UCXEIE	UCBRKIE	UCDORM	UCTXADDR	UCTXBPK	UCSWRST

UCAxCTL1 控制寄存器在程序中的功能如下:

```
//UART-Mode Bits
# define UCSSEL1    (0x80)    /* USCI 时钟源选择 1 */
# define UCSSEL0    (0x40)    /* USCI 时钟源选择 0 */
# define UCRXEIE    (0x20)    /* 接收出错中断使能 */
# define UCBRKIE    (0x10)    /* 接收终止中断使能 */
# define UCDORM     (0x08)    /* 波特率自动检测休眠模式 */
# define UCTXADDR   (0x04)    /* 下一帧传送地址 */
# define UCTXBRK    (0x02)    /* 下一帧传送终止 */
# define UCSWRST    (0x01)    /* USCI 软件复位使能 */
```

(3) 配置后,UART 工作模式的内部硬件框图如图 7.3 所示,该模块包含以下 3
个部分。

① 波特率部分:控制串行通信数据接收和发送的速度。

② 接收部分:接收串行输入的数据。

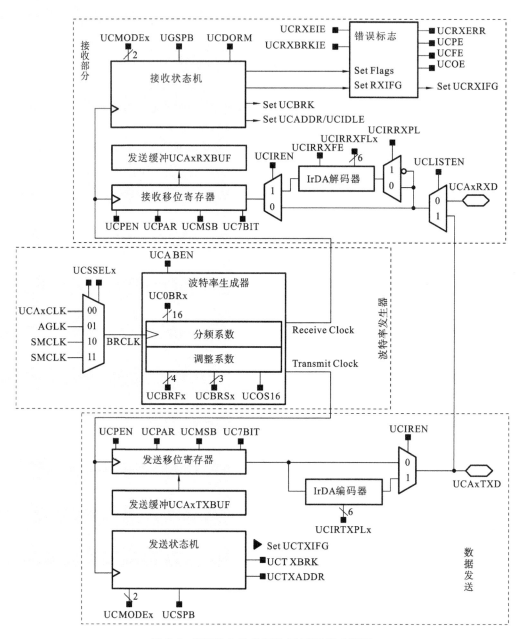

图 7.3 USCI_A 结构下的 UART 模式框图

③ 发送部分:发送串行输出的数据。

(4) USCI_Ax 模块通过 UCAxRXD 和 UCAxTXD 引脚与外部通信系统连接。UART 模式的特性包括:

① 采用奇偶校验或无校验的 7 或 8 位传输数据;

② 独立的发射和接收移位寄存器;

③ 分开的发射和接收缓冲寄存器;

④ 最低位或最高位开始的数据发射和接收模式;

⑤ 对多处理器系统,内建有线路空闲/地址位通信协议;

⑥ 接收数据时具有从 LPMx 模式自动唤醒的低功耗唤醒功能;

⑦ 可编程实现分频因子为整数和小数的波特率；

⑧ 具有错误检测和拟制的状态标志；

⑨ 具有地址检测的状态标志；

⑩ 独立的发射和接收中断。

7.2.1 异步 UART 模式的原理与操作

1）UART 模式的初始化和复位

UART 工作模式的初始化和复位主要由 UCAxCTL0 和 UCAxCTL1 两个控制寄存器控制。其初始化或重新配置 USCI 模块的步骤如下：

（1）置位 UCSWRST；

（2）UCSWRST=1 时初始化所有的 USCI 寄存器（包括 UCAxCTL1）；

（3）配置端口；

（4）复位 UCSWRST；

（5）通过设置 UCRXIE 或 UCTXIE 寄存器启动中断。

USCI_A0 工作于 UART 模式下的初始化程序如下：

```
UCA0CTL1 |=UCSSEL0+UCSWRST；    //置位 UCSWRST,时钟 ACLK,
P3SEL=0x30；                    //配置端口 P3.4,5 TXD/RXD
UCA0CTL1 &= ~UCSWRST；          //复位 UCSWRST
IE2 |= UCA0RXIE；               //开启 UART 的读取中断
```

2）字符格式

UART 的字符格式包括 1 位起始位、7 或 8 位数据位、1 位可有可无的奇偶校验位、1 位地址位（地址位模式）和 1 或 2 位停止位。UART 的字符格式主要由 USCI_Ax 控制寄存器 UCAxCTL0 控制，如图 7.4 所示。传输时先传输数据的最高位还是最低位，由 UCMSB 位控制，UART 通信时默认的是 LSB 作为第一位。USCI_Ax 控制寄存器 0 的 UC7BIT 位控制 7 位或 8 位数据位。

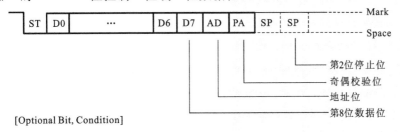

图 7.4　UART 模式的数据格式

3）UART 波特率的设置

在异步串行通信中，波特率是很重要的指标，其定义为每秒钟传送二进制数码的位数。波特率反映了异步串行通信的速度。波特率部分由时钟输入选择和分频、波特率发生器、调整器和预置/除法器等组成。串行通信时，数据接收和发送的速率就由这些构件控制。

USCI 波特率生成器可以从非标准频率源中产生标准的波特率。通过 UCOS16 位选择系统提供的两种操作模式。波特率可以通过使用 BRCLK 产生，根据 UCS-SELx 设置,BRCLK 可以是外部时钟 UCAxCLK 或内部时钟 ACLK、SMCLK 的时钟源。

（1）低频波特率。

当 UCOS16＝0 时，选择低频模式，该模式允许从低频时钟源产生波特率（例如从 32768 Hz 晶振产生 9600 波特）。通过使用较低的输入频率，可以降低模块的功耗。

在低频模式下，波特率发生器使用预分频器和调制器产生位时钟时序。预分频器由 USCI_Ax 波特率控制寄存器 UCAxBR0 和 UCAxBR1 来实现。

调制器由 USCI_Ax 的波特率调制控制寄存器 UCAxMCTL 来实现。参见 USCI 相关寄存器和 msp430f249.h 头文件中对各功能控制位的值进行的宏定义，以便于程序的编写和理解，具体如下。其中的 3 位 UCBRSx 对应表 7-3 的 8 种波特率调整模式，4 位 UCBRFx 对应表 7-4 的 16 种波特率调整模式，UCOS16 位控制低频或过采样模式。

表 7-3　波特率调制器的调整模式

UCBRSx	0	1	2	3	4	5	6	7
0	0	0	0	0	0	0	0	0
1	0	1	0	0	0	0	0	0
2	0	1	0	0	0	1	0	0
3	0	1	0	1	0	1	0	0
4	0	1	0	1	0	1	0	1
5	0	1	1	1	0	1	0	1
6	0	1	1	1	0	1	1	1
7	0	1	1	1	1	1	1	1

表 7-4　BITCLK16 调制器的调整模式

UCBRFx	在 BITCLK 时钟下降沿后的 BITCLK16 时钟数															
	0	1	2	3	4	5	6	7	8	9	10	11	12	13	14	15
00h	0	0	0	0	0	0	0	0	0	0	0	0	0	0	0	0
01h	0	1	0	0	0	0	0	0	0	0	0	0	0	0	0	0
02h	0	1	0	0	0	0	0	0	0	0	0	0	0	0	0	1
03h	0	1	1	0	0	0	0	0	0	0	0	0	0	0	0	1
04h	0	1	1	0	0	0	0	0	0	0	0	0	0	0	1	1
05h	0	1	1	1	0	0	0	0	0	0	0	0	0	0	1	1
06h	0	1	1	1	0	0	0	0	0	0	0	0	0	1	1	1
07h	0	1	1	1	1	0	0	0	0	0	0	0	0	1	1	1
08h	0	1	1	1	1	0	0	0	0	0	0	0	1	1	1	1
09h	0	1	1	1	1	1	0	0	0	0	0	0	1	1	1	1
0Ah	0	1	1	1	1	1	0	0	0	0	0	1	1	1	1	1
0Bh	0	1	1	1	1	1	1	0	0	0	0	1	1	1	1	1

续表

UCBRFx	在 BITCLK 时钟下降沿后的 BITCLK16 时钟数															
	0	1	2	3	4	5	6	7	8	9	10	11	12	13	14	15
0Ch	**0**	1	1	1	1	1	1	0	0	0	1	1	1	1	1	1
0Dh	**0**	1	1	1	1	1	1	1	0	0	1	1	1	1	1	1
0Eh	**0**	1	1	1	1	1	1	1	0	1	1	1	1	1	1	1
0Fh	**0**	1	1	1	1	1	1	1	1	1	1	1	1	1	1	1

UCAxMCTL 波特率调制控制寄存器如表 7-5 所示,其在程序中的功能如下。

表 7-5　UCAxMCTL 波特率调制控制寄存器

7	6	5	4	3	2	1	0
UCBRFx				UCBRSx			UCOS16

UCAxMCTL 波特率调制控制寄存器在程序中的功能如下。

```
# define UCBRF3   (0x80)   /* USCI First Stage Modulation Select 3 */
# define UCBRF2   (0x40)   /* USCI First Stage Modulation Select 2 */
# define UCBRF1   (0x20)   /* USCI First Stage Modulation Select 1 */
# define UCBRF0   (0x10)   /* USCI First Stage Modulation Select 0 */
# define UCBRS2   (0x08)   /* USCI Second Stage Modulation Select 2 */
# define UCBRS1   (0x04)   /* USCI Second Stage Modulation Select 1 */
# define UCBRS0   (0x02)   /* USCI Second Stage Modulation Select 0 */
# define UCOS16   (0x01)   /* USCI 16-times Oversampling enable */
```

UCAxMCTL 是一个 8 位寄存器,基于 UCBRSx 设置进行波特率的调整(见表 7-3),其中每一位分别对应 8 次分频情况。如果对应位为 0,则分频器按照设定的分频系数分频计数;如果对应位为 1,则分频器按照设定的分频系数加 1 分频计数。

(2) 过采样波特率。

当 UCOS16＝1 时选择过采样模式,该模式支持在较高输入时钟频率下对 UART 传输码流采样。其多数表决方法的结果总是在一个位时钟周期的 1/16 处产生。当使能 IrDA 编码器和解码器时,这种模式也支持带有 3/16 位时间的 IrDA 脉冲。

该模式使用 USCI_Ax 波特率控制寄存器 UCAxBRx 和波特率调制控制寄存器 UCAxMCTL 先产生 BITCLK16 时钟,该时钟比 BITCLK 快 16 倍。这种组合方式支持波特率产生 BITCLK16 和 BITCLK 的小数分频。过采样模式下,最大的 USCI 波特率是 UART 源时钟频率 BRCLK 的 1/16,即当 UCBRx 设置为 **0** 或 **1** 时, BRCLK 等于 BITCLK16,在这种情况下 BITCLK16 没有调制,因此将忽略 UCBRFx 和 UCBRSx。

BITCLK16 的调制器是基于 UCBRFx 设置的(见表 7-4)。表中的 **1** 代表相应的 BITCLK16 周期,它是一个相对于 BRCLK 周期加 1 的周期。在 16 位调制器调整位都使用后,再重复这一顺序。

(3) 设置波特率。

对于给定的 BRCLK 时钟源,所使用的波特率将决定分频系数 N,N＝BRCLK/波特率。分频系数 N 通常不是一个整数值,因此需对波特率控制寄存器 UCAxBRx

和波特率调制控制寄存器 UCAxMCTL 进行设置,以尽可能接近分频系数。如果 N ≥16,还可以通过置位 UCOS16 选择过采样波特率产生模式。

在低频模式下,波特率控制寄存器 UCAxBRx 的分频值为:

$$UCBRx = INT(N)$$

小数部分由以下公式得到,波特率调制控制寄存器 UCAxMCTL 的调制值为:

$$UCBRSx = round((N - INT(N)) \times 8) \quad (round 表示舍入)$$

UCBRSx 计数值是增 1 或减 1,必须经过详细的误差计算,使通信过程中产生较小的波特率误差。

实例 7.1 UART 收发一字节(低频模式)

任务要求:在 USCI_A0 模式下利用 UART0 接口收发信息,要求利用低频模式产生波特率为 9600,UART0 将收到的信息进行及时的转发。

分析说明:UART 的时钟源有三种,分别是外部时钟(UCAxCLK)、ACLK 和 SMCLK;其波特率的产生有两种,一种是低频模式,一种是过采样模式。

BRCLK=32768Hz,要产生 BITCLK=9600 Hz,分频器的分频系数为 32768/9600=3.413,所以设置分频器的计数值为 3。接下来用调制寄存器的值来设置小数部分 0.413。显然这是在低频模式下,所以 UCBRx=INT(N)=3;UCBRSx=round((N-INT(N))×8)=round((3.413-3)*8)=round(3.304)=3。按照表 7-3 的调制原则,8 次分频计数过程中应该有 3 次加 1 计数,3 次不加 1 计数。调制寄存器的数据由 3 个 1 和 5 个 0 组成。调制器的数据每 8 次周而复始循环使用,最低值最先调整。比如设置调制寄存器的值为 2AH(00101010),当然也可以设置其他值。但必须有 3 个 1,而且 3 个 1 要相对分散,即分频器按顺序 3、4、3、4、3、4、3、3 来分频。在 8 位调制器调制位都使用后,再重复这一顺序。

1) 硬件电路设计

将 P3.4 和 P3.5 管脚选定为 UART 的发送 TX 和接收 RX 管脚,并接虚拟终端,用以观测发送和接收的数据。低频晶振 LFXT1 采用 32768 Hz 的晶振,获得稳定的 ACLK 时钟源。硬件电路如图 7.5 所示。

2) 程序设计

时钟源选用 ACLK(32768 Hz),UART 传输波特率设定为 9600,采用接收中断对收到的信息进行转发。P1.0 引脚设置为输出方式,进入 LPM3 低功耗模式。

```
#include "msp430f249.h"
void main(void)
{
    WDTCTL=WDTPW+WDTHOLD;            //停止看门狗
    P3SEL=0x30;                      //P3.4,5=USCI_A0 TXD/RXD
    UCA0CTL1 |= UCSSEL0+UCSWRST;     //CLK=ACLK,且软件复位
    UCA0BR0=0x03;                    //32kHz/9600=3.41
    UCA0BR1=0x00;
    UCA0MCTL=UCBRS1+ UCBRS0;         //UCBRSx=0.41×8=3.28 取整
    UCA0CTL1 &= ~UCSWRST;            //USCI 正常工作模式
    IE2 |= UCA0RXIE;                 //开启 UART 的读取中断
```

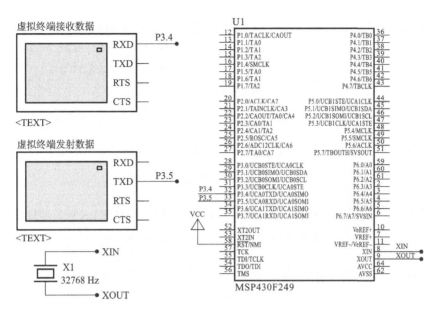

图 7.5　实例 7.1 的硬件电路图

```
    _BIS_SR(LPM3_bits+GIE);              //LPM3 低功耗模式,使能总中断
}
# pragma vector=USCIAB0RX_VECTOR
__ interrupt void USCI0RX_ISR(void)      //接收中断服务函数
{
    UCA0TXBUF=UCA0RXBUF;                 //将接收到的信息发送出去
}
```

3) 仿真结果与分析

双击 MSP430F249 单片机,装载可执行文件 Debug\Exe\ex7_1.hex,设置仿真参数 MCLK=(Default),ACLK=32768 Hz。如果未设定,则仿真无结果或结果不对。运行后可以在发射数据虚拟终端用键盘输入字符,可在接收数据虚拟终端收到一样的信息,如图 7.6 所示。

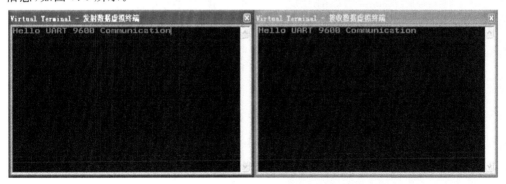

图 7.6　实例 7.1 的仿真结果图

在过采样模式下,波特率控制寄存器 UCAxBRx 的分频值为:
$$UCBRx=INT(N/16)$$
小数部分由以下公式得到,波特率调制控制寄存器 UCAxMCTL 的调制值为:
$$UCBRFx=round(((N/16)-INT(N/16))\times 16)$$

当需要更高精度时,UCBRSx 调制器可以实现从 0~7 的值。对于给定位,为了找到最低的最大误码率设置,对于带有初始 UCBRFx 设置和增 1 或减 1 的 UCBRFx 设置的 UCBRSx,都必须从 0~7 的所有设置对其进行详细的误差计算。

实例 7.2　UART 收发一字节(过采样模式)

任务要求:在 USCI_A0 模式下利用 UART0 接口收发信息,要求利用过采样模式产生波特率为 9600,UART0 将收到的信息进行及时的转发。

1) 硬件电路设计

与实例 7.1 相同,时钟源选用 SMCLK(1 MHz),即 BRCLK＝1 MHz,要产生 BITCLK＝9600 Hz,分频器的分频系数为 1000000/9600＝104.167,所以预分频器的计数值 $UCBRx = INT(N/16) = 6$,$UCBRFx = round(((N/16) - INT(N/16)) \times 16) == round((6.51-6) \times 16) = 8$。

2) 程序设计

```
# include "msp430f249.h"
void main(void)
{
  WDTCTL＝WDTPW＋WDTHOLD；        //停止看门狗
  P3SEL＝0x30；                     //P3.4,5＝USCI_A0 TXD/RXD
  UCA0CTL1 |＝UCSSEL2＋UCSWRST；  //CLK＝SMCLK,且软件复位
  UCA0BR0＝0x06；                   //1MHz/9600 /16＝ 6.51
  UCA0BR1＝0x00；
  UCA0MCTL－UCBRF3＋ UCOS16；      //UCBRFx－0.51×16＝8.16
                                    //过采样模式
  UCA0CTL1 &＝ ～UCSWRST；        //USCI 正常工作模式
  IE2 |＝ UCA0RXIE；               //开启 UART 的读取终端
  _BIS_SR(LPM3_bits＋GIE)；         //LPM3 低功耗模式,使能总中断
}
# pragma vector＝USCIAB0RX_VECTOR  //接收数据中断矢量
__ interrupt void USCI0RX_ISR(void) //接收中断服务函数
{
  UCA0TXBUF＝UCA0RXBUF；           //发送接收到的信息
}
```

3) 仿真结果与分析

双击 MSP430F249 单片机,装载可执行文件 Debug\Exe\ex7_2.hex,设置仿真参数 SMCLK＝1MHz。如果未设定,则仿真无结果或结果不对。运行后可以在发射数据虚拟终端用键盘输入字符,可在接收数据虚拟终端收到一样的信息。

7.2.2　红外线编码/解码模式

当红外线发送控制寄存器 UCAxIRTCTL 的 UCIREN 置 **1** 时,USCI_Ax 工作在 IrDA 编码/解码模式。其红外线通信的编码/解码格式如下所示。

1) 红外线通信编码格式

红外线发送的数据码流与 UART 数据码流的不同之处在于只对数据 0 发送一个

脉冲,如图 7.7 所示。脉冲持续时间由控制寄存器 UCAxIRTCT 的 UCIRTXPLx 指定 UCIRTXCLK 的半周期个数决定。

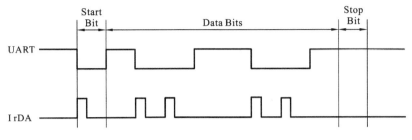

图 7.7 IrDA 数据编码

当红外线发送控制寄存器 UCAxIRTCTL 的 UCIRTXCLK＝1 且标准时钟是 BITCLK16 时,IrDA 的脉冲时间为数据时钟的 3/16 个周期时间,脉冲长度被设定为 6 个半周期时钟,UCIRTXPLx＝6－1＝5 。

当 UCIRTXCLK＝0 时,基于时钟 BRCLK 的发送脉冲长度 t_{PULSE} 由如下公式计算:

$$UCIRTXPLx＝t_{PULSE}×2×f_{BRCLK}－1$$

式中,f_{BRCLK} 是 UART 时钟源的频率。此时,发送的红外脉冲长度是基于时钟 BRCLK 的,且波特率控制寄存器 UCAxBRx 的 UCBRx 值必须大于等于 5。

2) 红外线通信解码格式

当 UCIRRXPL＝0 时,解码器检测高脉冲;否则,检测低脉冲。另外,可以通过设置 UCIRRXFE 设计一个可编程的数字滤波器。当 UCIRRXFE＝1 时,只有时长大于滤波器设定时长的脉冲保留下来,其余的被滤除掉。滤波器时长 UCIRRXFL 可由如下公式求得:

$$UCIRRXFLx＝(t_{PULSE}－t_{WAKE})×2×f_{BRCLK}－4$$

其中:t_{PULSE} 是收到的最小脉冲宽度时间;t_{WAKE} 是 MSP430F249 低功耗模式下的唤醒时间。

UCAxIRTCTL 和 UCAxIRRCTL 是 USCI_Ax IrDA 的发送控制和接收控制寄存器,参见 USCI 相关寄存器和 msp430f249.h 头文件中对各功能控制位的值进行的宏定义,以便于程序的编写和理解,具体如下。

UCAxIRTCTL 红外线发送控制寄存器如表 7-6 所示。

表 7-6 发送控制寄存器

7	6	5	4	3	2	1	0
		UCIRTXPLx				UCIRTXCLK	UCIREN

UCAxIRTCTL 红外线发送控制寄存器在程序中的功能如下:

```
# define UCIRTXPL5 (0x80) / * IRDA Transmit Pulse Length 5 * /
# define UCIRTXPL4 (0x40) / * IRDA Transmit Pulse Length 4 * /
# define UCIRTXPL3 (0x20) / * IRDA Transmit Pulse Length 3 * /
# define UCIRTXPL2 (0x10) / * IRDA Transmit Pulse Length 2 * /
# define UCIRTXPL1 (0x08) / * IRDA Transmit Pulse Length 1 * /
# define UCIRTXPL0 (0x04) / * IRDA Transmit Pulse Length 0 * /
# define UCIRTXCLK (0x02) / * IRDA Transmit Pulse Clock Select * /
```

♯ define UCIREN（0x01）/ ＊ IRDA Encoder/Decoder enable ＊ /

UCAxIRRCTL 红外线接收控制寄存器如表 7-7 所示。

表 7-7   接收控制寄存器

7	6	5	4	3	2	1	0
UCIRRXFL x						UCIRRXPL	UCIRRXFE

UCAxIRRCTL 红外线接收控制寄存器在程序中的功能如下：

```
♯ define UCIRRXFL5        (0x80)        / ＊ IRDA Receive Filter Length 5 ＊ /
♯ define UCIRRXFL4        (0x40)        / ＊ IRDA Receive Filter Length 4 ＊ /
♯ define UCIRRXFL3        (0x20)        / ＊ IRDA Receive Filter Length 3 ＊ /
♯ define UCIRRXFL2        (0x10)        / ＊ IRDA Receive Filter Length 2 ＊ /
♯ define UCIRRXFL1        (0x08)        / ＊ IRDA Receive Filter Length 1 ＊ /
♯ define UCIRRXFL0        (0x04)        / ＊ IRDA Receive Filter Length 0 ＊ /
♯ define UCIRRXPL         (0x02)        / ＊ IRDA Receive Input Polarity ＊ /
♯ define UCIRRXFE         (0x01)        / ＊ IRDA Receive Filter enable ＊ /
```

红外线遥控通信红外线编码是数据传输和家用电器遥控常用的一种通信方法,其实质是一种脉宽调制的串行通信。家电遥控中常用的红外线编码电路有 $\mu PD6121G$ 型、HT622 型和 LC7461 型等。

下面就以这些电路的编码格式来仿真怎样使用单片机的捕获中断功能来实现其解码。

实例 7.3   红外线遥控器编码/解码通信

任务要求:完成红外线遥控器编码/解码通信,U1 实现按键的键值编码和发射,U2 实现接收和键值的解码;只要将 U1 的 TX 管脚接红外线发射管,U2 的 RX 管脚接红外线接收管之后,就可以实现红外线遥控的功能了。

1)硬件电路设计

硬件电路分为两部分:编码发送部分和解码显示部分。编码发送由 U1 和键盘组成,解码显示由 U2 和 LCD 组成。由于 Proteus 中没有红外线发射和接收元器件,仿真的硬件电路连接图中是直接将发射端和接收端相连,如图 7.8 所示。

2)程序设计

(1)编码部分程序如下:

```
♯ include＜msp430x24x. h＞
♯ include "Keypad. h"
/ ＊ ＊ ＊ ＊ ＊ ＊ ＊ ＊ ＊ ＊ ＊ ＊全局变量＊ ＊ ＊ ＊ ＊ ＊ ＊ ＊ ＊ ＊ ＊ ＊ ＊ /
unsigned char key_val;                        //存放键值
unsigned char Check_Key(void);                //键值扫描子程序
void main(void)
{
  unsigned int num;
  WDTCTL＝WDTPW＋WDTHOLD;              //关闭看门狗
  P3SEL |＝ 0x30;                           //选择 P3.4 和 P3.5 管脚作为接收和发送管脚
  UCA0CTL1 |＝ UCSWRST;                      //软件复位寄存器
```

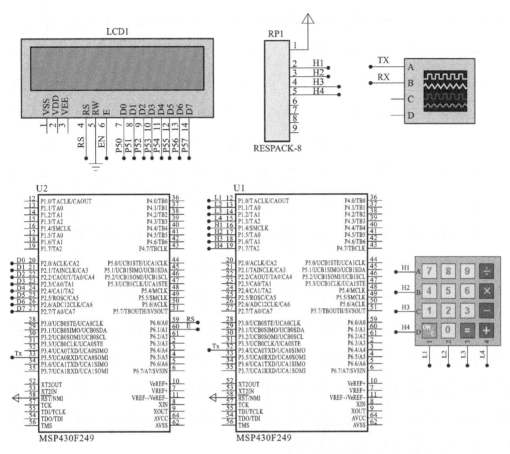

图 7.8 IrDA 编码/解码硬件电路

```
UCA0CTL1＝UCSSEL_2＋UCSWRST；   //时钟为 SMCLK
UCA0BR0＝4；                    //分频系数 4
UCA0BR1＝0；
UCA0MCTL＝UCBRF_2 ＋UCBRF_0＋ UCOS16；
                              //调整系数为 5 和 16 倍过采样模式
UCA0IRTCTL＝UCIRTXPL2＋UCIRTXPL0＋UCIRTXCLK＋UCIREN；
      //6 个半时钟周期脉宽,选择 BITCLK16 为时钟，使能 IrDA 编解码
UCA0CTL1 ＆＝ ～UCSWRST；        //开始正常操作
Init_Keypad()；
while(1)
{
    Check_Key()；                //扫描键盘
    if(0＜＝key_val ＆ key_val＜17)  //判断键值是否在范围之内
      {
        while(! (IFG2＆UCA0TXIFG))；
        UCA0TXBUF＝key_val；      //按照 UCA0IRTCTL 寄存器设定发送键值
      }
  }
}
unsigned char Check_Key(void)
{
  uchar row ,col,tmp1,tmp2；
  tmp1＝0x01；
```

```
        key_val=255;
        for(row=0;row < 4;row++)              //行扫描
        {
            P1OUT=0x0f;                       //P1.3~P1.0 输出全 1
            P1OUT -= tmp1;                    //P1.3~P1.0 输出 4 位中有一个为 0
            tmp1 <<=1;
            if ((P1IN & 0xf0) < 0xf0)         //是否 P1IN 的 P1.4~P1.7 中有一位为 0
            {
                tmp2=0x10;                    //tmp2 用于检测出哪一位为 0
                for(col=0;col < 4;col++)      //列检测
                {
                    if((P1IN & tmp2) == 0x00)     //是不是该列,等于 0 为是
                    {
                        key_val=key_Map[row * 4+col];   //获取键值
                        break;
                    }
                     tmp2 <<= 1;              //tmp2 右移 1 位
                     key_val=255;
                }
                 return key_val;             //退出循环
            }
        }
    }
```

(2) 解码部分的程序如下:

```
# include <msp430x24x. h>
# include "lcd. h"
/ * * * * * * * * * * * * * 全局变量 * * * * * * * * * * * * * x x x /
unsigned char key_val;                    //存放键值
const char table1[]=" The Key is:";
void main(void)
{
 unsigned int i,num;
 WDTCTL=WDTPW+WDTHOLD;                     //关闭看门狗
 P2DIR |=0xff;                             //LCD 的数据端
 P2OUT |=0xff;
 UCA0CTL1 |= UCSWRST;                      //软件复位寄存器
 UCA0CTL1=UCSSEL_2+UCSWRST;               //时钟为 SMCLK
 UCA0BR0=4;                                //分频系数 4
 UCA0BR1=0;
 UCA0MCTL=UCBRF_2 +UCBRF_0+ UCOS16;
                                          //调整系数为 5 和 16 倍过采样模式
 UCA0IRTCTL=UCIRTXPL2+UCIRTXPL0+UCIRTXCLK+UCIREN;
     //6 个半时钟周期脉宽,选择 BITCLK16 为时钟,使能 IrDA 编解码
 UCA0IRRCTL=UCIRRXFL2+UCIRRXFL0+UCIRRXFE;
                                          //滤波使能,其宽度为 5
 UCA0CTL1 &= ~UCSWRST;
 P6DIR=0x03;                               //LCD 的 RS 和 E 控制端
 P4DIR=0xff;
  lcdinit();                              //LCD 显示初始化
  write_com(0x80);                        //显示第一行字
  for(num=0;num<12;num++)
```

```
                    write_data(table1[num]);
                IE2 |= UCA0RXIE;                    //接收中断使能
                _BIS_SR(LPM3_bits+GIE);             //进入 LPM3 模式和使能全局中断
            }
            # pragma vector=USCIAB0RX_VECTOR
            __ interrupt void USCIAB0RX_ISR(void)    //接收中断服务函数
            {
                key_val=UCA0RXBUF;                   //获取接收数据
                P4OUT=UCA0RXBUF;
                write_com(0x80+0x40);                //将获取的键值显示在 LCD 第二行
                switch(key_val)
                {
                    case 0x00:write_data('|'); break;
                    case 0x01:write_data('7'); break;
                    case 0x02:write_data('4'); break;
                    case 0x03: write_data('1'); break;
                    case 0x04:write_data('N'); break;
                    case 0x05:write_data('8'); break;
                    case 0x06:write_data('5'); break;
                    case 0x07:write_data('2'); break;
                    case 0x08:write_data('0'); break;
                    case 0x09:write_data('9'); break;
                    case 0x0a:write_data('6'); break;
                    case 0x0b:write_data('3'); break;
                    case 0x0c:write_data('='); break;
                    case 0x0d:write_data('/'); break;
                    case 0x0e:write_data('*'); break;
                    case 0x0f: write_data('-'); break;
                    case 0x10: write_data('+'); break;
                    default : break;
                }
            }
```

3) 仿真结果与分析

双击 MSP430F249 单片机 U1,装载可执行文件 Debug\Exe\ex7_3.hex,设置仿真参数 SMCLK=8 MHz。如果未设定,则仿真无结果或结果不对。运行后,在 4×4 键盘上每按一次按键,U1 都通过 P3.4 端口输出 IrDA 的编码;在 U2 端对 P3.5 端口接收的编码进行解码,并将键值显示在 LCD 上。实例 7.3 的仿真结果如图 7.9 所示。

7.2.3 USCI 中断

USCI 有一个发送中断向量和一个接收中断向量,USCI_Ax 和 USCI_Bx 不共用中断向量。

1) USCI 发送中断操作

发射机置位 UCTXIFG 中断标志,这表明 UCAxTXBUF 已经准备好接收另一个字符(即 UCAxTXBUF 为空),如果 UCTXIE 和 GIE 也置位的话,将产生中断请求。如果将字符写入,UCAxTXBUF、UCTXIFG 将自动复位而无需软件复位。一个 PUC

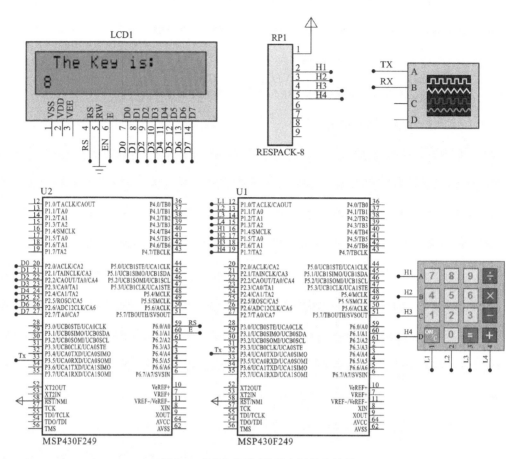

图 7.9　IrDA 编码/解码实例仿真结果

之后或 UCSWRST＝1 时,UCTXIFG 置位,UCTXIE 复位。

2) USCI 接收中断操作

每接收到 1 个字符并将其载入 UCAxRXBUF 时,UCRXIFG 中断标志置位,如果 UCTXIE 和 GIE 也置位的话,将产生中断请求。UCRXIFG 和 UCRXIE 可以通过系统复位 PUC 信号或 UCSWRST＝1 复位。当读取 UCAxRXBUF 时,UCRXIFG 自动复位。

此外,中断控制特点还包括:

(1) 当 UCAxRXEIE＝**0** 时,错误的字符 UCRXIFG 不置位;

(2) 当 UCDORM＝**1** 时,在多处理器模式下,无地址字符 UCRXIFG 不置位,在单一 UART 模式时,没有字符 UCRXIFG 被置位;

(3) 当 UCBRKIE＝**1** 时,在断点条件下,UCBRK 位和 UCRXIFG 标志位均被置位。

3) USCI 中断使用

USCI_Ax 和 USCI_Bx 共用同一个中断矢量。接收中断标志 UCAxRXIFG 和 UCBxRXIFG 映射为同一个中断矢量;同样,发送中断标志 UCAxTXIFG 和 UCBx-TXIFG 映射为同一个中断矢量。

实例 7.4 UART 数据通信,中断方式

任务要求:使用 UART0 在 9600 波特率下,以每接收到的 8 个数据为转发一个数据单位,回发出去;并将每次接收到的数据的 ASCII 二进制码用接在 P1 端口上的数码管显示出来。

1) 硬件电路设计

仿真电路如图 7.10 所示,实际电路还需添加相应的数码管驱动电路。

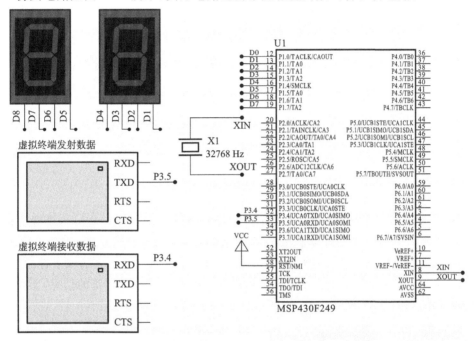

图 7.10 实例 7.4 硬件电路连接图

2) 程序设计

```
#include "msp430f249.h"
char string1[8];              //存放接收数据的字符串数组
char i;                       //发送字符的计数变量
char j=0;                     //接收字符的计数变量
void main(void)
{
    WDTCTL=WDTPW+WDTHOLD;     //关闭看门狗
    P1DIR=0xFF;               //P1 端口设为输出
    P1OUT=0;                  //P1 端口输出全为低电平
    P3SEL=0x30;               //P3.4,P3.5 为 UART 的 TXD/RXD
    UCA0CTL1 |= UCSSEL_1;     //选择辅助时钟 ACLK
    UCA0BR0=0x03;             //32kHz/9600=3.41
    UCA0BR1=0x00;
    UCA0MCTL=UCBRS1+UCBRS0;   //分频调制值 UCBRSx=3
    UCA0CTL1 &= ~UCSWRST;     //USCI 状态机初始化完毕
    IE2 |= UCA0RXIE;          //使能 USCI_A0 接收中断
    _BIS_SR(LPM3_bits+GIE);   //进入 LPM3,使能全局中断
}
```

```
//USCI A0/B0 Transmit ISR
# pragma vector=USCIAB0TX_VECTOR
__ interrupt void USCI0TX_ISR(void)   //USCI A0/B0 发送中断服务函数
{
  UCA0TXBUF=string1[i++];            //发送字符串数组的下一个数据
  if (i == sizeof string1)            //判断字符串数组数据是否发送完毕
    IE2 &= ~UCA0TXIE;                //发送完则禁止 USCI_A0 发送中断
}

# pragma vector=USCIAB0RX_VECTOR
__ interrupt void USCI0RX_ISR(void)   //USCI A0/B0 接收中断服务函数
{
  string1[j++]=UCA0RXBUF;           //将收到的数据写入 string 数组
  P1OUT =UCA0RXBUF;                 //将收到的数据显示在 P1 端口的 LED 灯上
  if (j > sizeof string1 - 1)         //判断字符串数组数据是否写满
  {
    i=0;                             //计数变量 i 和 j 清 0
    j=0;
    IE2 |= UCA0TXIE;                //使能 USCI_A0 发送中断
    UCA0TXBUF=string1[i++];        //发送字符串数组的第一个数据
  }
}
```

3) 仿真结果与分析

双击 MSP430F249 单片机,装载可执行文件 Debug\Exe\ex7_4.hex,设置仿真参数 ACLK=1 MHz。如果未设定,则仿真无结果或结果不对。运行后可以在发射数据虚拟终端用键盘输入字符,每输入一个字符,在 P1 端口的数码管显示该字符的 16 进制 ASCII 码;输入 8 个字符后才在接收数据虚拟终端显示 8 个字符的信息,实例 7.4 的仿真结果如图 7.11 所示。

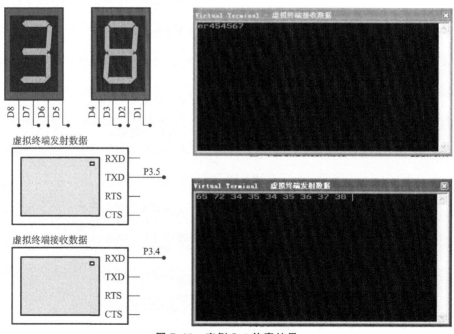

图 7.11　实例 7.4 仿真结果

7.2.4   USCI_A 型模式下 UART 的寄存器

（1）控制和状态寄存器。

USCI_A0 型模式下 UART 的控制和状态寄存器如表 7-8 所示。

表 7-8   USCI-A0 型模式下控制和状态寄存器

地址	寄存器标志	操作	寄存器说明
060h	UCA0CTL0	R/W	控制寄存器 0
061h	UCA0CTL1	R/W	控制寄存器 1
062h	UCA0BR0	R/W	波特率控制寄存器 0
063h	UCA0BR1	R/W	波特率控制寄存器 1
064h	UCA0MCTL	R/W	调制控制寄存器
065h	UCA0STAT	R/W	状态寄存器
066h	UCA0RXBUF	R	接收数据寄存器
067h	UCA0TXBUF	R/W	发送数据寄存器
05Dh	UCA0ABCTL	R/W	自动波特率寄存器
05Eh	UCA0IRTCTL	R/W	IrDA 发送控制寄存器
05Fh	UCA0IRRCTL	R/W	IrDA 接收控制寄存器
001h	IE2	R/W	中断使能寄存器 2
003h	IFG2	R/W	中断标志寄存器 2

USCI_A1 型模式下 UART 的控制和状态寄存器如表 7-9 所示。

表 7-9   USCI_A1 型模式下控制和状态寄存器

地址	寄存器标志	操作	寄存器说明
0D0h	UCA1CTL0	R/W	控制寄存器 0
0D1h	UCA1CTL1	R/W	控制寄存器 1
0D2h	UCA1BR0	R/W	波特率控制寄存器 0
0D3h	UCA1BR1	R/W	波特率控制寄存器 1
0D4h	UCA1MCTL	R/W	调制控制寄存器
0D5h	UCA1STAT	R/W	状态寄存器
0D6h	UCA1RXBUF	R	接收数据寄存器
0D7h	UCA1TXBUF	R/W	发送数据寄存器
0CDh	UCA1ABCTL	R/W	自动波特率寄存器
0CEh	UCA1IRTCTL	R/W	IrDA 发送控制寄存器
0CFh	UCA1IRRCTL	R/W	IrDA 接收控制寄存器
006h	UC1IE	R/W	中断使能寄存器 2
007h	UC1IFG	R/W	中断标志寄存器 2

（2）控制寄存器。

USCI_Ax 控制寄存器 0（UCAxCTL0）如表 7-10 所示。

表 7-10 USCI_Ax 控制寄存器 0

7	6	5	4	3	2	1	0
UCPEN	UCPAR	UCMSB	UC7BIT	UCSPB	UCMODEx		UCSYNC

UCPEN　校验使能位，奇偶校验与发送和接受寄存器有关。在具有地址的多处理器模式下，其奇偶校验位值的计算还包含地址位。置 0 时校验禁止；置 1 时校验允许。

UCPAR　奇偶校验位，当 UCPEN 位禁止时，该位无效。置 0 时为奇校验；置 1 时为偶校验。

UCMSB　最高优先选择位，用于控制发送和接收移位寄存器的方向。置 0 时为最低位优先；置 1 时为最高位优先。

UC7BIT　字符长度。置 0 时为 8 位数据；置 1 时为 7 位数据。

UCSPB　停止位选择。置 0 时为 1 位停止位；置 1 时为 2 位停止位。

UCMODEx　USCI 模式选择位，在 UCSYNC＝0 时，控制异步通信模式。置 00b 时为 UART 模式；置 01h 时为空闲线多处理器模式；置 10b 时为地址线多处理器模式；置 11b 时为波特率自动检测 UART 模式。

UCSYNC　同步使能。置 0 时为异步模式；置 1 时为同步模式。

USCI_Ax 控制寄存器 1（UCAxCTL1）如表 7-11 所示。

表 7-11 USCI_Ax 控制寄存器 1

7	6	5	4	3	2	1	0
UCSELx		UCXEIE	UCBRKIE	UCDORM	UCTXADDR	UCTXBRK	UCSWRST

UCSELx　USCI 时钟选择，决定 BRCLK 的时钟源。置 00b 时为外部时钟；置 01b 时为辅助时钟（ACLK）；置 10b 和 11b 时为子系统时钟（SMCLK）。

UCXEIE　接受错误字符中断使能。置 0b 时为禁止中断；置 1b 时为使能中断，且使 UCXIFG 置位。

UCBRKIE　接受中止字符中断使能。置 0b 时为禁止中断；置 1b 时为使能中断，且使 UCXIFG 置位。

UCDORM　休眠控制位。置 0b 时为禁止休眠；置 1b 时为休眠，在空闲线多处理器模式或地址线多处理器模式下，使 UCXIFG 置位，在波特率自动检测 UART 模式下只有设置了中止和同步有效时，才使 UCXIFG 置位。

UCTXADDR　发送地址位。在多处理器模式下，判断发送的是地址帧还是数据帧。置 0b 时下一帧为发送数据；置 1b 时下一帧为发送地址。

UCTXBRK　发送终止位。将发送的终止命令写入发送缓存器中。在波特率自动检测 UART 模式下，写 55h 到 UCAxTXBUF 缓存器中，其余情况下写 00h 到 UCAxTXBUF 缓存器中。置 0b 时为下一帧不是中止；置 1b 时为下一帧是中止或中止/同步信息。

UCSWRST　软件复位使能。置 0b 时为禁止，正常操作；置 1b 时为使能，保持复位状态。

（3）波特率控制寄存器。

USCI_Ax 波特率控制寄存器 0（UCAxBR0）如表 7-12 所示。

表 7-12 USCI-Ax 波特率控制寄存器 0

7	6	5	4	3	2	1	0
			UCBRx				

USCI_Ax 波特率控制寄存器 1（UCAxBR1）如表 7-13 所示。

表 7-13 USCI_Ax 波特率控制寄存器 1

7	6	5	4	3	2	1	0
			UCBRx				

这两个寄存器的值，都只有在 UCSWRST＝1b 时，才可以更改。这两个寄存器用于存放波特率的时钟预置定标器的值。其中 UCAxBR0 为低字节，UCAxBR1 为高字节。

（4）调制控制寄存器。

USCI_Ax 调制控制寄存器（UCAxMCTL）如表 7-14 所示。

表 7-14 USCI_Ax 调制控制寄存器

7	6	5	4	3	2	1	0
	UCBRFx				UCBRSx		UCOS16

UCBRFx　第一调制段选择，这些位在 UCOS16＝1 时决定了 BITCLK16 的调制模式，如表 7-4 所示；当 UCOS16＝0 时，忽略不计。

UCBRSx　第二调制段选择，这些位决定了 BITCLK 的调制模式，如表 7-2 所示。

这两个字段值的设定，参见"波特率设定"一节的说明。

UCOS16　过采样模式使能。置 0b 时为低频波特率模式；置 1b 时为过采样波特率模式。

（5）状态寄存器。

USCI_Ax 状态寄存器（UCAxSTAT）如表 7-15 所示。

表 7-15 USCI_Ax 状态寄存器

7	6	5	4	3	2	1	0
UCLISTEN	UCFE	UCOE	UCPE	UCBRK	UCRXERR	UCADDR UCIDLE	UCBUSY

UCLISTEN　侦听使能。置 0b 时为禁止；置 1b 时为使能，发送的数据反馈到接收器。

UCFE　帧错误标志位。该位在 4 线串行通信的主模式下表示总线冲突，在 3 线制主模式或其他从模式下无效。置 0b 时为无冲突；置 1b 时为总线冲突发生。

UCOE　溢出错误标志。当一个字符被传输到 UCxRXBUF 之前的一个字符被读取时该位被置位，UCxRXBUF 被读取后 UCOE 自动清除。注意不能用软件清零，否则不正常工作。置 0b 时为无溢出；置 1b 时为溢出发生。

UCPE　校验错误标志位。当 UCAxCTL0 控制寄存器的校验使能位 UCPEN＝0 时禁止校验时，UCPE 读为 0。置 0b 时为无错误；置 1b 时为接收数据的校验位错误。

UCBRK　中止检验标志位。置 0b 时为无中止发生；置 1b 时为中止发生。

UCRXERR　接收错误标志。置 0b 时为无错误；置 1b 时为有错误。

UCADDR　在地址位多处理器模式下的地址接收位。置 0b 时为接收的是数据；置 1b 时为接收的是地址。

UCIDLE　在空闲线多处理器模式下的空闲线检验位。置 0b 时为无空闲线被检测到；置 1b 时为检测到空闲线。

UCBUSY　忙闲标志位。置 0b 时为闲；置 1b 时为忙，表示正在发送或接收数据。

（6）接收/发送数据寄存器。

USCI_Ax 接收数据寄存器（UCAxRXBUF）如表 7-16 所示。

表 7-16　USCI_Ax 接收数据寄存器

7	6	5	4	3	2	1	0
UCRXBUFx							

接收缓存存放从接收移位寄存器最后接收的字符。如果传输 7 位数据，接收缓存的内容右对齐，最高位为 0。

USCI_Ax 发送数据寄存器（UCAxTXBUF）如表 7-17 所示。

表 7-17　USCI_Ax 发送数据寄存器

7	6	5	4	3	2	1	0
UCRTXBUFx							

发送缓存内容可以传送至发送移位寄存器，然后由 UCRTXBUFx 传输。对发送缓存进行写操作，可以复位 UTXIFGx。如果传输 7 位数据，发送缓存内容最高位为 0。

（7）发送/接收控制寄存器。

USCI_Ax IrDA 发送控制寄存器（UCAxIRTCTL）如表 7-18 所示。

表 7-18　USCI_Ax IrDA 发送控制寄存器

7	6	5	4	3	2	1	0
UCIRTXPLx						UCIRTXCLK	UCIREN

UCIRTXPLx　发送脉冲长度。脉冲长度 $t_{PULSE}=(UCIRTPLx+1)/(2\times f_{IRTXCLK})$。

UCIRTXCLK　IrDA 发送脉冲时钟选择。置 0b 时时钟为 BRCLK；置 1b 时当 UCOS16＝1 时，时钟为 BITCLK16，其余情况，时钟为 BRCLK。

UCIREN　IrDA 编解码使能。置 0b 时为禁止；置 1b 时为使能。

USCI_Ax IrDA 接收控制寄存器（UCAxIRRCTL）如表 7-19 所示。

表 7-19　USCI_Ax IrDA 接收控制寄存器

7	6	5	4	3	2	1	0
UCIRRXFLx						UCIRRXPL	UCIRRXFE

UCIRRXFLx　发送滤波器长度。可接收的最短脉冲长度为：$t_{MIN}=(UCIRRXFLx+4)/(2\times f_{IRTXCLK})$。

UCIRRXPL　红外线接收输入 UCAxRXD 极性。置 0b 时为将接收到的光脉冲转化为一个高脉冲;置 1b 时为将接收到的光脉冲转化为一个低脉冲。

UCIRRXFE　IrDA 接收滤波器使能。置 0b 时为禁止;置 1b 时为使能。

(8) 自动波特率控制寄存器。

USCI_Ax 自动波特率控制寄存器(UCAxABCTL)如表 7-20 所示。

表 7-20　USCI_Ax 自动波特率控制寄存器

7	6	5	4	3	2	1	0
		UCDELIMx		UCSTOE	UCBTOE		UCABDEN

UCDELIMx　中止/同步分隔时长。置 00b 时为 1 位时钟长度;置 01b 时为 2 位时钟长度;置 10b 时为 3 位时钟长度;置 11b 时为 4 位时钟长度。

UCSTOE　同步域超时错误。置 0b 时为无错误;置 1b 时为超时。

UCBTOE　中止错误。置 0b 时为无错误;置 1b 时为中断域时长超过了 22 位。

UCABDEN　自动波特率检测使能。置 0b 时为禁止;置 1b 时为使能。

(9) 中断使能/标志寄存器。

中断使能寄存器 2(IE2)如表 7-21 所示。

表 7-21　中断使能寄存器 2

7	6	5	4	3	2	1	0
						UCA0TXIE	UCA0RXIE

UCA0TXIE　发送中断使能。置 0b 时为中断禁止;置 1b 时为中断使能。

UCA0RXIE　接收中断使能。置 0b 时为中断禁止;置 1b 时为中断使能。

中断标志寄存器 2(IFG2)如表 7-22 所示。

表 7-22　中断标志寄存器 2

7	6	5	4	3	2	1	0
						UCA0TXIFG	UCA0RXIFG

UC A0TXIFG　发送中断标志。置 0b 时为无中断;置 1b 时为中断发生。

UC A0RXIFG　接收中断标志。置 0b 时为无中断;置 1b 时为中断发生。

USCI_A1 中断使能寄存器(UC1IE)如表 7-23 所示。

表 7-23　USCI_A1 中断使能寄存器

7	6	5	4	3	2	1	0
						UCA1TXIE	UCA1RXIE

UCA1TXIE　发送中断使能。置 **0**b 时为中断禁止；置 **1**b 时为中断使能。

UCA1RXIE　接收中断使能。置 **0**b 时为中断禁止；置 **1**b 时为中断使能。

USCI_A1 中断标志寄存器(UC1IFG)如表 7-24 所示。

表 7-24　USCI_A1 中断标志寄存器

7	6	5	4	3	2	1	0
						UCA1TXIFG	UCA1RXIFG

UCA1TXIFG　发送中断标志位。当 UCA1TXBUF 为空时，UCA1TXIFG＝1。置 **0**b 时为中断禁止；置 **1**b 时为中断使能。

UCA1RXIFG　接收中断标志位。当 UCA1RXBUF 收到一个完整字符时，UCA1RXIFG＝1。置 **0**b 时为中断禁止；置 **1**b 时为中断使能。

7.3　MSP430F249 的 SPI 通信模式

串行外设接口 SPI(Serial Peripheral Interface)总线系统是一种同步串行外设接口，它可以使 MCU 与各种外围设备以串行方式进行通信以交换信息。外围设备包括 FlashRAM、网络控制器、LCD 显示驱动器、A/D 转换器和 MCU 等。其主从设备间的连接方式如图 7.12 所示。在点

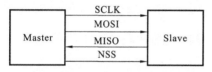

图 7.12　SPI 通信时的连接方式

对点的通信中，SPI 接口不需要进行寻址操作，且为全双工通信，显得简单高效。

7.3.1　MSP430F249 的 SPI 通信模式概述

在同步通信模式下，MSP430 通过 UCxSIMO、UCxSOMI、UCxCLK、UCxSTE 中的 3 或 4 根线与外部设备进行连接。当 USCI 控制寄存器 UCAxCTL0 的 UCSYNC ＝1 时，MSP430 工作于 SPI 模式；UCAxCTL0 的 MCMODEx 字段的值，决定 SPI 工作于 3 线制还是 4 线制。其内部硬件如图 7.13 所示。

SPI 模式的特性包括：

(1) 7 或 8 位传输数据长度；

(2) 最低位或最高位开始的数据发射和接收模式；

(3) 3 线或 4 线的操作模式；

(4) 具有主、从两种操作模式；

(5) 独立的发射和接收移位寄存器；

(6) 分开的发射和接收缓冲寄存器；

(7) 连续的发送和接收操作；

(8) 可选时钟极性和相位控制；

(9) 主机模式下，时钟频率可变；

(10) 独立的发射和接收中断；

(11) 从机模式可在 LMP4 低功耗模式下工作。

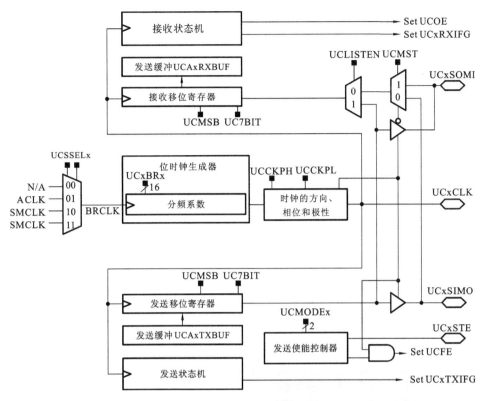

图 7.13 SPI 模式的硬件框图

7.3.2 SPI 模式下的操作

在 SPI 模式下,主设备为串行数据发送和接收的多个从设备提供一个共享的时钟,但在同一时刻只允许一个设备作为主机。并且主设备通过 UCxSTE 引脚来控制外部从设备的接收和发送数据。

SPI 通过 3 或 4 个信号的完成数据的通信如下。

(1) UCxMOSI 主设备数据输出,从设备数据输入。

(2) UCxMISO 主设备数据输入,从设备数据输出。

(3) UCxCLK 时钟信号,由主设备产生。

(4) UCxSTE 从器件使能信号,由主器件控制,有的 IC 会标注为 CS(Chip Select)。该信号只在 4-Pin 的模式下使用,允许在同一条总线上有多个主设备。其具体操作如表 7-25 所示。

表 7-25 UCxSTE 的操作模式

UCMODEx	UCxSTE 有效状态	UCxSTE	从设备	主设备
01	高	0	无效	有效
		1	有效	无效
10	低	0	有效	无效
		1	无效	有效

如果主设备处于无效状态下,有数据写入发送寄存器 UCxTXBUF 中,一旦主设备有效,则该数据被发送出去;而当主设备由有效转入无效时,正在发送的数据将被忽略;要想发送该数据,则需在主设备由无效转入有效时,重新将数据写入发送寄存器 UCxTXBUF 中。

SPI 是全双工的,即主设备在发送的同时也在接收数据,传送的速率由主设备编程决定。主设备提供时钟 UCxCLK 与数据,从设备利用这一时钟接收数据,或在这一时钟下送出数据。主设备可在任何时候初始化发送并控制时钟,时钟的极性和相位也是可以选择的,具体的约定由设计人员根据总线上各设备接口的功能决定。

1. 主机模式

当 UCxCTL0 的 UCMST=1 时,该设备工作于主机模式。图 7.14 所示的是一个主设备与另一个 SPI 从设备的连接。

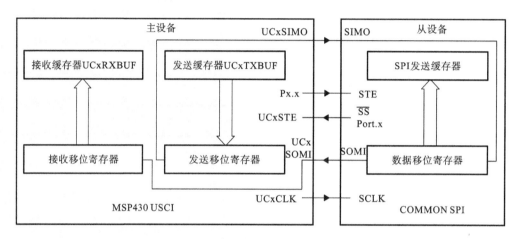

图 7.14 SPI 主设备与外部从设备的连接图

其工作原理为 SPI 主设备待发送的数据先移入发送数据寄存器 UCxTXBUF 中,当发送移位寄存器为空时,再将 UCxTXBUF 的数据移入发送移位寄存器中,最后数据通过 UCxSIMO 信号线按照 UCxCTL0 的 UCMSB 字段设定的低位优先或是高位优先的顺序发送出去。SPI 主设备接收数据时,在时钟 UCxCLK 的上升沿时刻,将 UCxSOMI 信号线的数据依次移入接收移位寄存器中。接收完一个字符时,将接收移位寄存器中的数据存入接收数据寄存器中,同时获得一个中断标志 UCxRXIFG 被置位,表明一次数据的发送与接收完成。而发送中断标志 UCxTXIFG 被置位,仅说明 UCxTXBUF 的数据已移入发送移位寄存器,UCxTXBUF 准备接收新的数据,而不能说明一次数据的发送与接收已完成。

实例 7.5 SPI 应用

任务要求:使用 MSP430F249 和 74164 完成对共阴极 7 段数码管的译码显示。

分析:74164 是时钟上升沿触发的 8 位串口输入并口输出移位寄存器,其真值表如表 7-26 所示,只需用两根线与 MCU 相连,就可实现对数码管的译码,从而大大节省了 MCU 和外部器件间的连接管脚。

表 7-26   真值表

输　入　端				输　出　端			
Reset(9 脚)	CLK(8)	串行输入端		QA(3)	QB(4)	…	QH(13)
		A(1)	B(2)				
L	X	X	X	L	L	…	L
H	下降沿	X	X	保持不变			
H	上升沿	L	X	L	QAn	…	QGn
H	上升沿	X	L	L	QAn	…	QGn
H	上升沿	H	H	H	QAn	…	QGn

1）硬件电路设计

硬件电路设计如图 7.15 所示。

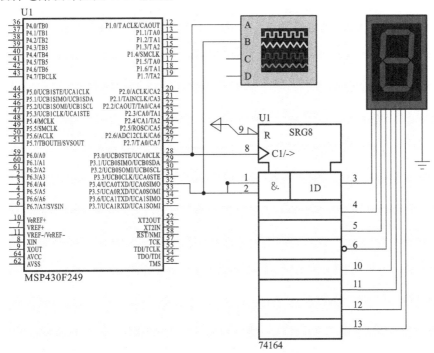

图 7.15   实例 7.5 硬件电路设计图

2）程序设计

```c
#include <msp430f249.h>
const char table[]={0x3f,0x06,0x5b,0x4f,0x66,0x6d,0x7d,0x07,
                    0x7f,0x6f,0x77,0x7c,0x39,0x5e,0x79,0x71};
                    //共阴极数码管 0～F 的段选码表，按 hgfedcba 段码顺序排列
unsigned char Data;
volatile unsigned int i;
void delay(unsigned int t)              //延迟函数
{
    unsigned int i;
```

```
        while(t－－)
          for(i＝1000;i＞0;i－－);
    }
    void SendData(unsigned char Data)              //发送码表函数
    {
        while (! (IFG2 & UCA0TXIFG));
        UCA0TXBUF＝Data;
    }

    void main(void)
    {
      WDTCTL＝WDTPW＋WDTHOLD;              //关闭看门狗
      P3SEL |＝ 0x11;                        //选择 SPI 的 SCLK 和 SIMO 信号管脚
      UCA0CTL0 |＝UCMSB＋UCMST＋UCSYNC;
            //3 线 8 位最高位优先的主机模式
      UCA0CTL1 |＝ UCSSEL_2＋UCSWRST;       //时钟为 SMCLK
      UCA0BR0 |＝ 0x02;                      //对时钟 2 分频
      UCA0BR1＝0;
      UCA0MCTL＝0;
      UCA0CTL1 &＝ ～UCSWRST;               //完成 SPI 的初始化
      P1DIR＝0x01;
      P1SEL＝0;
      Data＝0xff;                           //加载的初始信号下标
      while(1)                              //0～F 循环发送
      {
        Data＋＋;                           //下标递增
        SendData(table[Data%16]);          //码表只有 16 个数据所以求余
        delay (100);                        //延迟
      }
    }
```

3) 仿真结果与分析

双击 MSP430F249 单片机,装载可执行文件 Debug\Exe\ex7_5.hex,设置仿真参数 SMCLK＝1 MHz。如果未设定,则仿真无结果或结果不对。仿真结果为数码管上循环显示 0～F。示波器上的波形第 1 道为 SPI 的时钟信号,第 2 道为发送数据信号。仿真结果如图 7.16 所示。

2. 从机模式

当 UCxCTL0 的 UCMST＝0 时,该设备工作于从机模式。图 7.17 所示的是一个主设备与另一个 SPI 从设备的连接。

在从机模式下,外部主设备提供的 UCxCLK 信号作为从设备的 SPI 时钟,该时钟决定从设备的 SPI 数据传输率。从 UCxTXBUF 寄存器写入发送移位寄存器的数据在 UCxCLK 时钟到来之前,依次从 UCxSOMI 信号线上发送出去。UCxSIMO 信号线上接收的数据写入接收移位寄存器中,当达到数据格式的位数(7 位或 8 位)时,在 UCxCLK 时钟的上升沿时刻将其写入 UCxRXBUF 寄存器中,同时读取中断标志为 UCxRXIFG 被置位,表明接收到一组数据。

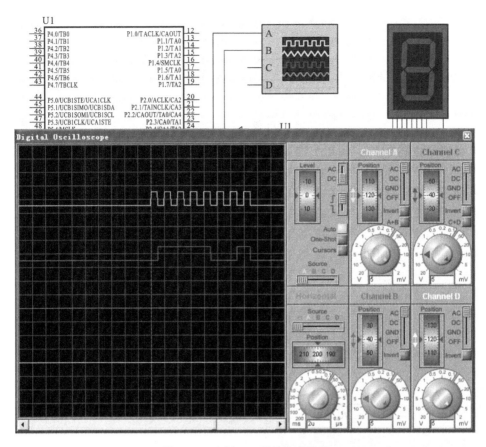

图 7.16 实例 7.5 硬件仿真结果

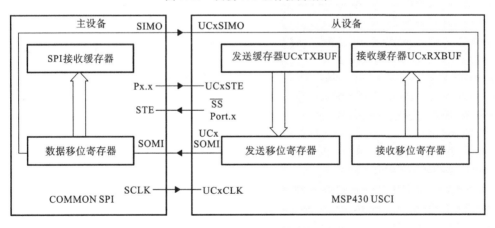

图 7.17 从机模式工作状态连接图

7.3.3 串行时钟的控制

主设备的 SPI 总线的 UCxCLK 信号即为串行时钟。当 UCMST＝1 时工作于主机模式,该时钟信号通过时钟生成器送达 UCxCLK 对应的管脚。时钟生成器的输入时钟由控制寄存器 UCAxCTL0 的 UCSSELx 来选择。当 UCMST＝0 时工作于从机模式,USCI 的时钟由主设备的 UCxCLK 信号提供,而与本设备的内部时钟无关。SPI 模式下的时钟生成器如图 7.18 所示。

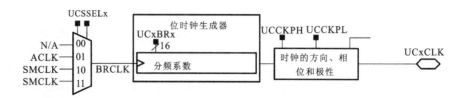

图 7.18　SPI 模式下的时钟生成器

位码率控制寄存器 UCxxBR1 和 UCxxBR0 的 16 位 UBCRx 的值由 USCI 时钟源 BRCLK 分频实现。在主机模式下,最大的数据流时钟即为 BRCLK。在 SPI 模式下不使用调制码段,如果是在 USCI_A 下使用 SPI 模式,则 UCAxMCTL 须清零。

UCAxCLK/UCBxCLK 的 SPI 传输速率 $f_{\text{BitClock}} = f_{\text{BRCLK}}/\text{UCBRx}$。

UCxCLK 时钟的极性和相位由 UCAxCTL0 控制寄存器的 UCCKPL 和 UCCKPH 的组合值来控制。SPI 主机模式下的时序如图 7.19 所示。

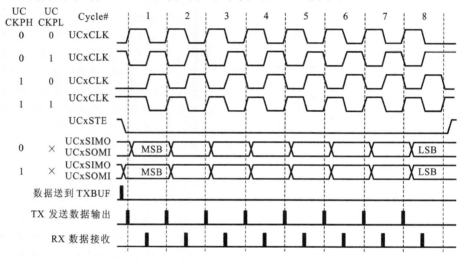

图 7.19　SPI 主机模式下的时序图

7.3.4　SPI 的中断

SPI 模式下,只有两个中断矢量,即发送中断矢量和接收中断矢量。

1）发送中断操作

当 UCxTXBUF 发送寄存器准备接收新的数据,发送中断标志位 UCxTXIFG 将会被置位,发生一次中断请求。当 UCxTXIE 和 GIE 均被置位时,也表示一次中断发生。当有新数据写入到 UCxTXBUF 发送寄存器时,发送中断标志位 UCxTXIFG 被自动清零。经过一个 PUC 或 UCSWRST=1 时,UCxTXIFG 被置位,UCxTXIE 被复位。

2）接收中断操作

接收完一个新的数据且移入 UCxRXBUF 接收寄存器时,接收中断标志位 UCxRXIFG 将会被置位,发生一次中断请求。当 UCxRXIE 和 GIE 均被置位时,也表示一次中断发生。当从 UCxRXBUF 寄存器读出数据时,UCxRXIFG 被自动清零。经过一个 PUC 或 UCSWRST=1 时,UCxRXIFG 被置位,UCxRXIE 被复位。

3）中断的使用

USCI_Ax 和 USCI_Bx 共用相同的中断矢量。接收中断矢量 UCAxRXIFG 和 UCBxRXIFG 被映射为同一个中断矢量,发送中断矢量 UCAxTXIFG 和 UCBxTX-IFG 被映射为同一个中断矢量。因此,在同一个 MSP430F249 系统上同时使用 USCI_Ax 和 USCI_Bx 时要注意其中断的应用。

实例 7.6 SPI 模式 AD 电压采集

任务要求:使用 8 位串行 ADC 芯片 TLC549 实现对外部电压的采集,将其值在 LCD 上显示。

分析:TLC549 是 TI 公司生产的一种低价位、高性能的 8 位 A/D 转换器,它以 8 位开关电容逐次逼近的方法实现 A/D 转换,其转换速度小于 17 μs,最大转换速率为 40000 Hz,4 MHz 典型内部系统时钟,电源为 3~6 V。它能方便地采用 3 线串行接口方式与各种微处理器连接,构成各种测控应用系统。

该系统只需一个主机,且 TLC549 与控制 MCU 之间仅需使能端 CS、时钟端 CLK 和数据输出端 DATA 3 根线相连。因此,可以选用 MSP430F249 的 SPI 通信模式,选用 3 线制对其进行控制即可。

1）硬件电路设计

其硬件电路连接如图 7.20 所示。TLC549 的参考电压为 2.048 V,在实际应用中可由稳压芯片产生。TLC549 的 SDO 数据输出端接 MSP430F249 的 P3.2 脚 (UCB0SOMI),CS 接 P3.0 脚(UCB0STE),SCLK 接 P3.3 脚(UCB0CLK)。将 P2 端

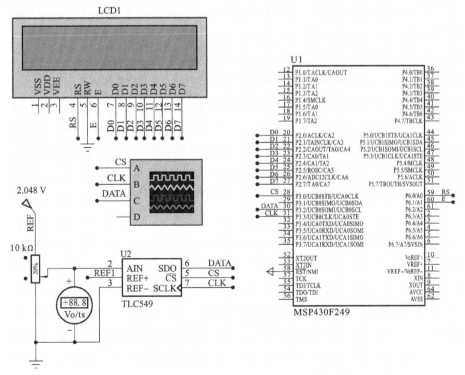

图 7.20 实例 7.6 硬件电路设计图

口作为 LCD 的数据接口, P6.1 和 P6.2 作为 LCD 的控制接口。

2) 程序设计

```
# include "msp430f249. h"
# include "lcd. h"
# include "stdio. h"
const char table1[]="Volt:";
long data1;
unsigned int   data,num;
char s[10];
void main(void)
{
  WDTCTL=WDTPW+WDTHOLD;        //关闭看门狗
  P2DIR |=0xff;                //LCD 的数据输入
  P6DIR=0x03;                  //LCD 的使能和控制信号
  P3SEL |= 0x0c;               //P3.3,P3.2 SPI 的时钟和数据输入
  P3DIR |= 0x01;               //P3.0 作为输出,控制 TLC549 的 CS
  UCB0CTL0 |= UCMSB+UCMST+UCSYNC;
          //将 USCI_B0 配置为 3 线,最高位优先 8 位数据的 SPI 模式
  UCB0CTL1 |= UCSSEL_2;        //时钟为 SMCLK
  UCB0BR0=0x0F;                // f_BITCLK = f_SMCLK /15
  UCB0BR1=0;
  UCB0CTL1 &= ~UCSWRST;        //取消复位
  lcdinit();                   //LCD 显示的初始化
  write_com(0x80);             //显示第一行字
    for(num=0;num<5;num++)
      write_data(table1[num]);
    while(1)
    {
      P3OUT &= ~0x01;          //CS 信号置低,允许 TLC549 工作
      UCB0TXBUF=0x00;          //发送一个初始数据
      while (! (IFG2 & UCB0RXIFG));  //判断是否就收数据完毕
      data=UCB0RXBUF;          //将接收的数据读出
      P3OUT |= 0x01;           //CS 信号置高,不允许 TLC549 工作
      data1=(long)data * 2048/255;
                     //因 TLC549 的参考电压为 2.048V,将接收的数据转换毫伏值,
      sprintf(s,"%8dmV",data1);      //sprintf 使用见 IARC 标准库函数参考手册
          //将长整型 data1 数据转化为 8 位长度的字符串类型并存于 S 字符串数组中
          write_com(0x80+0x40);      //第二行显示电压值
            for(num=0;num<10;num++)
              write_data(s[num]);
    }
}
```

Lcd. c 文件

```
#include<msp430f249. h>
# define lcdrs_0 P6OUT&=~BIT0;     //P6.0=0 命令
# define lcdrs_1 P6OUT|=BIT0;      //P6.0=1 数据
# define lcden_0 P6OUT&=~BIT1;     //P6.1=0 关闭 LCD 使能
# define lcden_1 P6OUT|=BIT1;      //P6.1=1 打开 LCD 使能

void delay(unsigned int z)
```

```
    {
      unsigned int i,j;
      for(i=z;i>0;i--)
      for(j=110;j>0;j--);
    }
    void write_com(char com)               //写指令函数
    {
      lcdrs_0;                             //LCD 选择输入命令
      P2OUT=com;                           //向 P2 端口输入命令
      delay(5);                            //延时
      lcden_1;                             //打开 LCD 使能
      delay(5);                            //延时
      lcden_0;                             //关闭 LCD 使能
    }
    void write_data(char dataout)
    {
      lcdrs_1;                             //设置为输入数据
      P2OUT=dataout;                       //将数据赋给 P2 端口
      delay(5);                            //延时
      lcden_1;                             //打开 LCD 使能
      delay(5);                            //延时
      lcden_0;                             //关闭 LCD 使能
    }
    void lcdinit()
    {
      lcden_0;
      write_com(0x38);                     //设置 16×2 显示 5×7 点阵,8 位数据接口
      write_com(0x0c);                     //设置开始显示 不显示光标
      write_com(0x06);                     //写一个字符后地址指针加 1
      write_com(0x01);                     //显示清零,数据指针清零
    }
  Lcd. h 头文件
    extern void delay(unsigned int z);
    extern void write_com(char com);
    extern void write_data(char dataout);
    extern void lcdinit();
```

3) 仿真结果与分析

双击 MSP430F249 单片机,装载可执行文件 Debug\Exe\ex7_6. hex,设置仿真参数 SMCLK=1 MHz。如果未设定,则仿真无结果或结果不对。仿真结果是将电位器上的电压值采集后显示在 LCD 液晶屏上。示波器上的波形第 1 道显示的 TLC549 的 CS 信号,由于其上升时间太短未显示出其复位的波形;第 2 道为 SPI 的时钟信号,第 3 道为接收数据信号。图 7.21 所示为 TLC549 采集的电压为 0.41 V,其在 LCD 上显示的转换结果为 409 mV。

7.3.5 SPI 模式下的寄存器

USCI_A 和 USCI_B 模块均可工作于 SPI 模式,与二者相关的各种寄存器如表 7-27 和表 7-28 所示。

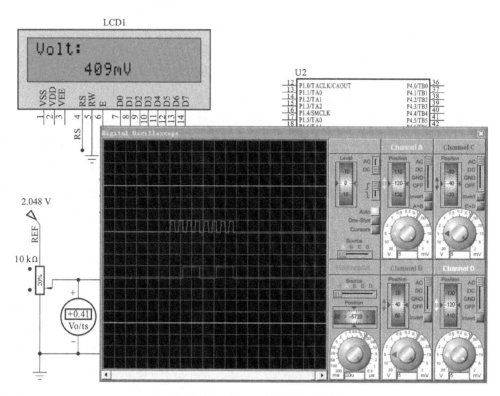

图 7.21 实例 7.6 硬件仿真结果图

表 7-27 USCI_A0 和 USCI_B0 在 SPI 模式下的控制和状态寄存器

地址	寄存器标志	操作	寄存器说明
060h	UCA0CTL0	R/W	UCA0 控制寄存器 0
061h	UCA0CTL1	R/W	UCA0 控制寄存器 1
062h	UCA0BR0	R/W	UCA0 波特率控制寄存器 0
063h	UCA0BR1	R/W	UCA0 波特率控制寄存器 1
064h	UCA0MCTL	R/W	UCA0 调制控制寄存器
065h	UCA0STAT	R/W	UCA0 状态寄存器
066h	UCA0RXBUF	R	UCA0 接收数据寄存器
067h	UCA0TXBUF	R/W	UCA0 发送数据寄存器
068h	UCB0CTL0	R/W	UCB0 控制寄存器 0
069h	UCB0CTL1	R/W	UCB0 控制寄存器 1
06Ah	UCB0BR0	R/W	UCB0 波特率控制寄存器 0
06Bh	UCB0BR1	R/W	UCB0 波特率控制寄存器 1
06Dh	UCB0STAT	R/W	UCB0 状态寄存器
06Eh	UCB0RXBUF	R	UCB0 接收数据寄存器
06Fh	UCB0TXBUF	R/W	UCB0 发送数据寄存器
001h	IE2	R/W	中断使能寄存器 2
003h	IFG2	R/W	中断标志寄存器 2

表 7-28   USCI_A1 和 USCI_B1 在 SPI 模式下的控制和状态寄存器

地址	寄存器标志	操作	寄存器说明
0D0h	UCA1CTL0	R/W	UCA1 控制寄存器 0
0D1h	UCA1CTL1	R/W	UCA1 控制寄存器 1
0D2h	UCA1BR0	R/W	UCA1 波特率控制寄存器 0
0D3h	UCA1BR1	R/W	UCA1 波特率控制寄存器 1
0D4h	UCA1MCTL	R/W	UCA1 调制控制寄存器
0D5h	UCA1STAT	R/W	UCA1 状态寄存器
0D6h	UCA1RXBUF	R	UCA1 接收数据寄存器
0D7h	UCA1TXBUF	R/W	UCA1 发送数据寄存器
0D8h	UCB1CTL0	R/W	UCB1 控制寄存器 0
0D9h	UCB1CTL1	R/W	UCB1 控制寄存器 1
0DAh	UCB1BR0	R/W	UCB1 波特率控制寄存器 0
0DBh	UCB1BR1	R/W	UCB1 波特率控制寄存器 1
0DDh	UCB1STAT	R/W	UCB1 状态寄存器
0DEh	UCB1RXBUF	R	UCB1 接收数据寄存器
0DFh	UCB1TXBUF	R/W	UCB1 发送数据寄存器
006h	UC1IE	R/W	中断使能寄存器
007h	UC1IFG	R/W	中断标志寄存器

（1）控制寄存器。

USCI_Ax/USCI_Bx 控制寄存器 0（UCAxCTL0/ UCBxCTL0）如表 7-29 所示。

表 7-29   USCI_Ax/USCI_Bx 控制寄存器

7	6	5	4	3	2	1	0
UCCKPH	UCCKPL	UCMSB	UC7BIT	UCMST	UCMODEx		UCSYNC＝1

UCCKPH   时钟相位选择。置 0b 时为在第一个 UCLK 时钟的数据交换，下降沿数据捕获；置 1b 时为在第一个 UCLK 时钟的数据捕获，下降沿数据交换。

UCCKPL   时钟极性选择。置 0b 时为低电平无效；置 1b 时为高电平无效。

UCMSB   最高优先选择位，用于控制发送和接收移位寄存器的方向。置 0b 时为最低位优先；置 1b 时为最高位优先。

UC7BIT   字符长度。置 0b 时为 8 位数据；置 1b 时为 7 位数据。

UCMST   主从模式选择。置 0b 时为从机模式；置 1b 时为主机模式。

UCMODEx   USCI 模式选择位，在 UCSYNC＝1 时，控制同步通信模式。置 00b 时为 3 线 SPI 模式；置 01b 时为 STE 高有效的 4 线 SPI 模式；置 10b 时为 STE 低有效的 4 线 SPI 模式；置 11b 时为 I2C 通信模式。

UCSYNC   同步使能。置 0b 时为异步模式；置 1b 时为同步模式。

USCI_Ax/USCI_Bx 控制寄存器 1（UCAxCTL1/ UCBxCTL1）如表 7-30 所示。

表 7-30   USCI_Ax/USCI_Bx 控制寄存器 1

7	6	5	4	3	2	1	0
UCSSELx							UCSWRST

UCSSELx　USCI 时钟选择,决定 BRCLK 的时钟源。置 00b 时为外部时钟;置 01b 时为辅助时钟(ACLK);置 10b 和置 11b 时为子系统时钟(SMCLK)。

UCSWRST　软件复位使能。置 0b 时为禁止,正常操作;置 1b 时为使能,保持复位状态。

(2) 波特率控制寄存器。

USCI_Ax/USCI_Bx 波特率控制寄存器 0(UCAxBR0/ UCBxBR0)如表 7-31 所示。

表 7-31　USCI_Ax/USCI_Bx 波特率控制寄存器 0

7	6	5	4	3	2	1	0
UCBRx							

USCI_Ax/USCI_Bx 波特率控制寄存器 1(UCAxBR1/ UCBxBR1)如表 7-32 所示。

表 7-32　USCI_Ax/USCI_Bx 波特率控制寄存器 1

7	6	5	4	3	2	1	0
UCBRx							

这两个寄存器的值,都只有在 UCSWRST=1b 时,才可以更改。这两个寄存器用于存放波特率的时钟预置定时器的值。其中 UCAxBR0 为低字节,UCAxBR1 为高字节。

(3) 状态寄存器。

USCI_Ax/USCI_Bx 状态寄存器(UCAxSTAT/ UCBxSTAT)如表 7-33 所示。

表 7-33　USCI_Ax/USCI_Bx 状态寄存器

7	6	5	4	3	2	1	0
UCLISTEN	UCFE	UCOE					UCBUSY

UCLISTEN　侦听使能。置 0b 时为禁止;置 1b 时为使能,发送的数据反馈到接收器。

UCFE　帧错误标志位。该位在 4 线串行通信的主模式下表示总线冲突,在 3 线制主模式或其他从模式下无效。置 0b 时为无冲突;置 1b 时为总线冲突发生。

UCOE　溢出错误标志。当一个字符被传输到 UCxRXBUF 之前的一个字符被读取时该位被置位,UCxRXBUF 被读取后 UCOE 自动清除。注意不能用软件清零,否则不正常工作。置 0b 时为无溢出;置 1b 时为溢出发生。

UCBUSY　忙闲标志位。置 0b 时为闲;置 1b 时为忙,表示正在发送或接收数据。

(4) 接收/发送数据寄存器。

USCI_Ax/USCI_Bx 接收数据寄存器(UCAxRXBUF/ UCBxRXBUF)如表 7-34 所示。

表 7-34　USCI_Ax/USCI_Bx 接收数据寄存器

7	6	5	4	3	2	1	0
UCRXBUFx							

接收缓存存放从接收移位寄存器最后接收的字符。如果传输 7 位数据,接收缓存的内容右对齐,最高位为 0。

USCI_Ax/USCI_Bx 发送数据寄存器(UCAxTXBUF/ UCBxTXBUF)如表 7-35 所示。

表 7-35　USCI_Ax/USCI_Bx 发送数据寄存器

7	6	5	4	3	2	1	0
			UCRTXBUFx				

发送缓存内容可以传送至发送移位寄存器,然后由 UCRTXBUFx 传输。对发送缓存进行写操作,可以复位 UTXIFGx。如果传输 7 位数据,发送缓存内容最高位为 0。

(5) 中断使能/标志寄存器。

中断使能寄存器 2(IE2)如表 7-36 所示。

表 7-36　中断使能寄存器 2

7	6	5	4	3	2	1	0
				UCB0TXIE	UCB0RXIE	UCA0TXIE	UCA0RXIE

UCB0TXIE　USCI_B0 发送中断使能。置 0b 时为中断禁止;置 1b 时为中断使能。

UCB0RXIE　USCI_B0 接收中断使能。置 0b 时为中断禁止;置 1b 时为中断使能。

UCA0TXIE　USCI_A0 发送中断使能。置 0b 时为中断禁止;置 1b 时为中断使能。

UCA0RXIE　USCI_A0 接收中断使能。置 0b 时为中断禁止;置 1b 时为中断使能。

中断标志寄存器 2(IFG2)如表 7-37 所示。

表 7-37　中断标志寄存器 2

7	6	5	4	3	2	1	0
				UCB0TXIFG	UCB0RXIFG	UCA0TXIFG	UCA0RXIFG

UCB0TXIFG　USCI_B0 发送中断标志。置 0b 时为无中断;置 1b 时为中断发生。

UC B0RXIFG　USCI_B0 接收中断标志。置 0b 时为无中断;置 1b 时为中断发生。

UC A0TXIFG　USCI_A0 发送中断标志。置 0b 时为无中断;置 1b 时为中断发生。

UC A0RXIFG　USCI_ A0 接收中断标志。置 0b 时为无中断;置 1b 时为中断发生。

USCI_A1/ USCI_B1 中断使能寄存器(UC1IE)如表 7-38 所示。

表 7-38　USCI_A1/ USCI_B1 中断使能寄存器

7	6	5	4	3	2	1	0
				UCB1TXIE	UCB1RXIE	UCA1TXIE	UCA1RXIE

UCB1TXIE　USCI_B1 发送中断使能。置 0b 时为中断禁止;置 1b 时为中断使能。

UCB1RXIE　USCI_B1 接收中断使能。置 0b 时为中断禁止;置 1b 时为中断使能。

UCA1TXIE　USCI_A1 发送中断使能。置 0b 时为中断禁止;置 1b 时为中断使能。

UCA1RXIE　USCI_A1 接收中断使能。置 0b 时为中断禁止;置 1b 时为中断使能。

USCI_A1/ USCI_B1 中断标志寄存器(UC1IFG)如表 7-39 所示。

表 7-39　USCI_A1/ USCI_B1 中断标志寄存器

7	6	5	4	3	2	1	0
				UCB1TXIFG	UCB1RXIFG	UCA1TXIFG	UCA1RXIFG

UCB1TXIFG　USCI_B1 发送中断标志位。当 UCA1TXBUF 为空时,UCA1TXIFG=1。置 0b 时为中断禁止;置 1b 时为中断使能。

UCB1RXIFG　USCI_B1 接收中断标志位。当 UCA1RXBUF 收到一个完整字符时,UCA1RXIFG=1。置 0b 时为中断禁止;置 1b 时为中断使能。

UCA1TXIFG　USCI_A1 发送中断标志位。当 UCA1TXBUF 为空时,UCA1TXIFG=1。置 0b 时为中断禁止;置 1b 时为中断使能。

UCA1RXIFG　USCI_A1 接收中断标志位。当 UCA1RXBUF 收到一个完整字符时,UCA1RXIFG=1。置 0b 时为中断禁止;置 1b 时为中断使能。

7.4　MSP430F249 的 I2C 通信模式

I2C(Inter－Integrated Circuit)总线是由 Philps 公司开发的两线式串行总线,用于连接微控制器及其外围设备,是微电子通信控制领域广泛采用的一种总线标准。它是同步通信的一种特殊形式,具有接口线少,控制方式简单,器件封装形式小,通信速率较高等优点。只需要将串行数据(SDA)和串行时钟 (SCL)线连接到总线上,就能实现器件间传递信息。

支持 I2C 的设备有微控制器,A/D、D/A 转换器,存储器,LCD 控制器,I/O 端口扩展器以及实时时钟等。

I2C 器件能够减少电路间连线,减少电路板尺寸,降低硬件成本,并提高系统可靠性。

7.4.1　MSP430 I2C 通信模式概述

在 I2C 模式下,USCI 模块为 MSP430 单片机提供一个与外部 I2C 器件连接的 2

线 I2C 串行总线,实现二者之间的数据通信。在互连的系统中,每个设备都有自己唯一的地址,可以作为发送设备、接收设备,或同时具有发送和接收功能(如存储器)。根据设备是否必须启动数据传输还是仅仅被寻址的情况,来决定发送设备或接收设备是工作于主机模式还是从机模式。

图 7-22 所示的为 MSP430 与外部 I2C 设备的典型连接框图。

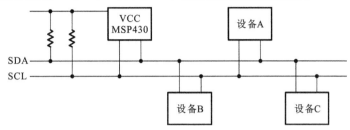

图 7.22　MSP430 与外部 I2C 设备的典型连接框图

通常的 I2C 总线包括 SCL——双向串行时钟线和 SDA——双向传输的串行数据线。

由于 SDA 与 SCL 为双向 I/O 线,都是集电极开路(输出 1 时,为高阻状态),因此 I2C 总线上的所有设备的 SDA 和 SCL 引脚都要外接上拉电阻。但要注意,MSP430 的 SDA 和 SCL 管脚的电压不允许拉高超过 MSP430 的 VCC 电压。

MSP430 的 I2C 模式具有以下特性:

(1) 与 Philips 公司发布的 I2C 规范的 V2.1 版本兼容,包括:

- 7 位和 10 位的设备寻址方式;
- 广播模式;
- 开始/重新开始/停止;
- 多主设备收发模式;
- 从设备收发模式;
- 支持高达 100 kbps 的标准方式和高达 400 kbps 的高速方式。

(2) 在主设备模式中,UCxCLK 频率可编程。

(3) 低功耗设计。

(4) 从设备根据检测到的开始信号将 MSP430 从 LPMx 模式唤醒。

(5) 在 DM4 模式可以进行从机操作。

在 MSP430 的 I2C 通信模式下,USCI 模块配置的内部硬件如图 7.23 所示。

7.4.2　MSP430 I2C 通信的原理

1) USCI 模块的初始化与复位设置

通过一个 PUC 或置位 UCSWRST,可以使 USCI 复位。在一个 PUC 信号后,UCSWRST 位自动置 **1**,其间 USCI 保持在复位状态。通过将控制寄存器 UCBx-CTL0 的 UCMODEx 位配置为 **11**b,选择工作于 I2C 模式。将 UCSWRST 复位,使 I2C 处于正常的操作模式。

(1) 为了避免不可预测的行为,当对 UCSWRST 置 **1** 时应该对 USCI 进行设置或者重新设置。在 I2C 模式下对 UCSWRST 置位,有如下影响:

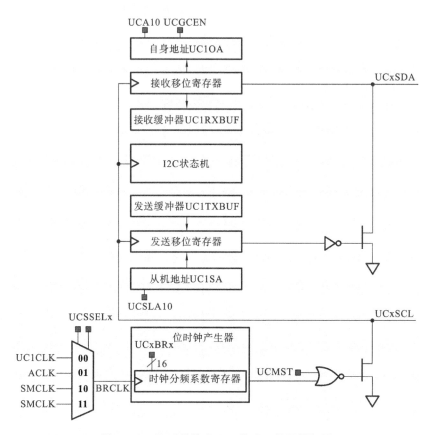

图 7.23 USCI 模块在 I2C 模式下的配置框图

① I2C 通信停止；

② SDA 和 SCL 处于高阻态；

③ 寄存器 UCBxI2CSTAT 的 0～6 位清 0；

④ 发送中断 UCBxTXIE 和接收中断 UCBxRXIE 清 0；

⑤ 发送中断标志 UCBxTXIFG 和接收中断标志 UCBxRXIFG 清 0；

⑥ 其余位和寄存器保持不变。

（2）USCI 初始化/重设置的推荐步骤如下：

① UCSWRST 位置 1；

② 在 UCSWRST＝1 时初始化所有的 USCI 寄存器；

③ 配置端口；

④ 通过软件使 UCSWRST 位清 0；

⑤ 通过使能 UCxRIE 或 UCxTXIE 或者两者皆有,使能中断。

2）I2C 的串行数据格式

I2C 的主机为传输的每一位数据产生一个时钟,传输的数据以字节为单位。数据传输的时序如图 7.24 所示。

传输的第一个字节由 7 位从设备地址码和 1 位读写标志 R/W 组成,R/W＝0,表示主设备发送数据给从设备;R/W＝1,表示主设备接收数据。其后的字节均为 8 位数据。每次传输完一个字节数据后,从设备都会向主设备发送一个应答脉冲 ACK 给主设备。

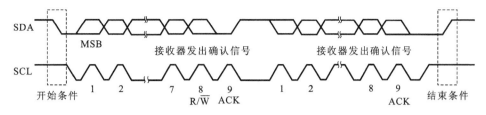

图 7.24   I2C 的数据传输时序

图 7.25 中的 START 和 STOP 信号均由主设备产生。START 信号在 SDA 线上是电平从高变到低,同时 SCL 线上保持高电平;STOP 信号在 SDA 线上是电平从低变到高,同时 SCL 线上保持高电平。SDA 线上的数据位必须在一个 SCL 时钟的高电平期间保持稳定,且只有在 SCL 信号为低电平时发生反转;否则,就会产生一个 START 或 STOP 信号。

3)I2C 的地址模式

I2C 支持 7 位地址和 10 位地址两种模式,即 I2C 总线上可以连接的设备最多可达 128 个和 1024 个。

7 位地址模式的数据格式如图 7.25 所示。

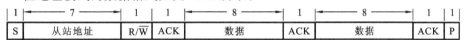

图 7.25   7 位地址模式的数据格式

10 位地址模式的数据格式如图 7.26 所示。

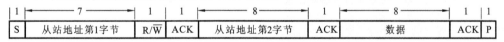

图 7.26   10 位地址模式的数据格式

要注意的是,10 位地址模式下的第 1 个字节由二进制位 11110 和从地址的最高两位以及读/写控制位 R/W 组成,第 2 个字节就是从地址的低 8 位。

7.4.3   MSP430 I2C 通信的模式

I2C 模块的传送模式为主机/从机模式,对系统中的某一器件来说有 4 种可能的工作方式,即主发送方式、从发送方式、主接收方式以及从接收方式。

1. 从机模式

当控制寄存器的 UCMODEx＝11b,UCSYNC＝1b,UCMST＝0b 时,USCI 模块工作于 I2C 模式的从机模式下。

初始化 USCI 模块时,必须 UCTR＝0b,将 I2C 设备配置为接收端,使其可以接收 I2C 地址。之后,根据收到的从设备地址和 R/W 位来决定后面的发送/接收操作。

I2C 从设备地址是通过设定 UCBxI2COA 寄存器来确定的。当寄存器的 UCA10＝0b,为 7 位地址模式;UCA10＝1b,为 10 位地址模式。如果需要响应广播,可以将 UCGCEN 位置 1。

当从 I2C 总线上识别到一个 START 信号时,从设备将收到的地址与存储于 UCBxI2COA 寄存器的本机地址相比较,如果地址相同,则 UCSTTIFG 中断标志位被置 1,表示主设备与本设备建立通信。

1) 12C 从发送模式

当从设备发现主设备发送的从地址与本地地址匹配,并且 R/W 位为 **1** 时,该设备进入从发送模式。从发送端根据主设备产生的时钟脉冲向 SDA 总线发送串行数据位。虽然从设备不产生时钟信号,但是当一个字节发送完毕,需要 CPU 干预将 SCL 信号拉低。

如果主设备向从设备请求数据,则从设备的 USCI 模块会自动地设置为发送端,同时 UCTR 位和 UCBxTXIFG 位置 1。SCL 线在第一个数据写进发送寄存器 UCBxTXBUF 开始发送之前保持低电平。当地址被响应之后,UCSTTIFG 标志位清除,然后开始传输数据。一旦数据转移到移位寄存器之后,UCBxTXIFG 位将重新置 **1**。当一个数据被主设备接收响应之后,写进 UCBxTXBUF 寄存器的下一个数据开始传输;或者这时候发送寄存器还处于空的状态,这种情况下,SCL 线会保持低电平将应答周期延迟,直到新的数据被写进 UCBxTXBUF 寄存器。如果主设备发送一个 NACK 应答信号后面是停止条件,则 UCSTTIFG 标志位置 1。如果 NACK 应答信号后面是重新起始条件,则 USCI 的 I2C 状态重新回到地址接收状态。

2) I2C 从接收模式

当检测到主设备发送的从地址和本地地址匹配,并且 R/W 位为 **0** 时,该设备进入从接收模式。在从接收模式中,设备每产生一个时钟脉冲,SDA 总线上就能接收到串行数据位。从设备不产生时钟脉冲,但是当接收到一个字节后,需要 CPU 干预将 SCL 信号拉低。

如果已经接收的数据在接收结束时没有被从 UCBxRXBUF 读走,总线会通过保持 SCL 信号为低电平将总线延时。在 UCBxRXBUF 接收到的新数据被读取的时候,一个应答信号会发送给主设备,这时就可以开始接收下一个数据了。

在下一个应答周期中,设置 UCTXNACK 位会产生一个应答信号发送给主设备。即使 UCBxRXBUF 还没有准备接收最新的数据,NACK 信号也会发送。如果 SCL 信号保持低电平时 UCTXNACK 位被置 1,那么总线将会释放。一个 NACK 信号将马上被发送,同时 UCBxRXBUF 将会装载最后接收到的数据。由于先前的数据还没有被读取,可能会使这些数据丢失。为了避免数据的丢失,在 UCTXNACK 被置位之前,UCBxRXBUF 需要被读取。

当主设备产生一个停止条件的时候,UCSTPIFG 标志被置位。

如果主设备发送一个重复开始条件,USCI 的 I2C 状态返回到它的地址接收状态。

2. 主机模式

当控制寄存器的 UCMODEx=**11**b,UCSYNC=**1**b,UCMST=**1**b 时,USCI 模块工作于 I2C 模式的主机模式下。在一个多主设备系统中,每个主设备的地址通过设定其 UCBxI2COA 寄存器来确定。当寄存器的 UCA10=**0**b 时,为 7 位地址模式;UCA10=**1**b 时,为 10 位地址模式。

1) 12C 主发送模式

在初始化之后,主发送端模块也需要做一些初始化工作:将目标从地址写进 UCBxI2CSA 寄存器,通过 USCLA10 位选择从地址的大小,将 UCTR 置位使其工作在发送模式,将 USTXSTT 位置 1 产生一个起始条件。

USCI 模块首先检查总线是否可用,然后产生一个起始信号并发送从地址。当起始信号产生,第一个写进 UCBxTXBUF 的数据被发送后,UCBxTXIFG 置 1。一旦从设备响应发送的地址之后,USTCSTT 位将清 0。

在传输从地址的过程中,如果总线仲裁没有失效,则写进 UCBxTXBUF 的数据会被发送。当要发送的数据从缓冲区转移到移位寄存器中时,UCBxTXIFG 将再次置 1。如果在响应周期前没有数据装载进 UCBxTXBUF,SCL 总线将在应答周期中保持低电平状态,直到有数据写进 UCBxTXBUF。在数据传输或者总线占用时,UCTXSTT 和 UCTXSTP 位不会置 1。

接收到从设备发来的响应信号之后,如果将 UCTXSTP 位置 1 则会产生一个停止条件。如果在发送从设备地址,或者 USCI 模块等待数据写进 UCBxTXBUF 寄存器的过程中对 UCTXSTP 位置 1,即使没有数据被发送也会产生一个停止信号。当传输单一数据的时候,在数据传输的时候必须将 UCTXSTP 位置 1,或者在数据开始发送之后不要将新的数据写进 UCBxTXBUF 寄存器。否则,只有地址信息被传输。当要发送的数据从缓冲区转移到移位寄存器后,UCBxTXIFG 位会置 1,表示数据传输已经开始,可以将 UCTXSTP 位置 1。

将 UCTXSTT 位置 1 会产生一个起始信号。在这种情况下,UCTR 可以置 1 或清 0,从而将设备配置为发送端或者接收端。如果有需要,不同的从地址可以写进 UCBxI2CSA 寄存器。

如果从设备没有响应发送的数据,则没有响应中断标志 UCNACKIFG 位置 1。主设备必须通过一个停止信号或者一个重新起始信号来作出响应。如果已经有数据写进 UCBxTXBUF 寄存器,则该数据将被抛弃。如果这个数据需要在一个重新起始条件之后被发送,那么该数据就需要重新写进 UCBxTXBUF 寄存器。

2) I2C 主接收模式

在初始化之后,主接收端模块也需要做一些初始化工作:将目标从地址写进 UCBxI2CSA 寄存器,通过 UCSLA10 位选择从地址的大小,将 UCTR 位置 1,使其工作在接收模式,将 USTCSTT 位置 1 产生一个起始信号。

USCI 模块首先检查总线是否可用,然后产生一个起始条件和发送从地址。当从设备响应该地址之后,USTCSTT 位清 0。

从设备对地址响应,且发送的第一个数据被主设备接收并响应后,UCBxRXIFG 标志置 1。在接收从设备的数据过程中,UCTXSTP 和 UCTXSTT 不会置位。在接收数据最末位的过程中,如果主设备没有读取 UCBxRXBUF,主设备则一直占用总线,直到 UCBxRXBUF 寄存器被读取。

如果从设备没有响应发送的数据,则没有响应中断标志 UCNACKIFG 位置 1。主设备必须通过一个停止信号或者一个重新起始信号来作出响应。

UCTXSTP 位置 1 会产生一个停止信号。如果 UCTXSTP 置位,在接收完从设备发送的数据之后,将会产生一个停止信号跟随在 NACK 信号后面,或者如果 USCI 模块正在等待 UCBxRXBUF 被读取,这时停止条件会立即产生。

3. 总线仲裁

当两个或者多个主发送设备在总线上同时开始发送数据时,总线仲裁过程被启用。两个设备之间的总线仲裁过程如图 7.27 所示。仲裁过程中使用的数据就是相互竞争的设备发送到 SDA 线上的数据。第一个主发送设备产生的逻辑高电平被第二个主发送设备产生的逻辑低电平否决。在总线仲裁过程中，发送的串行数据数值最小的设备将获得总线的优先权。失去仲裁的主发送设备转变成从接收模式，并且设置仲裁失效中断标志位 UCALIFG。如果两个或者更多的设备发送的第一个字节的内容相同，则根据后面传输的数据进行仲裁。

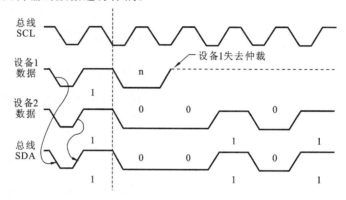

图 7.27 两个主发送设备的总线仲裁过程

7.4.4 MSP430 I2C 通信的时钟与中断

I2C 通信的时钟 SCL 由系统主设备来决定。当 USCI 模块工作于 I2C 的主机模式时，通信的位时钟 BITCLK 由 USCI 的时钟生成器和控制寄存器 0 的 UCSSELx 选择的时钟源来决定。其分频系数存放在 UCBxBRx 寄存器中。单主设备系统的最快位时钟频率 $f_{BITCLK} = f_{BRCLK}/4$；多主机系统的最快位时钟频率 $f_{BITCLK} = f_{BRCLK}/8$。其计算公式为：

$$f_{BITCLK} = f_{BRCLK}/UCBRx$$

I2C 通信模式下有两个中断向量：一个是发送和接收中断标志，一个是 4 种工作模式变换中断标志。每个中断标志对应一个中断使能位，一旦有中断发生，则 GIE 被置位，发生一个中断请求。

USCI_Ax 和 USCI_Bx 共享相同的中断矢量。USCI_Bx 的 4 个状态转换中断标志分别为 UCSTTIFG、UCSTPIFG、UCIFG、UCALIFG 和 USCI_Ax 的 UCAxRX-IFG 中断标志位映射为同一个中断矢量。USCI_Bx 的发送和接收中断标志 UCBx-TXIFG、UCBxRXIFG 和 USCI_Ax 的 UCAxTXIFG 标志位映射为另一个中断矢量。

1）发送中断

当发送数据寄存器 UCBxTXBUF 准备好接收新的数据时，其对应的发送中断标志位 UCBxTXIFG 被置位。此时，如果 UCBxTXIE 和 GIE 均处于置位状态，则产生一个发送中断请求。当新的数据写入了 UCBxTXBUF 寄存器或收到一个 NACK 应答信号，UCBxTXIFG 标志位自动复位。一个 PUC 后或 UCSWRST = 1b 时，UCBxRXIE 自动复位，UCBxRXIFG 自动置位。

2）接收中断

当接收数据寄存器 UCBxRXBUF 接收到数据时，其对应的接收中断标志位 UCBxRXIFG 被置位。此时，如果 UCBxTXIE 和 GIE 均处于置位状态，则产生一个接收中断请求。当数据从 UCBxTXBUF 寄存器读取后，UCBxRXIFG 标志位自动复位。一个 PUC 后或 UCSWRST＝**1**b 时，UCBxRXIFG 和 UCBxRXIE 自动复位。

3）状态转换中断

I2C 的状态转换中断如表 7-40 所示。

表 7-40 I2C 的状态转换中断说明

中断标志	描 述
UCALIFG	仲裁丢失。当一个系统中有两个及以上设备同时发起通信或某个正在操作的主设备被另一个主设备映射为从设备时，发生仲裁丢失中断。此时 UCALIFG 标志位被置位，UCMST 位被清零，进入从设备模式
UCAASCKIFG	无应答中断。本应收到应答信号而未收到时，该标志位被置位。一旦收到 START 信号，该标志位自动清零复位
UCSTTIFG	START 状态检测中断。在从机模式下，当检测到 START 信号和自身的地址时，该标志位被置位。UCSTTIFG 标志只在从机模式下使用，且在收到一个 STOP 信号后，自动清零复位
UCSTPIFG	STOP 状态检测中断。在从机模式下，当检测到 STOP 信号时，该标志位被置位。UCSTPIFG 标志只在从机模式下使用，且在收到一个 START 信号后，自动清零复位

实例 7.7 I2C 模式铁电存储器的读写

任务要求：实现对 AT24C64 存储器的读写操作。

分析：AT24C64 提供 64Kbit 的串行电可擦写可编程只读存储器（EEPROM），组织形式为 8Kbit×8bit 位字长。适用于许多要求低功耗和低电压操作的工业级或商业级应用。

1）硬件电路设计

硬件电路设计如图 7.28 所示。

2）程序设计

```
# include "msp430x24x. h"
# include "i2c. h"
volatile unsigned char TXData;
volatile unsigned char TXByteCtr;
unsigned char BUFF[16]={0Xfe,0Xfd,0Xfb,0Xf7,0Xef,0Xdf,0Xbf,0X7f,
                        0X01,0X02,0X04,0X08,0X10,0X20,0X40,0X80};
                                        //写入 AT24C64 的数据
const unsigned int DA=0x00d0;          //AT24C08 的设备地址
# define KEY (P1IN&BIT0)               //有键按下 KEY=0,否则 KEY=1;
void main(void)
{
WDTCTL=WDTPW+WDTHOLD; //关闭看门狗
P2DIR=0XFF;                            //读取的数据在 P2 端口的数码管上显示
P2OUT=0XFF;
P1DIR&=~BIT0;                          //P1.0 作为按键输入,每按一次键,读取一个值
Ucb0I2c_Init();                        //I2C 初始化函数,函数定义见后面的 i2c. c 文件
TXByteCtr=0x0000;
I2C_WriteNbyte(BUFF,16,0X0000,64,DA);
```

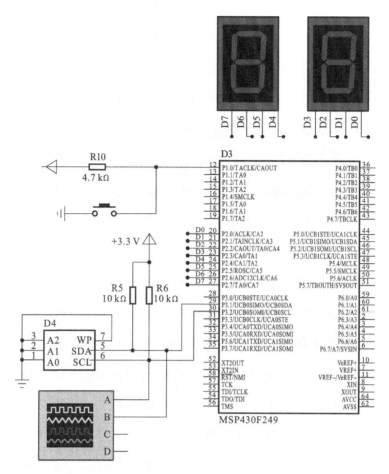

图 7.28 实例 7.7 的硬件电路图

```
//将 BUFF 里的 16 个数据从 0x0000 地址处。写入设备地址为 DA 的 AT24C64EEPROM 中。
  while (1)
  {
    if(! KEY)
    {
      while(! KEY);              //等待键释放
      P2OUT=I2C_Read1byte(TXByteCtr,64,DA);
        //从设备地址为 DA 的 AT24C64 的 TXByteCtr 地址中读取数据送入 P2 端口显示
      TXByteCtr++;               //读取数据的地址累加;作为读取下一个数据的入口
      if(TXByteCtr>15)TXByteCtr=0;   //只读取写入的 16 个数据,地址不能大于 15
    }
  }
}
i2c. h
extern void Ucb0I2c_Init(void);
extern void Ucb0I2c_Start(unsigned int deviceaddress);
extern void Ucb0I2c_Write1byte(unsigned char wdata);
extern void Ucb0I2c_WriteNbyte(unsigned char * index,unsigned int n);
extern unsigned char Ucb0I2c_Read1byte(void);
extern void I2C_Write1byte(unsigned char wdata,unsigned int dataaddress,unsigned int
EepromType,unsigned int deviceaddress);
extern void I2C_WriteNbyte(unsigned char * index,unsigned int n,unsigned int dataad-
dress,unsigned int EepromType,unsigned int deviceaddress);
```

```
extern unsigned char I2C_Read1byte(unsigned int dataaddress,unsigned int EepromType,
unsigned int deviceaddress);
extern void I2C_ReadNbyte(unsigned char * index,unsigned char n,unsigned int dataad-
dress,unsigned int EepromType,unsigned int deviceaddress);
```

i2c. c
```c
#include "msp430x24x.h"
//I2C 模式的初始化函数
void Ucb0I2c_Init(void)
{
    P3SEL |= 0x06;                    //配置 USCI_B0 的 I2C 管脚 P3.1、P3.2
    UCB0CTL1 |= UCSWRST;              //复位所有寄存器
    UCB0CTL0 |= UCMST+UCMODE_3+UCSYNC;       //I2C 主设备同步通信模式
    UCB0CTL1=UCSSEL_2+UCSWRST;                //时钟为 SMCLK,保持复位
    UCB0BR0=12;                       //I2C 通信频率 f_{SCL}=SMCLK/12=~100kHz
    UCB0BR1=0;
    UCB0I2CSA=0x00d0;                 //从设备地址为 0xd0
    UCB0CTL1 &= ~UCSWRST;             //正常操作
}
//I2C 主机模式下发送写起始条件函数
//deviceaddress:写入起始条件的从设备地址
void Ucb0I2c_Start(unsigned int deviceaddress)
{
    UCB0I2CSA=deviceaddress;          //从设备地址为 0xd0
    while (UCB0CTL1 & UCTXSTP);        //确定停止信号是否发送
    UCB0CTL1 |= UCTR+UCTXSTT;          //I2C 主设备发送一个开始信号
    while(! (IFG2&UCB0TXIFG));          //等待传送完
    IFG2 &= ~UCB0TXIFG;                //清除 USCI_B0 的发射标志位
}
//I2C 主机模式下写单字节函数
//wdata:待写入的 8 位数据
void Ucb0I2c_Write1byte(unsigned char  wdata)
{
    UCB0TXBUF=wdata;                   //将发送数据写入发送寄存器
    while(! (IFG2&UCB0TXIFG));          //等待传送完成
    IFG2 &= ~UCB0TXIFG;                //清除 USCI_B0 的发射标志位
}
            //I2C 主机模式,写多个字节函数,index 为字节首地址;n 为字节个数
void Ucb0I2c_WriteNbyte(unsigned char * index,unsigned char n)
{
    unsigned char i;
    for(i=0;i<n;i++)
    {
        Ucb0I2c_Write1byte( * index);     //一次将 n 个数据写入从设备中
        index++;
    }
}
//I2C 主机模式,读单个字节函数
unsigned char Ucb0I2c_Read1byte(void)
{
    unsigned char Rdata;
    UCB0CTL1 &= ~UCTR ;        //I2C 接收方式
    UCB0CTL1 |= UCTXSTT;       //I2C 发送一个开始信号
    while(! (IFG2&UCB0RXIFG));  //等待接收完成
    IFG2&= ~UCB0RXIFG;         //清除 USCI_B0 的接收标志位
```

```
    UCB0CTL1 |= UCTXSTP;          //I2C 主设备发送一个停止信号
    Rdata=UCB0RXBUF;              //读取接收的数据,并将其送出函数
    return Rdata ;
}
//I2C 主机模式,写单个字节函数;wdata 为数据;dataaddress 为数据在设备中地址;
//EepromType—EEPROM 的容量大小,1,2,4,8,16,32,64,128(KB)
void I2C_Write1byte(unsigned char wdata,unsigned int dataaddress,unsigned int Eeprom-
Type,unsigned int deviceaddress)
{
    Ucb0I2c_Start(deviceaddress);     //对地址为 deviceaddress 的从设备发送一个开始信号
    if(EepromType>16)                 //如果从设备的容量大于 16KB,则先写高 8 位地址
      {
            Ucb0I2c_Write1byte((unsigned char)(dataaddress>>8));
      }
    Ucb0I2c_Write1byte(dataaddress);  //写低 8 位数据地址
    Ucb0I2c_Write1byte(wdata);        //写数据
    UCB0CTL1 |= UCTXSTP;              //I2C 主设备发送一个停止信号
}
/* I2C 主机模式,写 N 个字节函数;index 为 N 个字节数据起始地址;n 为要写的字节个
数;dataaddress 为写数据到设备中的起始地址;EepromType 为 EEPROM 的容量大小,1,
2,4,8,16,32,64,128(KB) */
void I2C_WriteNbyte(unsigned char * index,unsigned char n,unsigned int dataaddress,
unsigned int EepromType,unsigned int deviceaddress)
{
    Ucb0I2c_Start(deviceaddress);
    if(EepromType>16)                 //写高 8 位数据地址,并判断是哪类存储器
      {
        Ucb0I2c_Write1byte((unsigned char)(dataaddress>>8));
      }
    Ucb0I2c_Write1byte(dataaddress);  //写低 8 位数据地址
    Ucb0I2c_WriteNbyte(index, n);
    UCB0CTL1 |= UCTXSTP;              //I2C stop condition
}
/* I2C 主机模式,读单个字节函数;dataaddress 为数据在设备中地址;EEPROM 的容量
大小,1,2,4,8,16,32,64,128(KB) */
unsigned char I2C_Read1byte(unsigned int dataaddress, unsigned int EepromType, un-
signed int deviceaddress)
{
    volatile unsigned char Rdata;
    Ucb0I2c_Start(deviceaddress);
    if(EepromType>16)                 //写高 8 位数据地址,并判断是哪类存储器
      {
        Ucb0I2c_Write1byte((unsigned char)(dataaddress>>8));
      }
    Ucb0I2c_Write1byte(dataaddress);     //写低 8 位数据地址
    Rdata=Ucb0I2c_Read1byte();
    return Rdata;
}
/* I2C 主机模式,读 N 个字节函数;index 为 N 个字节函数起始地址;n 为要写的字节个
数;dataaddress 为写数据时设备中起始地址;EEPROM 的容量大小,1,2,4,8,16,32,64,
128(KB) */
void I2C_ReadNbyte(unsigned char * index,unsigned char n,unsigned int dataaddress,
unsigned int EepromType,unsigned int deviceaddress)
```

```
{
    unsigned char i;
    Ucb0I2c_Start(deviceaddress);
    if(EepromType>16)                           //写高8位数据地址,并判断是哪类存储器
    {
        Ucb0I2c_Write1byte((unsigned char)(dataaddress>>8));
    }
    Ucb0I2c_Write1byte(dataaddress);            //写低8位数据地址
    UCB0CTL1 &= ~UCTR ;                         //I2C 接收方式
    UCB0CTL1 |= UCTXSTT;                         //I2C start condition
    for(i=0;i<n;i++)
    {
        while(!(IFG2&UCB0RXIFG));               //等待接收完成
        IFG2&=~UCB0RXIFG;
        *index=UCB0RXBUF;
        index++;
    }
    UCB0CTL1 |= UCTXSTP;                         //I2C 主设备发送一个停止信号
}
```

3) 仿真结果与分析

双击 MSP430F249 单片机,装载可执行文件 Debug\Exe\ex7_7.hex,设置仿真参数 SMCLK=8 MHz。如果未设定,则仿真无结果或结果不对。仿真结果是 MSP430 工作于主设备发送状态将 BUFF[16] 的 16 个数据先写入 AT24C64 中,然后每按动一次按键,就从 AT24C64 中读取一个数值并将其显示在数码管上,以核对读取与写入的数据是否相符,其仿真结果如图 7.29 所示。

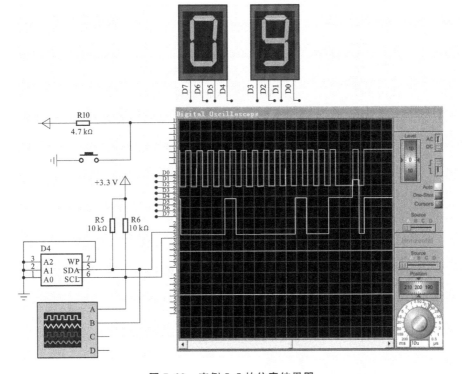

图 7.29   实例 7.7 的仿真结果图

7.4.5 I2C 模式相关寄存器

只有 USCI_B 模块可工作于 I2C 模式下,与之相关的各寄存器如表 7-41 和表 7-42 所示。具体字段及含义见表中说明。

表 7-41 USCI_B0 模式下 I2C 的控制和状态寄存器

地址	寄存器标志	操作	寄存器说明
068h	UCB0CTL0	R/W	UCB0 控制寄存器 0
069h	UCB0CTL1	R/W	UCB0 控制寄存器 1
06Ah	UCB0BR0	R/W	UCB0 位速率控制寄存器 0
06Bh	UCB0BR1	R/W	UCB0 位速率控制寄存器 1
06Ch	UCB0I2CIE	R/W	UCB0 中断使能寄存器
06Dh	UCB0STAT	R/W	UCB0 状态寄存器
06Eh	UCB0RXBUF	R	UCB0 接收数据寄存器
06Fh	UCB0TXBUF	R/W	UCB0 发送数据寄存器
118h	UCB0I2COA	R/W	UCB0 I2C 本设备地址寄存器
11Ah	UCB0 I2CSA	R/W	UCB0 I2C 从设备地址寄存器
001h	IE2	R/W	中断使能寄存器 2
003h	IFG2	R/W	中断标志寄存器 2

表 7-42 USCI_B1 模式下 I2C 的控制和状态寄存器

地址	寄存器标志	操作	寄存器说明
0D8h	UCB1CTL0	R/W	UCB1 控制寄存器 0
0D9h	UCB1CTL1	R/W	UCB1 控制寄存器 1
0DAh	UCB1BR0	R/W	UCB1 位速率控制寄存器 0
0DBh	UCB1BR1	R/W	UCB1 位速率控制寄存器 1
0DCh	UCB1I2CIE	R/W	UCB1 中断使能寄存器
0DDh	UCB1STAT	R/W	UCB1 状态寄存器
0DEh	UCB1RXBUF	R	UCB1 接收数据寄存器
0DFh	UCB1TXBUF	R/W	UCB1 发送数据寄存器
17Ch	UCB1I2COA	R/W	UCB1 I2C 本设备地址寄存器
17Eh	UCB1 I2CSA	R/W	UCB1 I2C 从设备地址寄存器
006h	UC1IE	R/W	中断使能寄存器
007h	UC1IFG	R/W	中断标志寄存器

1) 控制寄存器

USCI_Bx 控制寄存器 0(UCBxCTL0)如表 7-43 所示。

表 7-43 USCI_Bx 控制寄存器 0

7	6	5	4	3	2	1	0
UCA10	UCSLA10	UCMM		UCMST	UCMODEx=11		UCSYNC=1

UCA10 本机地址模式选择。置 **0** 时为 7 位地址；置 **1** 时为 10 位地址。

UCSLA10   从设备地址模式选择。置 **0** 时为 7 位地址；置 **1** 时为 10 位地址。

UCMM 多主设备模式选择。置 **0** 时为单主设备；置 **1** 时为多主设备。

UCMST 主机模式选择。置 **0** 时为从机模式；置 **1** 时为主机模式。

UCMODEx   USCI 模式选择位,在 UCSYNC＝1 时,同步通信模式选择。置 **00b** 时为 3 线 SPI 模式；置 **01h**、**10b** 时为 4 线 SPI 模式；置 **11b** 时为 I2C 模式。

UCSYNC 同步使能。置 **0** 时为异步模式；置 **1** 时为同步模式。

USCI_Bx 控制寄存器 1(UCAxCTL1)如表 7-44 所示。

表 7-44 USCI_Bx 控制寄存器 1

7	6	5	4	3	2	1	0
UCSELx			UCTR	UCTXNACK	UCTXSTP	UCTXSTT	UCSWRST

UCSELx   USCI 时钟选择,决定 BRCLK 的时钟源。置 **00b** 时为外部时钟；置 **01b** 时为辅助时钟(ACLK)；置 **10b** 和 **11b** 时为子系统时钟(SMCLK)。

UCTR   接收/发送选择。置 **0b** 时为接收；置 **1b** 时为发送。

UCTXNACK   发送无应答信号。发送一个 NACK 无应答信号后,该位自动复位清零。置 **0b** 时为应答正常；置 **1b** 时为生成 NACK 信号。

UCTXSTP   主机模式下发送一个 STOP 信号,从机模式下忽略,主机接收模式下其优先级高于无应答 NACK。生成 STOP 信号后该位自动复位清零。置 **0b** 时为不生成 STOP 信号；置 **1b** 时为生成 STOP 信号。

UCTXSTT   主机模式下发送一个 START 信号,从机模式下忽略,主机接收模式下其优先级高于无应答 NACK。生成 START 信号后该位自动复位清零。置 **0b** 时为不生成 START 信号；置 **1b** 时为生成 START 信号。

UCSWRST   软件复位使能。置 **0b** 时为禁止,正常操作；置 **1b** 时为使能,保持复位状态。

2) 波特率控制寄存器

USCI_Bx 波特率控制寄存器 0(UCBxBR0)如表 7-45 所示。

表 7-45 USCI_Bx 波特率控制寄存器 0

7	6	5	4	3	2	1	0
			UCBRx				

USCI_Bx 波特率控制寄存器 1(UCBxBR1)如表 7-46 所示。

表 7-46 USCI_Bx 波特率控制寄存器 1

7	6	5	4	3	2	1	0
			UCBRx				

这两个寄存器用于存放波特率的分频系数值。其中 UCAxBR0 为低字节，UCAxBR1 为高字节。

3）状态寄存器

USCI_Bx 状态寄存器（UCBxSTAT）如表 7-47 所示。

表 7-47　USCI_Bx 状态寄存器

7	6	5	4	3	2	1	0
	UCSCLLOW	UCGC	UCBBUSY	UCNACKIFG	UCSTPIFG	UCSTTIFG	UCALIFG

UCSCLLOW　SCL 低电平。置 0b 时为 SCL 不保持低电平；置 1b 时为 SCL 保持低电平。

UCGC　收到选择呼叫地址。置 0b 时为未收到；置 1b 时为收到。

UCBBUSY　总线忙标志。置 0b 时为闲；置 1b 时为忙。

UCNACKIFG　收到无应答中断标志位。该标志位在收到 START 信号后自动复位清零。置 0b 时为无中断发生；置 1b 时为中断发生。

UCSTPIFG　STOP 信号中断标志位。该标志位在收到 START 信号后自动复位清零。置 0b 时为无中断发生；置 1b 时为中断发生。

UCSTTIFG　START 信号中断标志位。该标志位在收到 STOP 信号后自动复位清零。置 0b 时为无中断发生；置 1b 时为中断发生。

UCALIFG　仲裁丢失中断标志位。置 0b 时为无中断发生；置 1b 时为中断发生。

4）接收/发送数据寄存器

USCI_Bx 接收数据寄存器（UCBxRXBUF）如表 7-48 所示。

表 7-48　USCI_Bx 接收数据寄存器

7	6	5	4	3	2	1	0
			UCRXBUFx				

接收缓存存放从接收移位寄存器最后接收的字符。

USCI_Bx 发送数据寄存器（UCBxTXBUF）如表 7-49 所示。

表 7-49　USCI_Bx 发送数据寄存器

7	6	5	4	3	2	1	0
			UCRTXBUFx				

发送缓存内容可以传送至发送移位寄存器，然后由 UCRTXBUFx 传输。对发送缓存进行写操作时，复位 UTXIFGx。

5）主/从设备地址寄存器

USCI_Bx 主设备地址寄存器（UCBxI2COA）如表 7-50 所示。

表 7-50　USCI_Bx 主设备地址寄存器

15	14～10	9～0
UCGCEN	0	I2COAx

UCGCEN　选择呼叫应答使能。置 0b 时为不应答;置 1b 时为应答。

I2COAx　I2C 主设备地址。10 位地址模式下,9 位是最高位;7 位地址模式下,6 位是最高位,9~7 位忽略。

USCI_Bx 从设备地址寄存器(UCBxI2CSA)如表 7-51 所示。

表 7-51　USCI_Bx 从设备地址寄存器

15~10	9~0
0	I2CSAx

I2CSAx　I2C 从设备地址,只在主机模式使用。10 位地址模式下,9 位是最高位;7 位地址模式下,6 位是最高位,9~7 位忽略。

6) 中断使能/标志寄存器

USCI_Bx 中断使能寄存器(UCBxI2CIE)如表 7-52 所示。

表 7-52　USCI_Bx 中断使能寄存器

7	6	5	4	3	2	1	0
				UCNACKIE	UCSTPIE	UCSTTIE	UCALIE

UCNACKIE　无应答中断使能。置 0b 时为中断禁止;置 1b 时为中断使能。

UCSTPIE　STOP 中断使能。置 0b 时为中断禁止;置 1b 时为中断使能。

UCSTTIE　START 中断使能。置 0b 时为中断禁止;置 1b 时为中断使能。

UCALIE　仲裁丢失中断使能。置 0b 时为中断禁止;置 1b 时为中断使能。

中断使能寄存器 2(IE2)如表 7-53 所示。

表 7-53　中断使能寄存器 2

7	6	5	4	3	2	1	0
				UCB0TXIE	UCB0RXIE		

UCB0TXIE　发送中断使能。置 0b 时为中断禁止;置 1b 时为中断使能。

UCB0RXIE　接收中断使能。置 0b 时为中断禁止;置 1b 时为中断使能。

中断标志寄存器 2(IFG2)如表 7-54 所示。

表 7-54　中断标志寄存器 2

7	6	5	4	3	2	1	0
				UCB0TXIFG	UCB0RXIFG		

UCB0TXIFG　发送中断标志。置 0b 时为无中断;置 1b 时为中断发生。

UCB0RXIFG　接收中断标志。置 0b 时为无中断;置 1b 时为中断发生。

USCI_B1 中断使能寄存器(UC1IE)如表 7-55 所示。

表 7-55　USCI_B1 中断使能寄存器

7	6	5	4	3	2	1	0
				UCB1TXIE	UCB1RXIE		

UCB1TXIE　发送中断使能。置 0b 时为中断禁止;置 1b 时为中断使能。

UCB1RXIE　接收中断使能。置 0b 时为中断禁止;置 1b 时为中断使能。

USCI_B1 中断标志寄存器(UC1IFG)如表 7-56 所示。

表 7-56　USCI_B1 中断标志寄存器

7	6	5	4	3	2	1	0
				UCB1TXIFG	UCB1RXIFG		

UCB1TXIFG　发送中断标志位。当 UCB1TXBUF 为空时,UCB1TXIFG=1。置 0b 时为中断禁止;置 1b 时为中断使能。

UCB1RXIFG　接收中断标志位。当 UCB1RXBUF 收到一个完整字符时,UCB1RXIFG=1。置 0b 时为中断禁止;置 1b 时为中断使能。

思考与练习

1. MSP430F249 的 USCI 有哪两种模型? 各模型又有几种串行通信模式?

2. MSP430F249 串行通信的时钟来源有几个,分别是什么?

3. 在 MSP430F249 单片机中,假设 MCLK=8 MHz,ACLK=32768 Hz。要求编程实现波特率为 9600 的 UART 通信,低波特率模式如何配置? 过采样模式如何配置?

4. MSP430F249 的 SPI 有几种工作模式,如何配置?

5. MSP430F249 的 I2C 有几种工作模式,几种工作状态,如何配置?

8

MSP430F249 单片机最小系统

8.1 MSP430 单片机下载方式

当单片机程序利用 IAR 开发环境编译和 Proteus 仿真通过以后,还需要把程序生成的二进制代码烧录进单片机内部闪存中运行,这个过程称为下载或者编程。MSP430 单片机支持多种 Flash 编程方法,如 BSL 和 JTAG 等。

BSL 是启动加载程序(Boot Strap Loader)的简称,该方法允许用户通过标准的RS-232 串口访问 MSP430 单片机的 Flash 和 RAM。在单片机的地址为(0C00H-1000H)的 ROM 区内存放了一段引导程序,给单片机的特定引脚加上一段特定的时序脉冲,就可以进入这段程序,让用户读写、擦除 Flash 程序。可通过 BSL 无条件擦除单片机闪存,重新下载程序,还可以通过密码读出程序。

JTAG(Joint Test Action Group,联合测试行动小组)是一种国际标准测试协议,主要用于芯片内部测试及对系统进行仿真、调试。JTAG 技术是一种嵌入式调试技术,它在芯片内部封装了专门的测试电路 TAP(Test Access Port,测试访问口),通过专用的 JTAG 测试工具对内部节点进行测试。目前大多数比较复杂的器件都支持JTAG 协议,如 ARM 、DSP 、FPGA 器件等。标准的 JTAG 接口是 4 线:TMS、TCK、TDI、TDO,分别为测试模式选择、测试时钟、测试数据输入和测试数据输出。目前 JTAG 接口的连接有两种标准,即 14 针接口和 20 针接口,MSP430 单片机使用的是 14 针的接口,其定义分别如表 8-1 所示。

表 8-1 JTAG 14 针接口定义引脚功能

引 脚 编 号	功　　能	引 脚 编 号	功　　能
2 、4	VCC 电源	7	TMS 测试模式选择
9	GND 接地	9	TCK 测试时钟
11	nTRST 系统复位信号	1	TDO 测试数据串行输出
3	TDI 测试数据串行输入	6、8、10、12	NC 未连接

下面分别介绍 BSL 和 JTAG 方式下的编程器设计,可以用在实际系统编程中。

8.2 BSL 编程器原理

启动程序载入器(Boot Strap)是一种编程方法,允许通过串行连接和 MSP430 通信,在 Flash Memory 被完全擦除时也能正常工作。MSP430 的启动程序载入器(Boot Strap)在单片机正常复位时不会自动启动,当需要对单片机下载程序代码时,对 RST/NMI 和 TEST 引脚设置特殊的顺序。当 MSP430 单片机的 TEST 引脚为低电平而 RST/NMI 引脚有上升沿时,用户程序从位于内存地址 0FFFEh 复位向量开始执行,用户程序正常启动,如图 8.1 所示。

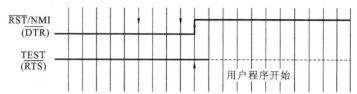

图 8.1 MSP430 **单片机正常启动复位时序信号**

如图 8.2 所示,当 TEST 引脚出现至少两个跳变沿,TEST 引脚为高电平且 RST 引脚出现高电平,启动程序载入器(Boot Strap)所需的时序时,单片机进入启动程序载入器工作方式。

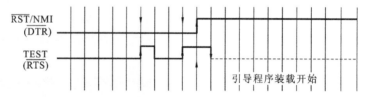

图 8.2 MSP430 **单片机进入** BSL **时序信号**

使用 TEST 和 RST/NMI 脚调用启动程序载入器(Boot Strap)后,通信可以用一个标准的异步串口协议确定。用 MSP430 的 P1.1 端口 BSLTX 传输数据,P2.2 端口 BSLRX 接收数据。UART 设置为波特率 9600,8 位数据位,偶校验,1 位停止位。详细的通信协议细节请参考 TI 的数据手册。考虑到大部分计算机已经没有独立的串行口,必须利用 USB 接口实现 BSL 功能。下面介绍一种 USB 接口的 BSL 下载器的硬件设计,如图 8.3 所示。

图 8.3 中,USB 插座的 1、2、3、4 脚分别为 5 V 电源,D-信号线、D+信号线和地线。5、6 脚为插座外壳接地引脚。电脑可通过 1 脚提供 5 V 电源,由于 PL2303 为 3.3 V 供电,这里使用一个 AMS1117-3.3 作为 5 V 转 3.3 V 稳压芯片,用于将 USB 接口提供的 5 V 转换成 PL2303 芯片所需的电压,如图 8.4 所示,PL2303 是一种高度集成的 RS232-USB 接口转换器,可提供一个 RS-232 全双工异步串行通信装置与 USB 功能接口转换。该器件内置 USB 功能控制器、USB 收发器、振荡器和带有全部调制解调器控制信号的 UART,只需外接几只电容就可实现 USB 信号与 RS-232 信号的转换,所有工作全部由芯片自动完成,使用者无需考虑固件设计。在通过 BSL 下载时,DTR 连接 MSP430 的 RESET,RTS 连接 MSP430 的 TCK,TXD 连接单片机的 P2.2,RXD 连接单片机的 P1.1。通过下载软件如 Mspfet,可以实现 Boot Strap 规定

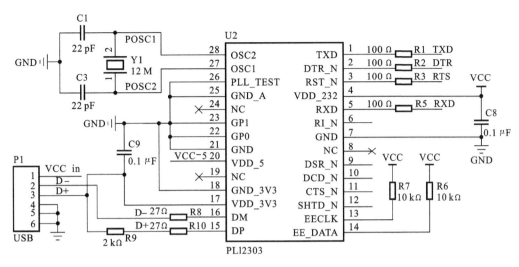

图 8.3 USB 接口 BSL 下载器原理图

的时序要求,具体使用方式如下。

(1)利用 IAR 开发软件生成 TI 公司规定的 txt 格式下载文件,右键单击 Project 中的工程名,选择 Options,在 Output 中选择 MSP430-txt,如图 8.5 所示。保存配置并重新编译,在工程名 debug\exe 目录下可以找到下载文件。

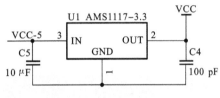

图 8.4 3.3V 电源电路图

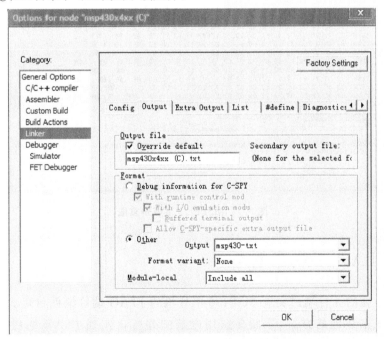

图 8.5 IAR 生成 MSP430-txt 编程文件配置

(2)打开 Mspfet 软件,进行如下设置,如图 8.6 所示,并选择芯片型号为 MSP430F149。打开编程 txt 文件,先点击 ERASE 擦除芯片上原有的程序,再点击 PROGRAM

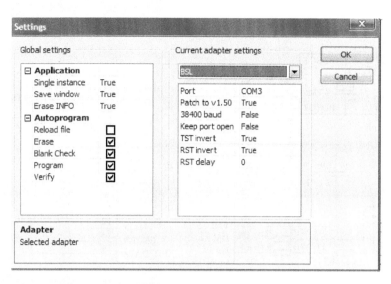

图 8.6　MSPFET 配置

即可下载,如图 8.7 所示。

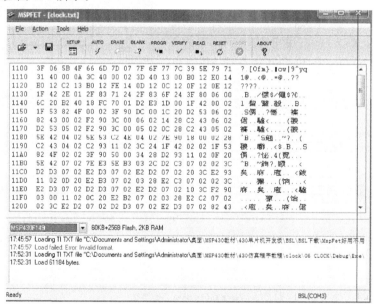

图 8.7　MSPFET 下载示意图

8.3　JTAG 下载器电路

通过电脑的并行端口实现 MSP430 单片机的 JTAG 端口编程和调试,对于初学者是一种成本较低的方案,下面介绍用电脑的并行口实现 JTAG 编程,但是在用 JTAG 烧断保密熔丝后,要再想修改闪存程序,就只能用 BSL 方法了。

图 8.8 中,74HC244 为一个 8 通道缓冲芯片,将 A1～A8 缓冲输出到 Y1～Y8, JP4 为标准的 14 芯 MSP430 单片机的 JTAG 接口。通过该接口通过 14 芯排线连接到单片机开发板的 JTAG 插座上,即可实现单片机程序的下载和实时仿真调试功能。

具体设置如下。在 IAR 软件中右键单击 Project 中的工程名,选择 Options→Debug-ger,在 Driver 选项中选择 FET Debugger,如图 8.9 所示。

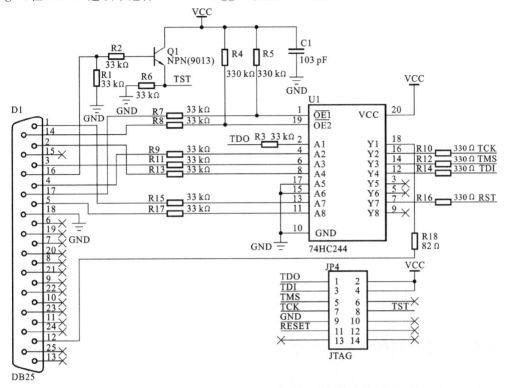

图 8.8 并口 JTAG 下载器电路原理图

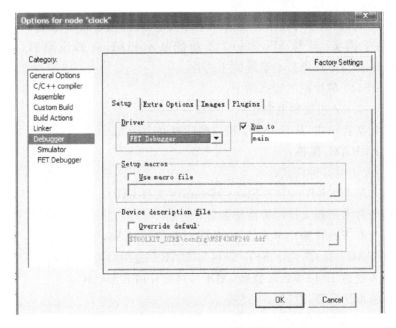

图 8.9 IAR 的调试器配置

然后在图 8.10 中选择 FET Debugger,再选择 Connection 中的 Texas Instru-ment LPT-I,即选择电脑的并口作为下载口,确定后即可开始程序的下载和调试。

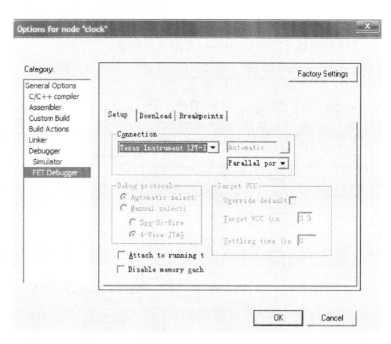

图 8.10 IAR 的 FET 调试器并口配置

8.4 MSP430F149 单片机最小系统设计

前面的章节中,我们主要采用 MSP430F249 作为仿真器件,详述了单片机内部功能和外部扩展电路的设计和应用。本节主要介绍实用的单片机小系统开发板的硬件设计,作为单片机实验学习使用。在选择单片机型号时,由于市面上 MSP430F149 较为常用也易于购买,且与 MSP430F249 功能基本相同,管脚也兼容,因此,选择 MSP430F149 作为单片机最小系统的主芯片。

MSP430F149 单片机的特点如下:

- 1.8V~3.6V 超宽供电电压;
- 五种低功耗模式,从 Standby 模式唤醒时间小于 $6\mu s$;
- 0.1 μA RAM,保持;
- 0.8 μA 实时时钟模式;
- 2KB RAM,60KB+256B Flash Memory(支持 IAP);
- 片内硬件乘法器支持四种乘法运算;
- 两个具有 PWM 输出单元的 16 位定时器(TimerA3,TimerB7);
- 两个 UART 接口,两个 SPI 接口(与 UART 复用);
- 一个 8 通道 12 位模数转换器(ADC),具有片内参考电压源;
- 一个模拟比较器,看门狗电路等。

开发板可使用的资源如下:

- 两种可选供电方式(标准稳压器接口、USB 接口);
- 符合 TI 标准的 14 芯 JTAG 仿真调试端口;
- 蜂鸣器;

- 18B20 单芯片 12 位高精度温度传感器；
- 12 位模数转换器(ADC)接口和单路输出 10 位数模转换器(DAC)；
- 标准的 1602 液晶接口和标准的 12864 液晶接口；
- 6 位共阴极动态扫描数码管电路；
- RTC 实时时钟和纽扣电池；
- IIC 接口的 EEPROM；
- 4×4 的矩阵式键盘；
- 标准的 RS-232 接口和 RS-485 接口；
- 含 8 个 LED 的流水灯电路(红、黄、绿)。

1) 单片机电路

图 8.11 中 MSP430F149 单片机外接 Y1 和 Y2 晶振，分别为 32.768 kHz 和 8 MHz，给单片机提供低速晶体振荡器和高速晶体振荡器，以满足不同的应用对速度和功耗的要求。P3 是标准的 14 芯 JTAG 接口，用于单片机的程序下载和实时仿真调试。R1、R2、C1 组成 RC 复位电路，当给开发板供电时，提供一个延迟的低电平给单片机的 RST 端口，S1 为按键复位。C9～C13 为 0.1μF 瓷片电容，这些电容分别为单片机电源 VCC、模拟电源 AVCC 和 ADC 的参考电源 VREF 提供退耦，提高单片机系统工作的稳定性。值得注意的是，这些退耦电容的放置必须靠近单片机对应的电源引脚，和这些引脚的连线尽可能短。R5 为一个 0 Ω 电阻，用于数字电源的地和模拟电源的地之间的隔离，用这种设计方法将数字电路部分和模拟电路部分的地线分开，减少数字部分对模拟部分的干扰。P1 为双排插座，将单片机的部分端口引出，可用于外部器件的扩展。图 8.12 为单片机电源部分，外接电源通过 AMS1117-3.3 提供单片机及其他部分所需的 3.3V 电源。

2) RS-232 串行口电路

这里选用 MAX3232 作为单片机串行口转换芯片，MAX3232 是一款 3.0 V～5.5 V 供电、低功耗的 RS-232 收发器，支持高达 1Mbps 的通信速率，仅需要 4 个 0.1 μF 的电容作为外部元件即能工作。单片机与 MAX3232 连接电路图如图 8.13 所示。

MSP430F149 片内集成了两个 UART 端口，这里使用了它的 UART0 端口，单片机通过 UTXD0(P3.4)向 PC 机发送数据，通过 URXD0(P3.5)接收来自 PC 机的数据。在 TX 线上有一个红色 LED，RX 线上有一个绿色 LED，当单片机通过 MAX3232 与 PC 机通信时，两个 LED 会根据通信线上电平的变化而闪烁发光，指示通信的进行。如果不用作 UART 通信，则当 P3.4 和 P3.5 用于通用输入输出端口时，P3.4 和 P3.5 分别与标号为 D10 和 D11 的两个 LED 连接，可以作为通用 LED 使用。

3) RS-485 接口电路

RS-232 串行口通信距离和速度都比较低，当要求通信距离为几十米到上千米时，广泛采用 RS-485 串行总线标准。RS-485 采用平衡发送和差分接收，具有抑制共模干扰的能力。总线收发器具有高灵敏度，能检测低至 200 mV 的电压，传输的差分信号能在千米以外得到恢复。RS-485 采用半双工工作方式，任何时候只能有一点处于发送状态，因此，发送电路须由使能信号加以控制。RS-485 用于多点互联时非常方便，可以省掉许多信号线。应用 RS-485 可以联网构成分布式系统。这里单片机开发板

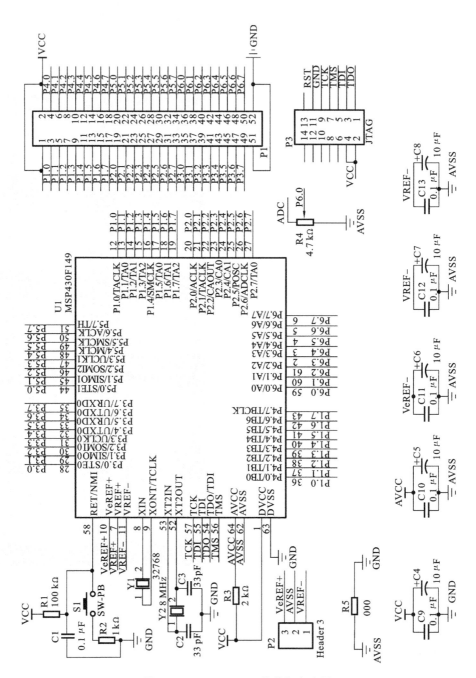

图 8.11 MSP430F149 单片机电路图

选择 MAXIM 公司的 MAX485。MAX485 是用于 RS-485 与 RS-422 通信的低功耗收发器,通信距离最远可达 1 km,器件中具有一个驱动器和一个接收器,可以实现最高 2.5 Mbps 的传输速率。MAX485 采用单一电源＋5V 工作,额定电流为 300 μA,采用半双工通信方式。它完成将 TTL 电平转换为 RS-485 电平的功能。MAX485 芯片的结构和引脚都非常简单,内部含有一个驱动器和接收器。RO 和 DI 端分别为接收器的输出端和驱动器的输入端,与单片机连接时只需分别与单片机的 RXD 和 TXD 相连;$\overline{RE}$ 和 DE 端分别为接收和发送的使能端。当 $\overline{RE}$ 为逻辑 **0** 时,器件处于接收状态;

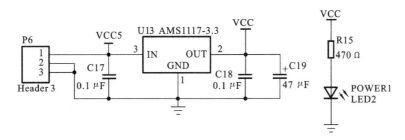

图 8.12　MSP430F149 电源电路图

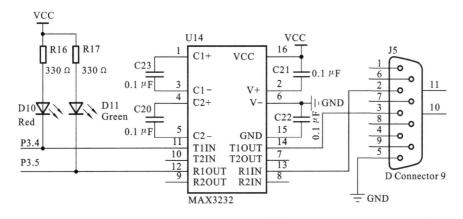

图 8.13　MSP430F149 与 MAX3232 的连接电路图

当 DE 为逻辑 **1** 时,器件处于发送状态。因为 MAX485 工作在半双工状态,所以只需用单片机的一个管脚控制这两个引脚即可;A 端和 B 端分别为接收和发送的差分信号端,当 A 端的电平高于 B 端时,代表发送的数据为 **1**;当 A 端的电平低于 B 端时,代表发送的数据为 **0**。同时将 A 端和 B 端之间加匹配电阻,用来抑制信号反射,一般可选 120Ω 的电阻。

　　在图 8.14 中,将 MAX485 的 $\overline{\text{RE}}$ 引脚与 DE 引脚连接在一起,通过单片机 的P3.3 端口可以直接控制收发模式。当 P3.3 输出高电平时,MAX485 处于发送数据模式;当 P3.3 输出低电平时,MAX485 处于接收数据模式。

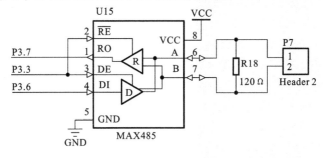

图 8.14　MSP430F149 与 MAX485 的连接电路图

4) EEPROM 电路

　　在实际的单片机应用系统中,为了保护现场,经常需要将系统断电之前的工作状态与重要运行数据保存在非易失存储器中,以便在下次开机时,能恢复到原来的工作状态。针对这种保存数据量不大和存储速度要求不高的特点,可采用 Atmel 公司出品的一款高性能接口的 AT24C02 的 EEPROM 芯片,它采用两线串行接口(I2C),是通过两根线(SDL 与 SCL)与外部 I2C 控制器交换数据。这种连接方式简化了与单片机的连接,工作电压 2.7V～5.5V,存储容量 256×8 bit 即 2K 字节,支持 100 万次的擦写,数据能有效保持 100 年。单片机与 AT24C02 的连接电路如图 8.15 所示。

单片机的通用输入输出端口 P6.6、P6.7 与 AT24C02 的 SCL 、SDA 端口连接构成 I2C 总线,因为 MSP430F149 内部没有专用的 I2C 接口电路,所以只能用 I/O端口来模拟 I2C 时序,从而实现对 EEPROM 的读写操作,用于用户的数据掉电保存。

5) 实时时钟电路

实时时钟(RTC)是一个由外部晶体振荡器获取时钟信号,向单片机等系统提供时间和日期数据的器件。单片机和 RTC 间的通信可通过并行口也可通过串行口。这里选择 Dallas 公司的 DS1302 实时时钟芯片。DS1302 是一个单芯片的实时时钟,能够计算秒、分、时、日、周、月、年,自动补偿 2100 年之前的闰年日期;2.0V～5.5V 的供电电压,3 线制的串行通信接口,且内置 31 字节的可由电池维持数据的静态 RAM,用户可自由使用。DS1302 支持双电源供电,VCC2 连接主电源,VCC1 连接备用电池。当 VCC2 的电压高于 VCC1 时,芯片从 VCC2 处获得能量并且可以通过涓流充电的方式对 VCC1 连接的电池进行充电;当 VCC2 的电源断开连接时,芯片内部自动切换到从 VCC1 处取电,从而保证即使在系统板掉电的情况下,DS1302 仍能进行正确计时,且保存在 RAM 中的数据不会丢失。单片机与 DS1302 的连接电路如图 8.16所示。

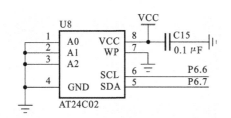

图 8.15 单片机 与 AT24C02 的连接电路

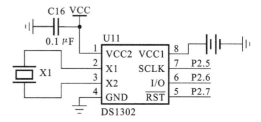

图 8.16 单片机与 DS1302 的连接电路

单片机通过其通用 I/O 端口的 P2.5、P2.6、P2.7 端口与 DS1302 的 SCLK、I/O、$\overline{\text{RST}}$ 三个引脚连接,通过这三个 I/O 可以执行对 DS1302 的读写操作。DS1302 的第 1管脚接到了系统板的 3.3 V 电源上,作为芯片的主电源;第 8 管脚连接了一个CR1220 型纽扣电池的正极,为芯片提供系统板掉电后的电源。

6) DAC 电路

由于 MSP430F149 内部没有 DAC 功能模块,开发板选择外部扩展串行接口的D/A 转换器 TLC5615。TLC5615 是 TI 公司生产的 10 位串行 D/A 转换器。芯片的主要特点是:输出为电压型,输出电压与基准电压同极性,最高输出电压为基准输入电压的 2 倍;单 5V 电源供电,低功耗;具有上电复位功能,以确保芯片可以重复启动;逻辑控制通过 3 线串行总线与微处理器接口;数字输入端带有施密特触发器,可有效地抑制噪声的干扰。该芯片广泛应用于用电池供电的测试仪表、工业控制等场合。TLC5615 的主要技术参数是:电源电压 4.5V～5.5V,典型值为 5V;输入基准电压的下限值为 2 V～VDD-0.2 V,典型值为 2.048 V。单片机与 TLC5615

的连接电路如图 8.17 所示。

单片机的 P6.2、P6.3 端口与 TLC5615 的 SCLK、DIN 端口连接,通过在两通用 I/O 端口上模拟 TLC5615 时序从而实现对 DAC 的操作。从图 8.17 可以看到, TLC5615 的输出端 OUT 连接到了跳线座 J2 的第 2 脚。如果用短路帽将跳线座 J2 的 2 脚和 3 脚连接,则 DAC 的输出直接驱动 LED,可以通过 LED 亮度的变化直观地 看到 DAC 输出电压值的变化;如果用短路帽将跳线座 J2 的 2 脚和 1 脚连接,则可以 用 MSP430 内置的 ADC 对 DAC 输出的电压进行采样转换,对 ADC 和 DAC 电路同 时进行应用。如果不使用短路帽,则可以直接用电压表测量跳线座 J2 的 2 脚对地之 间的电压数值,从而得知 DAC 输出的准确数值。

7)温度传感器电路

开发板选择常用的数字温度传感器 DS18B20,DS18B20 是一款小巧的温度传 感器,通过单总线协议与单片机进行通信,硬件连接十分简洁。它具有如下特性: 测温范围 −55 ℃~+125 ℃,并且在 −10 ℃~+85 ℃范围内具有 ±0.5 ℃的精 度,9 位到 12 位的可编程分辨率,用户自定义、非易失性温度阈值。单片机与 DS18B20 的连接电路如图 8.18 所示。通过图 8.18 可知单片机的 P5.6 端口与 DS18B20 的 DQ 端连接,通过在单片机的 I/O 端口模拟 1-Wire 协议的时序,能实现 对 DS18B20 的读写。

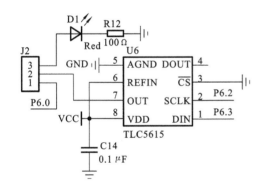
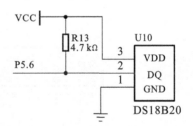

图 8.17　单片机与 TLC5615 连接电路图　　图 8.18　单片机与 DS18B20 的连接电路图

8)12864 液晶接口电路

液晶显示模块作为一种显示器件在单片机系统中得到广泛的应用,具有体积 小、重量轻、功耗低、显示内容丰富等特点,如各种仪器、仪表、电子显示装置、计算 机显示终端、电子打印机等诸多方面。液晶显示可以实现固定显示,如显示的内容 为数字或者字符,且显示的内容不能随意的变化。另外一种液晶显示为点阵液晶, 点阵液晶模块的液晶像点做成点阵形式,显示内容由这些点阵组成,可以随心所欲 地改变,数字、英文字符、中文字符或图像都可以在一个模块上显示,这些显示内容 还可以动态变化。本开发板采用的 12864 液晶接口是一个引脚间距为 2.54 mm 的 20 脚单排扁平电缆连接器插座,可以连接任何以 ST7920 为驱动器的 12864 液晶模 块,可以显示横向 128 点,纵向 64 点的图像,如果按照汉字为 16×16 点、英文字符 为 8×8 点,该液晶模块可以同时显示 32 个汉字或者 128 个英文字符。其管脚功能 如表 8-2 所示。

表 8-2　12864 液晶模块管脚功能

管脚号	管脚名称	电 平	管脚功能描述
1	VSS	0V	电源地
2	VCC	＋3.0V～＋5V	电源正
3	V0	—	对比度(亮度)调整
4	RS(CS)	H/L	RS="H",表示 DB7～DB0 为显示数据 RS="L",表示 DB7～DB0 为显示指令数据
5	R/W	H/L	R/W="H",E="H",数据被读到 DB7～DB0 R/W="L",E="H→L",DB7～DB0 的数据被写到 IR 或 DR
6	E(SCLK)	H/L	使能信号
7～14	DB0～DB7	H/L	8 位数据线
15	PSB	H/L	H,8 位或 4 位并口方式;L,串口方式
16	NC	—	空脚
17	/RESET	H/L	复位端,低电平有效
18	VOUT	—	LCD 驱动电压输出端
19	A	VDD	背光源正端(＋5V)
20	K	VSS	背光源负端(－5 V)

12864 液晶模块与单片机的连接电路如图 8.19 所示。

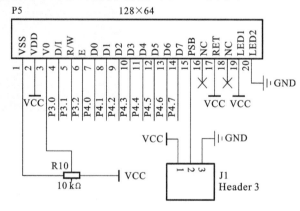

图 8.19　单片机与 12864 液晶模块的连接电路

在图 8.19 中,第 3 位 V0 为调整液晶偏压输入端,将 V0 连接到一个 3296 标准封装的电位器(R10)的中间抽头处,通过电位器进行调整可以改变液晶的对比度,得到好的显示效果。第 15 位是液晶数据传输模式的选择位,如果 PSB 接高电平则液晶工作在并行数据传输模式;如果 PSB 接低电平,则液晶工作在串行数据传输模式。此位连接到了跳线座 J1 的第 2 脚,J1 的第 3 脚与 VCC 连接,第 1 脚与 GND 连接,可以使用短路帽来决定 PSB 连接到哪一种电平。第 17 位是液晶的复位端,此端口直接与 VCC 相连,上电后液晶模块自动完成复位功能。

9) 1602 液晶接口电路

1602 液晶也称为 1602 字符型液晶,它是一种专门用来显示字母、数字、符号等的点阵型液晶模块。它由几个 5×7 或者 5×11 等点阵字符位组成,每个点阵字符位都可以显示一个字符,每位之间有一个点距的间隔,每行之间也有间隔,起字符间距和行间距的作用,能够同时显示 16×2 即 32 个字符,也就是 6 列 2 行。其管脚功能如表 8-3 所示。

表 8-3　1602 液晶管脚功能

管脚号	管脚名称	电平	管脚功能描述
1	VSS	0V	电源地
2	VCC	+3.0V~+5V	电源正
3	VEE	—	对比度(亮度)调整
4	RS(CS)	H/L	RS="H",表示 DB7~DB0 为显示数据 RS="L",表示 DB7~DB0 为显示指令数据
5	R/W	H/L	R/W="H",E="H",数据被读到 DB7~DB0 R/W="L",E="H→L", DB7~DB0 的数据被写到 IR 或 DR
6	E(SCLK)	H/L	使能信号,高电平有效
7	DB0~DB7	H/L	8 位数据线
15	A	VDD	背光源正端(+5V)
16	K	VSS	背光源负端(−5 V)

1602 液晶接口与单片机的连接关系如图 8.20 所示。其中 VEE 是调整液晶偏压输入端,已连接到一个 3296 型电位器(R11)的中间抽头处,可以手动调整液晶偏压改变对比度。

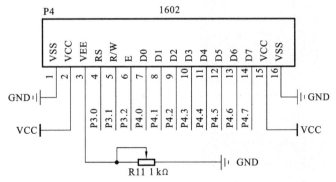

图 8.20　单片机与 1602 液晶的连接图

10) 数码管电路

本开发板数码管电路由 6 个共阴极的数码管构成,通过动态扫描的方式保证 6 个数码管可以稳定显示。因为 MSP430F149 是一款低功耗的单片机,其 I/O 端口的驱动能力十分有限,所以在数码管的段选信号、位选信号与单片机之间增加了两片 74HC573,用作缓冲驱动,这样既可以正常驱动数码管又可以保护单片机的 I/O 端口不会因为电流过大而损坏。单片机与数码管的连接关系如图 8.21 所示。

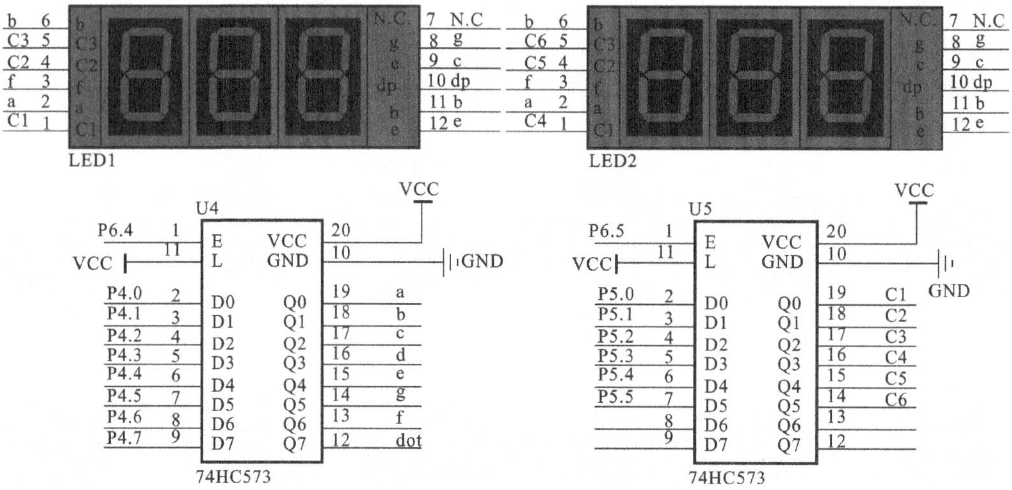

图 8.21   单片机与数码管的连接电路

74HC573 是 8 位锁存器,它有一个输出使能端 E,一个锁存使能端 L;在硬件电路设计中,将 LE 与 GND 连接,保证输出跟随输入保持同步变化。OE 连接到电平的通用 I/O 端口 P6.4 和 P6.5,通过单片机的这两个端口的输出电平可以决定 OE 连接低电平还是高电平,从而可以控制 74HC573 是否输出信号,这样再不需要显示数码管电路的关闭状态,可以降低整个系统的功耗。

单片机的 I/O 引脚与 6 位数码管的位选信号的对应关系如表 8-4 所示。

表 8-4   6 位数码管的位选信号定义

位选信号	LED1	LED2	LED3	LED4	LED5	LED6
单片机引脚	P5.0	P5.1	P5.2	P5.3	P5.4	P5.5

位选信号为低电平有效,即相应的 I/O 输出低电平时对应的数码管被点亮。单片机的 I/O 引脚与 6 位数码管的段选信号对应关系如表 8-5 所示。

表 8-5   6 位数码管的段选信号定义

段选信号	a	b	c	d	e	f	g	dp
单片机引脚	P4.0	P4.1	P4.2	P4.3	P4.4	P4.5	P4.6	P4.7

段码是高电平有效,即相应的 I/O 输出高电平时对应的段码被点亮。

11)流水灯电路

开发板使用了 8 个多色的 LED 构成流水灯电路,同样使用了一片 74HC573 作隔离缓冲。经过 74HC573 隔离以后,单片机的 P2 端口的每一位都对应一个 LED,当相应 I/O 输出低电平时 LED 点亮,当相应 I/O 输出高电平时 LED 熄灭。流水灯电路原理如图 8.22 所示。

这里也使用了 P6.1 控制 74HC573 的输出使能,在不需要流水灯功能时,将 P6.1 置高,可降低系统的功耗。RP1 为 330 Ω 的排阻,可以减少焊接的工作量和电路板的

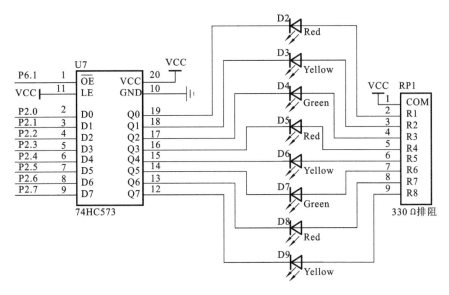

图 8.22 流水灯电路原理图

面积。

12）键盘电路

开发板配备了一个 4×4 的键盘,这个键盘是 4×4 的矩阵式键盘与 4 个独立式按键复用的键盘,其电路原理如图 8.23 所示。如果 P1.7 输出低电平,则 K1～K4 这 4 个按键就构成了 4 个连接到 P1.0～P1.3 端口的独立式按键;如果 P1.6 输出低电平,则 K5～K8 这 4 个按键就构成了 4 个连接到 P1.0～P1.3 端口的独立式按键;如果 P1.5 输出低电平,则 K9～K12 这 4 个按键就构成了 4 个连接到 P1.0～P1.3 端口的独立式按键;如果 P1.4 输出低电平,则 K13～K16 这 4 个按键就构成了 4 个连接到 P1.0～P1.3 端口的独立式按键。如果用户不需要独立式按键,那么直接用程序控制

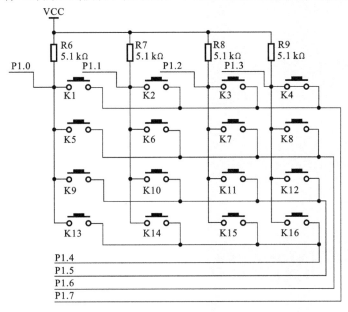

图 8.23 单片机 4×4 键盘接口电路

P1 端口的扫描信号,这时的键盘电路就是一个工作在扫描方式的 4×4 的矩阵式键盘电路。

13) ADC 接口电路

MSP430F149 内部有一个 12 位的模数转换器,它对外提供 8 路转换通道,对应通用 I/O 的 P6.0~P6.7 引脚。在开发板使用了 P6.0 对应的通道,它被连接到标号为 R4 的 4.7 kΩ 电位器的第 2 个引脚,通过转动电位器调节旋钮可以改变加载在 P6.0 端口上模拟电压的大小。P6.1 端口可以通过设置跳线座 J2 的 1 脚和 2 脚的连接关系决定是否连接到 TLC5615 的输出端。此外,单片机内置的 ADC 还支持外部参考电压输入,通过单排插针 P2 可以连接外部参考电压。

14) 蜂鸣器电路

因为单片机的 I/O 电流驱动能力十分有限,所以开发板使用了一个 PNP 型三极管来驱动蜂鸣器。具体连接电路如图 8.24 所示。如果 P5.7 端口输出低电平,PNP 三极管将导通,蜂鸣器发声;如果 P5.7 端口输出高电平,PNP 三极管截止,则蜂鸣器被关闭。当端口输出一定频率的信号时,可以得到如报警等所需的声音。

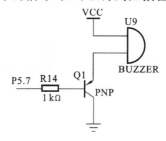

图 8.24　蜂鸣器电路原理图

9

应用实例

在本章中,将前几章所学的内容进一步扩展,设计并完成几个完整的应用实例,巩固所学的知识,提高程序设计和调试能力。

9.1 直流电动机的应用

直流电动机的基本知识如下。

1)直流电动机工作原理

直流电动机就是将直流电能转换为机械能的转动装置。直流电动机具有良好的调速性能、较大的启动转矩和过载能力强等诸多优点,因此在许多行业应用广泛。在全国大学生电子设计竞赛中,微型直流电动机、电动小车多次作为控制类题目的主要控制对象。

微型直流电动机(包括玩具直流电动机、小型直流减速电动机等)一般为永磁式直流电动机。永磁式直流电动机由定子磁极、转子、换向器、电刷、机壳、轴承等构成。定子磁极采用永磁体(永久磁钢),定子的作用是产生主磁场。转子是进行能量转换的电枢,在磁场中产生感应电动势和电磁转矩。直流电动机的定子上固定有环状永磁体,电流通过转子上的线圈产生安培力,当转子上的线圈与磁场平行时,旋转的转子受到的磁场方向将改变,此时转子末端的电刷跟换向片交替接触,从而线圈上的电流方向也随之改变,但产生的洛仑兹力方向不变,所以电动机能保持一个方向转动。要改变直流电动机旋转方向,只需要改变转子线圈的电压极性即可。

直流电动机转速公式:

$$n = \frac{U_d - IR_a}{C_e \Phi}$$

式中:U_d 为电动机外加直流电压,R_a 为电枢绕组电阻,$C_e \Phi$ 为电动机常数,I 为电动机电流,电动机电流的大小与负载大小有关。从直流电动机转速公式可见,只要改变电枢电压就能实现直流电动机的无级调速。

2)直流电动机驱动电路

小功率直流电动机驱动电路可以采用如图 9.1 所示的 H 桥开关电路。这种驱动电路可以很方便地实现直流电动机的四象限运行,即正转、正转制动、反转和反转制动。U_A 和 U_B 是互补的 TTL 驱动信号。由于大功率 PNP 晶体管价格高,难实现,所以这个电路只在小功率电动机驱动中使用。当 4 个功率开关全用 NPN 晶体管时,需要解决两个上桥臂晶体管（BG1 和 BG3）的基极电平偏移问题。图 9.1(b) 中 H 桥开关电路利用两个晶体管实现了上桥臂晶体管的电平偏移。但电阻上的损耗较大，所以也只能在小功率电动机驱动中使用。

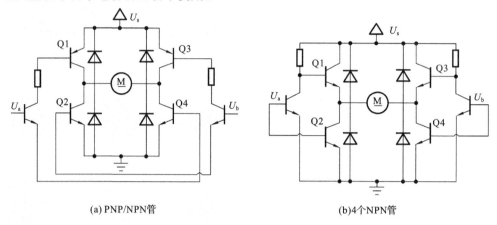

(a) PNP/NPN管　　　　　　　　　　　　(b)4个NPN管

图 9.1　H 桥开关电路

对于 H 桥驱动电路，上下桥臂功率晶体管施加互补信号。由于带载情况下，晶体管的关断时间通常比开通时间长，例如当下桥臂晶体管未及时关断，而上桥臂抢先开通时就出现所谓"桥臂直通"故障——桥臂直通时电流迅速变大造成功率开关损坏，所以设置导通延时是必不可少的。

在实际制作中，可以采用大功率达林顿管或场效应管等分离元件进行驱动电路设计。为了简化电路设计，建议使用 H 桥电动机驱动 L298N 等专用芯片，其性能稳定可靠、电路简单。对于大功率驱动系统，希望将主回路与控制回路之间实行电气隔离，此时常采用光电耦合电路来实现。

L298N 是 ST 公司生产的一种高电压、大电流电动机驱动芯片。该芯片主要特点是工作电压高，最高工作电压可达 46V；输出电流大，瞬间峰值电流可达 3A，持续工作电流为 2A；额定功率 25W。L298N 内含两个 H 桥的高电压大电流全桥式驱动器，可以用来驱动直流电动机和步进电动机、继电器线圈等感性负载；采用标准逻辑电平信号控制；具有两个使能控制端，在不受输入信号影响的情况下允许或禁止器件工作；有一个逻辑电源输入端，使内部逻辑电路部分在低电压下工作；可以外接检测电阻，将变化量反馈给控制电路。L298N 内部结构如图 9.2 所示。该芯片可以驱动一台两相步进电动机或四相步进电动机，也可以驱动两台直流电动机。

若使用一个 L298N 驱动器驱动两台直流电动机，则引脚 ENA、ENB 可用于输入 PWM 脉宽调制信号对电动机进行调速控制。如果无须调速可将两引脚接 5V，使电动机工作在最高速状态，实现电动机正反转就更容易了。如果输入信号端 IN1 接高电平，输入端 IN2 接低电平，电动机 M1 正转；如果信号端 IN1 接低电平，IN2 接高电平，电动机 M1 反转。控制另一台电动机是同样的方式，输入信号端 IN3 接高电平，输入端 IN4 接低电平，电动机 M2 正转；反之则反转。

对于电动机的调速，我们采用 PWM 调速的方法。其原理就是开关管在一个周期内的导通时间是 t，PWM 周期为 T，则电动机两端的平均电压为 $U_d = V_s * t/T = a * V_s$。其中，占空比 $a = t/T$，V_s 为驱动电源电压。电动机的转速与电动机两端的电压

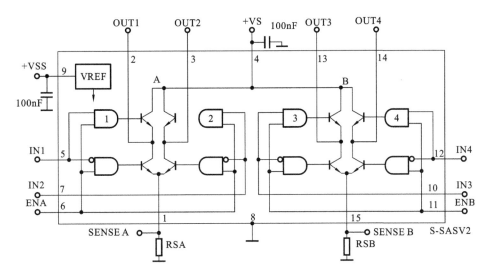

图 9.2 L298N 内部结构示意图

成正比,而电动机两端的电压与控制波形的占空比也成正比,因此电动机的速度与占空比成正比。占空比越大,电动机转得越快。

实例 9.1 直流电动机的单片机控制

任务要求:设计一个能控制直流电动机正反转的调速电路,采用 PWM 方式调速,有加减速按键、启动停止按键和方向选择键。

分析说明:在选择控制直流电动机的 PWM 周期时,要考虑的因素主要是电枢电感、驱动器能承受的频率、散热条件、对噪声的要求,等等。在驱动器能承受的范围内,周期短一点好(也就是 PWM 频率高一点)。这样转矩更平稳,噪声小,电流纹波小,但是驱动器发热会严重一些。直流电动机用 PWM 实现调速的 PWM 波周期通常在毫秒以下量级,电动机功率越大,可以允许周期也大一些。不考虑开关频率的限制,周期越短越好。但实际上电流越大、电压越高,开关的频率上限越低,或者说周期的下限越高。PWM 周期较大时,电动机高转速时由于惯性大不会有瞬间停顿问题,但让电动机运转在很低的转速时,确实会出现类似蠕动的瞬间停顿的问题。一般选取 PWM 周期为 2.5 ms。

1)硬件电路设计

为了保证电路简单、可靠性高,直流电动机驱动电路采用电动机专用驱动芯片 L298N。4 个二极管起保护驱动芯片 L298N 的作用,当加到电动机上的直流电压关断时,电动机电枢线圈将产生很高的感应电压,此感应电压可以通过二极管提供的回路泄放,从而保护驱动芯片。硬件电路如图 9.3 所示。

2)程序设计

```
# include <msp430f249.h>
# define key1 0x01
# define key2 0x02
# define key3 0x03
# define key4 0x04
```

```
            void key_process_1(void);
            void key_process_2(void);
            void key_process_3(void);
            void key_process_4(void);
            void key_check (void);
            unsigned char key_value;              //定义全局变量,键值
            unsigned int a=10000;                 //初值 50%占空比
            void main(void)
            {
              WDTCTL=WDTPW+WDTHOLD;               //停止看门狗
              BCSCTL2=SELS;
              P1DIR=0xff;                         //P1 输出
              CCR0=20000;                         //PWM 周期 2.5ms
              CCTL1=OUTMOD_7;                     //CCR1 复位/置位
              CCR1=a;                             //CCR1 PWM 占空比 5%
              TACTL=TASSEL_2+MC_1;                //定时器 A 时钟源为 SMCLK,增计数模式
              P2IE=0x27;                          //P2.0~P2.3 I/O 端口中断使能
              P2IES=0x27;                         //P2.0~P2.3 I/O 端口下降沿触发中断方式
              P2IFG=0x0;                          //P2.0~P2.2 I/O 端口中断标志位清除
              _EINT();                            //中断允许
              while(1)
                 {
                   if(P2IN&BIT4)
                   {P1OUT &=~(BIT4+BIT7);  //正转
                     P1OUT |=BIT0+BIT5;
                   }
                   else
                   {P1OUT &=~(BIT0+BIT5);  //反转
                     P1OUT |=BIT4+BIT7;
                   }
                 CCR1=a;
                 key_check ();
                 switch (key_value)                //对键值进行处理.采用 switch 语法结构查询
                    {
                    case key1: key_process_1();    //调用键处理程序 1
                             break;
                    case key2: key_process_2();    //调用键处理程序 2
                             break;
                    case key3: key_process_3();    //调用键处理程序 3
                             break;
                    case key4: key_process_4();    //调用键处理程序 4
                             break;
                    default: break;
                    }
                 key_value=0x00;                   //键值清除
                 P2IE=0x27;                        //P2.0~P2.2 I/O 端口中断使能
                 P2IFG=0x0;                        //P2.0~P2.2 I/O 端口中断标志位清除
                 }
            }
              #pragma vector=PORT2_VECTOR
              __ interrupt void Port_2(void)       //P2 中断服务程序
              {
```

```
switch (P2IFG)
  {
    case 0x01: key_value=0x01;
             break;
    case 0x02: key_value=0x02;
             break;
    case 0x04: key_value=0x03;
             break;
    case 0x20: key_value=0x04;
             break;
    default: P2IFG=0x0;              //P2.0~P2.2 I/O 端口中断标志位清除
             break;
  }
    P2IFG=0x0;                       //P2.0~P2.2 I/O 端口中断标志位清除
}
void key_check (void)
  { unsigned int i;
  for(i=0;i<200;i++);                //延时去抖动
  if (0xff ! =(P2IN & 0xD8))         //是否有键存在?
    {
      while(0xff ! =( P2IN | 0xD8)); //一直等待按键松开
    }
  else
    key_value=0x00;                  //延时去抖动无键按下,则清除键变量
  }
void key_process_1(void)             //启动
  {
    P1SEL |=0X04;                    //P1.2 第二功能 TA1 输出 PWM
  TACTL=TASSEL_2+MC_1;               //定时器 A 时钟源为 SMCLK,增计数模式
  }
void key_process_2(void)             //停止
  {
    P1SEL =0X0;
  TACTL=MC_0;

  P1OUT &=~BIT2;
  }
void key_process_3(void)             //加速
  {
  a+=1000;
  if(a>=20000) a=20000;
  }
void key_process_4(void)             //减速
  {
  a-=1000;
  if(a<=0) a=0;
  }
```

3) 仿真结果与分析

仿真结果如图 9.3 所示。注意:电路仿真与实物运行有所不同,仿真时电动机加减速过程较慢,启动后要多等待一会儿,等电动机加速结束,运行稳定后,再进行加速

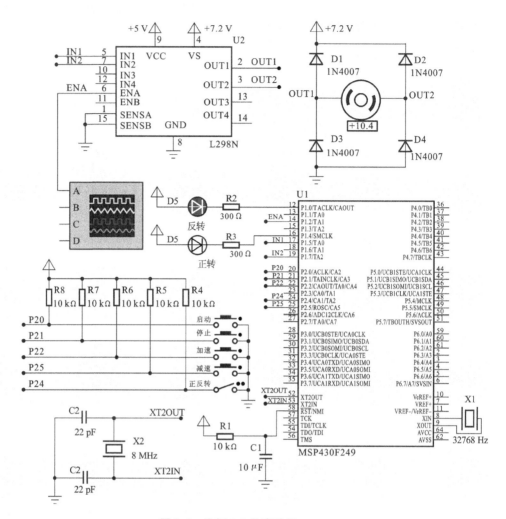

图 9.3 实例 9.1 仿真结果

或减速控制。可以通过示波器观察 PWM 信号周期和占空比。

9.2 舵机的单片机控制

舵机的工作原理如下。

舵机是伺服马达的俗称，它是一种位置（角度）伺服的驱动器，适用于那些需要角度不断变化并可以保持的控制系统。目前在高档遥控玩具、航模和遥控机器人中已经使用得比较普遍。

舵机常用的控制信号是一个周期为 20 ms，宽度为 0.5 ms～2.5 ms 的脉冲信号。当舵机收到该信号后，会马上激发出一个与之相同的、宽度为 1.5 ms 的负向标准的中位脉冲。之后两个脉冲在一个加法器中进行相加得到所谓的差值脉冲。输入信号脉冲如果宽于负向的标准脉冲，得到的就是正的差值脉冲。如果输入脉冲比标准脉冲窄，相加后得到的肯定是负的脉冲。此差值脉冲放大后就是驱动舵机正反转动的动力信号。舵机电动机的转动，通过齿轮组减速后，同时驱动转盘和标准脉冲宽度调节电位器转动，直到标准脉冲与输入脉冲宽度完全相同、差值脉冲消失时才会停止转动。

这就是舵机的工作原理。

小型舵机的工作电压一般为 4.8 V 或 6 V,转速也不是很快,一般为 0.22 s/60°或 0.18 s/60°。假如你更改角度控制脉冲的宽度变化太快,舵机可能反应不过来。如果需要更快速的反应,就需要更高的转速。舵机的控制一般需要一个 20 ms 左右的时基脉冲,该脉冲的高电平部分一般为 0.5 ms~2.5 ms 范围内的角度控制脉冲部分。以 180°角度伺服为例,那么对应的控制关系是:

0.5 ms→0°;1.0 ms→45°;1.5 ms→90°;2.0 ms→135°;2.5 ms→180°。

这只是一种参考数值,具体的参数,请参见舵机的技术参数。

标准的舵机有 3 条导线,分别是电源线、地线、控制线,如图 9.4 所示。PWM 脉冲宽度与舵机输出转角的关系如图 9.5 所示。

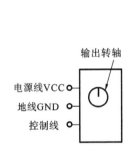

图 9.4 标准舵机引脚图

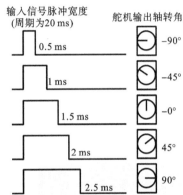

图 9.5 PWM 脉冲宽度与舵机输出转角的关系

实例 9.2 舵机的单片机控制

任务要求:设计一个舵机控制电路,能够启动、停止、增加或减少转角和回零。

1)硬件电路设计

要精确控制 PWM 脉冲宽度,单片机选用 XT2 片外晶振 8MHz。设置 5 个按键分别为启动、停止、增加、减少和回零。硬件电路如图 9.6 所示。

2)程序设计

```
#include <msp430f249.h>
#define key1 0x01
#define key2 0x02
#define key3 0x03
#define key4 0x04
#define key5 0x05
void key_process_1(void);
void key_process_2(void);
void key_process_3(void);
void key_process_4(void);
void key_process_5(void);
void key_check (void);
unsigned char key_value;              //定义键值全局变量
unsigned int a=1500;                  //7.5%
```

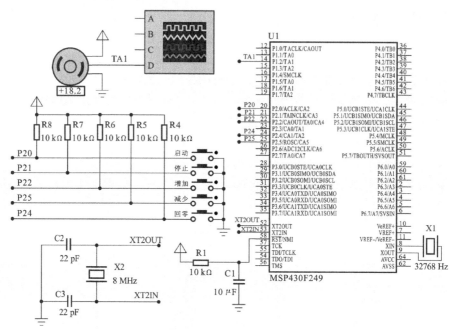

图 9.6　实例 9.2 仿真结果

```
void main(void)
{
    WDTCTL=WDTPW+WDTHOLD;          //停止看门狗
    BCSCTL2=SELS+DIVS0+DIVS1;      //SMCLK=XT2,SMCLK 8 分频
    P1DIR=0xff;                    //P1 输出
    P1OUT &=~BIT2;
    CCR0=20000;                    //PWM 周期
    CCTL1=OUTMOD_7;                //CCR1 复位/置位
    CCR1=a;                        //CCR1 PWM 占空比 5%
    TACTL=TASSEL_2+MC_1;           //定时器 A 时钟源为 SMCLK,增计数模式
    P2IE=0x37;                     //P2.0～P2.3 I/O 端口中断使能
    P2IES=0x37;                    //P2.0～P2.3 I/O 端口下降沿触发中断
                                   //  方式
    P2IFG=0x0;                     //P2.0～P2.2 I/O 端口中断标志位清除
    _EINT();                       //中断允许
    while(1)
    {
        CCR1=a;
        key_check ();
        switch (key_value)         //对键值进行处理,采用 switch 语法结构查询
        {
        case key1: key_process_1();  //调用键处理程序 1
                break;
        case key2: key_process_2();  //调用键处理程序 2
                break;
        case key3: key_process_3();  //调用键处理程序 3
                break;
        case key4: key_process_4();  //调用键处理程序 3
                break;
        case key5: key_process_5();  //调用键处理程序 3
```

```
                        break;
              default: break;
              }
          key_value=0x00;              //键值清除
          P2IE=0x37;                   //P2.0～P2.2 I/O 端口中断使能
          P2IFG=0x0;                   //P2.0～P2.2 I/O 端口中断标志位清除
          }
  }

    #pragma vector=PORT2_VECTOR
    __interrupt void Port_2(void)      //P2 中断服务程序
    {
    switch (P2IFG)
      {
      case 0x01: key_value=0x01;
                 break;
      case 0x02: key_value=0x02;
                 break;
      case 0x04: key_value=0x03;
                 break;
      case 0x20: key_value=0x04;
                 break;
      case 0x10: key_value=0x05;
                 break;
      default: P2IFG=0x0;              //P2.0～P2.2 I/O 端口中断标志位清除
                 break;
      }
      P2IFG=0x0;                       //P2.0～P2.2 I/O 端口中断标志位清除
    }
void key_check (void)
    { unsigned int i;
    for(i=0;i<200;i++);                //延时去抖动
    if(0xff ! =(P2IN & 0xC8))          //是否有键存在?
      {
        while(0xff ! =( P2IN | 0xC8));  //一直等待按键松开
      }
    else
        key_value=0x00;               //延时去抖动无键按下,则清除键变量.
    }
void key_process_1(void)              //启动
    {
      P1SEL |=0X04;                    //P1.2 第二功能 TA1 输出 PWM
      TACTL=TASSEL_2+MC_1;             //定时器 A 时钟源为 SMCLK,增计数模式
    }
void key_process_2(void)              //停止
    {
      P1SEL =0X0;
      TACTL=MC_0;
      P1OUT &=~BIT2;
    }
void key_process_3(void)              //加
    {
```

```
                a+=100;
                if(a>=2500) a=2500;
                }
        void key_process_4(void)                    //减
                {
                a-=100;
                if(a<=500) a=500;
                }
        void key_process_5(void)
                {
                a=1500;                              //回零
                }
```

3) 仿真结果与分析

实例 9.2 的仿真结果如图 9.6 所示。

9.3　LED 点阵汉字显示屏应用实例

汉字 LED 点阵屏简介如下。

按性能和用途分类，LED 显示屏分为条屏、图文屏、视屏以及数码屏四种。

条屏系列一般为单基色显示屏，主要用于显示标准 16×16 汉字。这类屏幕多做成条形，故称为条屏。可用 USB 输入、RS-232 输入或 GPRS 无线输入。图文屏系列一般为双基色显示屏，主要用于显示文字和图形，一般无灰度控制；它通过与计算机通信输入信息。与条屏相比，图文屏的优点是显示的字休字形丰富，并可显示图形；与视屏相比，图文屏最大的优点是一台计算机可以控制多块屏，而且可以脱机显示。

视屏系列一般为全彩色显示屏，与计算机 VGA 信号点对点同步显示。视屏开放性好，对操作系统没有限制，能实时反映计算机监视器的显示。

数码屏的显示器件为 7 段码数码管，适于制作时钟屏、利率屏等，广泛用于证券交易所股票行情显示，银行汇率、利率显示，各种价目表等。多数情况下，在数码屏上加装条屏来显示欢迎词、通知、广告等。

像素是 LED 显示屏的最小成像单元，俗称"点"或"像素点"。为便于组装和显示，出厂的半成品通常是以显示模组形式提供的，一个显示模组将多个显示单元加显示驱动做在一起。模组也称单元板，单元板通常有 64×32（64 列 32 行）、64×16（64 列 16 行）。将单元板按一定方式拼接在一起，加上控制卡/控制系统、电源和框架等就构成为 LED 显示屏。

扫描方式决定了模组之间连接的形式，扫描方式有 1/16、1/8、1/4、1/2、静态这几种。因为 LED 显示屏是逐行刷新显示的，扫描方式也就决定了显示刷新的方式，如 1/16 就是每次刷新 1 行，16 行为一个扫描周期，需 ABCD 四个信号控制；1/8 就是每次刷新 1 行，8 行为一个扫描周期，需 ABC 三个信号控制；其他依次类推。如果采用相同的 LED 灯，1/16 扫的亮度要比 1/8 低，静态的亮度是最高的。户内的屏一般采用 1/16，户外和半户外的一般采用 1/16 或者 1/8。对于显示屏经常受到阳光猛烈照射的环境，最好用 1/4 扫描。

实例 9.3　LED 点阵汉字移动显示

任务要求:使用 16×16 点阵显示 4 个汉字"汉字显示",并且实现汉字向左移动显示。

分析说明:为了在 LED 点阵上显示汉字,通常采用字模软件生成汉字点阵字模。我们采用字模Ⅲ增强版,如图 9.7 所示。该软件为单色液晶显示生成字模,同样适用于为点阵 LED 汉字显示生成字模。该软件不需要安装,在程序包中双击 ZimoⅢ.exe 即可使用。首先,进行参数设置,字模格式为横向取模,字节正序,汉字大小 16×16;第二,字符输入;第三,生成字模,字模代码可以直接复制或者导出到文件,供编程使用。

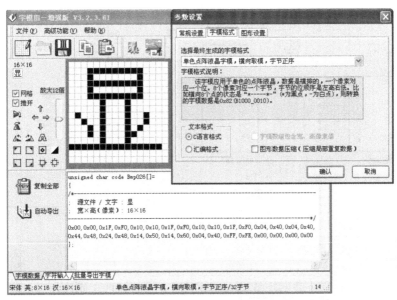

图 9.7　字模生成软件的使用

1) 硬件电路设计

为了显示 4 个汉字,采用 8 片 74HC595、1 片 74HC154,扫描方式采用 1/16。4 个汉字为 128×16 点阵,16 行由 74HC154 逐行扫描;128 列分为 8 字节,由 74HC595 提供 8 个字的段码。硬件电路如图 9.8 所示。

2) 程序设计

显示采用扫描方式为 1/16,即每次刷新 1 行,每行显示 1.5ms,16 行为一个扫描周期,共 24ms。由于人眼的视觉暂留现象,将感觉到 16 行 LED 显示屏是同时亮的。若显示的时间太短,则亮度不够,若显示的时间太长,将会感觉到闪烁。

```
#include "msp430f249.h"
char tab[]=
{0x20,0x00,0x10,0x00,0x17,0xFC,0x02,0x08,0x82,0x08,0x49,0x10,0x49,0x10,
0x11,0x10,
0x10,0xA0,0x20,0xA0,0xE0,0x40,0x20,0xA0,0x21,0x18,0x26,0x0E,0x28,0x04,
0x00,0x00,//汉 16x16
```

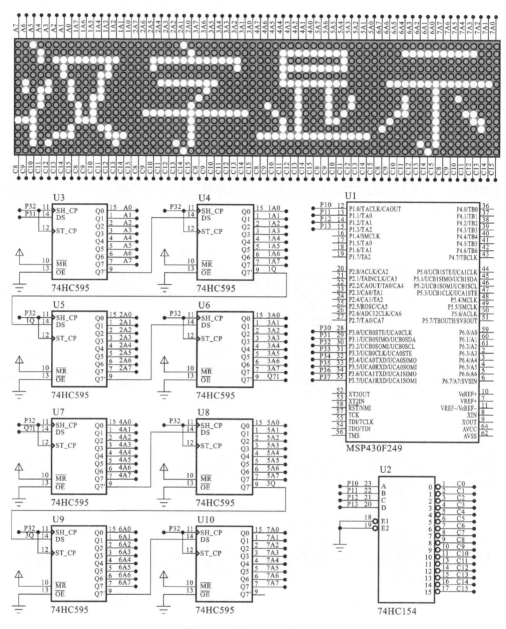

图 9.8 实例 9.3 仿真结果

0x02,0x00,0x01,0x00,0x3F,0xFC,0x20,0x04,0x40,0x08,0x1F,0xE0,0x00,0x40,
0x00,0x80,
0x01,0x00,0x7F,0xFE,0x01,0x00,0x01,0x00,0x01,0x00,0x01,0x00,0x05,0x00,0x02,
0x00,//字 16x16
0x00,0x00,0x1F,0xF0,0x10,0x10,0x1F,0xF0,0x10,0x10,0x1F,0xF0,0x04,0x40,
0x04,0x40,0x44,0x48,0x24,0x48,0x14,0x50,0x14,0x60,0x04,0x40,0xFF,0xFE,
0x00,0x00,0x00,0x00,//显 16x16
0x00,0x00,0x1F,0xF8,0x00,0x00,0x00,0x00,0x00,0x00,0x7F,0xFE,0x01,0x00,
0x01,0x00,
0x11,0x20,0x11,0x10,0x21,0x08,0x41,0x0C,0x81,0x04,0x01,0x00,0x05,0x00,0x02,
0x00,//示 16x16
0,0,0,0,0,0,0,0,0,0,0,0,0,0,0,0,

```
0,0,0,0,0,0,0,0,0,0,0,0,0,0,0,0           //第 5 个汉字保留空白,用于移动显示
};
    void send_led(char m);
    void yidong(void);
    void main(void)
      {
        char i,n;
        unsigned int k=0;
        WDTCTL=WDTPW+WDTHOLD;
        P1DIR=0xFF;
        P3DIR=0xFF;
        P3OUT =0;
        while (1)
          {for(n=0;n<50;n++)              //移动显示时,保证每一屏点亮时间,也
                                            控制了移动速度
            {for(i=0;i<16;i++)            //16 行汉字代码依次送出
              {P1OUT=i;                   //74HC154 译码器输入
              send_led(tab[i*2+1+96]);   //第 4 个汉字右字节
              send_led(tab[i*2+96]);     //第 4 个汉字左字节
              send_led(tab[i*2+1+64]);   //第 3 个汉字右字节
              send_led(tab[i*2+64]);     //第 3 个汉字左字节
              send_led(tab[i*2+1+32]);   //第 2 个汉字右字节
              send_led(tab[i*2+32]);     //第 2 个汉字左字节
              send_led(tab[i*2+1]);      //第 1 个汉字右字节
              send_led(tab[i*2]);        //第 1 个汉字左字节
              P3OUT |=0x04;              //P3.2=1 CLK
              for(k=2;k>0;k--);          //延时
              P3OUT &=~0x04;             //P3.2=0 CLK
              for(k=300;k>0;k--);        //每行显示 1.5ms(仿真时应适当调整)
              }
            }
          yidong();
          }
      }
void send_led(char m)
{   char i,x;
    for(i=0;i<8;i++)
      { x=m&0x80;                        //取最高位判断是 1 或者 0
        if (x==0)
        P3OUT &=~0x02;                   //若为 0,则数据输出 0,即 P3.1=0
        else
        P3OUT |=0x02;                    //若为 1,则数据输出 1,即 P3.1=1
        P3OUT |=0x04;                    //时钟输出高,即 P3.2=1
        m=m<<1;                          //左移一位
        P3OUT &=~0x04;                   //时钟输出低,即 P3.2=0
      }
}
void yidong(void)
  {
    char i,j,k=0;
    for(j=0;j<16;j++)
    {
```

```
            tab[j*2+128+1]=tab[j*2+128+1]|tab[j*2]>>7;
                                //将第1个汉字的第1列送到第5个汉字的第16列
            tab[j*2+128]=tab[j*2+128]|tab[j*2+128+1]>>7;
                                //将第5个汉字的第9列送到第5个汉字的第8列
            }
        for(j=0;j<4;j++)        //4个汉字需要移动
          {for(i=k;i<16+k;i++)
             {
            tab[i*2]=tab[i*2]<<1|tab[i*2+1]>>7;
                                //汉字左字节左移1位,合并右字节的最高位
            tab[i*2+1]=tab[i*2+1]<<1|tab[i*2+1+31]>>7;
                                //汉字右字节左移1位,合并下一汉字的最高位
             }
          k=k+16;               //取用下一汉字
          if(k>48) k=0;         //4个汉字移动完成,回零
          }
        for(j=0;j<16;j++)
          {tab[j*2+128+1]=tab[j*2+128+1]<<1;   //第5个汉字右字节左移1位
           tab[j*2+128]=tab[j*2+128]<<1;       //第5个汉字左字节左移1位
           }
      };
```

3) 仿真结果及分析

实例9.3仿真结果如图9.8所示,汉字的移动效果如图9.9所示。

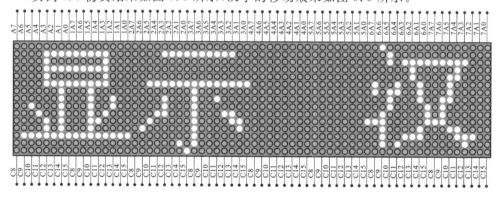

图9.9 汉字移动效果图

9.4 简易流量计

流量计的定义:指示被测流量和(或)在选定的时间间隔内流体总量的仪表,简单来说就是用于测量管道或明渠中流体流量的一种仪表,工程上常用单位 m^3/h。它可分为瞬时流量(Flow Rate)和累计流量(Total Flow),瞬时流量即单位时间内流体流过封闭管道或明渠有效截面的量;累计流量为在某一段时间间隔内(一天、一周、一月、一年)流体流过封闭管道或明渠有效截面的累计量。流体即流过的物质,可以是气体、液体、固体。通过瞬时流量对时间积分亦可求得累计流量,所以瞬时流量计和累计流量计之间也是可以相互转化的。流量计可分为转子流量计、节流式流量计、细缝流量计、容积流量计、电磁流量计、超声波流量计等,还可分为液体流量计和气体流量计。

在工业现场,测量流体流量的仪表统称为流量计或流量表,它是工业测量中最重要的仪表之一。随着工业的发展,对流量测量的准确度和范围要求越来越高,为了适应多种用途,各种类型的流量计相继问世,广泛应用于石油天然气、石油化工、水处理、食品饮料、制药、能源、冶金、纸浆造纸和建筑材料等行业。

实际应用中要求流量计具备的功能较多,以脉冲输出转子流量计为例,主要特点如下所示。

(1)可显示管道内流体的瞬时流量、累计流量和单班累计流量。

(2)内部可置入高精度修正曲线,确保流量检测的准确性。

(3)表头采用 MSP430 芯片,液晶显示,超低功耗。

(4)高精度 D / A 转换芯片,保证 4 mA~20 mA 电流稳定输出。

(5)具有二线制 4 mA~20 mA 电流输出功能和脉冲输出功能。

(6)采用铁电数据存储器,具有高可靠数据掉电保护功能(存储速度快,无数次上电冲击数据不丢失)。

(7)具有 RS485 通信输出功能,标准 Modbus/RTU 协议,DC24V 或 DC12V 供电。

(8)表头采用电池供电,可供电两年;或者采用外部 DC24V、DC12V 供电。

限于本书的篇幅,仅重点介绍设计显示总流量和瞬时流量等主要功能的简易流量计。

实例 9.4 简易流量计的设计

任务要求:设计一个脉冲输出转子流量计,管道流量经转子检测变换为脉冲输出,一个脉冲对应一个脉冲当量。要求显示总流量和瞬时流量。

1)硬件电路设计

选用 MSP430F249 低功耗单片机,液晶显示选用 1602 字符型 LCD,硬件电路如图 9.10 所示。

2)程序设计

```
/ * 流量计主程序设计 main. c * /
# include<msp430f249.h>
# include "lcd. h"
# define M1 10
unsigned int new_cap=0;
unsigned int old_cap=0;
unsigned int cap_diff=0;
unsigned int cap1,N1;
long diff[10]={0,0,0,0,0,0,0,0,0,0};
char index=0;
char buf[]={0,0,0,0,0,0};           //显示缓冲区
char buf2[]={0,0,0,0,0,0,0,0,0,0};  //显示缓冲区
long data,data1;
const char table[]="0123456789";
const char table1[]="flow rate";
const char table2[]="total";
```

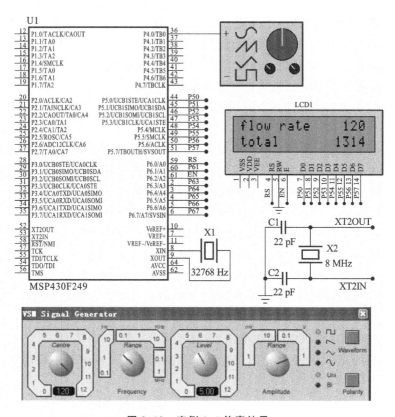

图 9.10 实例 9.4 仿真结果

```
void data_to_buf(unsigned long data2)        //值送显示缓冲区函数
  {
      unsigned char i;
      for (i=0;i<6;i++)
        {
            buf[i]=table[data2%10];          //低位在前
            data2=data2/10;
        }
      for(i=5;i>0;i--)
        {if(buf[i]=='0')
            buf[i]=' ';                       //数字前面的零不显示
          else break;
        }
  }
void data_to_buf2(unsigned long data2)       //值送显示缓冲区函数
  {
      unsigned char i;
      for (i=0;i<10;i++)
        {
            buf2[i]=table[data2%10];          //低位在前
            data2=data2/10;
        }
      for(i=9;i>0;i--)
        {if(buf2[i]=='0')
            buf2[i]=' ';                      //数字前面的零不显示
          else break;
```

```
        }
    }

void main()
{
    char num,k1;
    WDTCTL＝WDTPW＋WDTHOLD;            //关闭看门狗
    BCSCTL2＝SELS＋DIVS0＋DIVS1;         //SMCLK＝XT2
    P4SEL|＝0x01;                        //P4.0作为捕获模块功能的输入端输入方波
    P5DIR＝0xFF;                         //设置P5端口为输出
    P6DIR＝0xFF;                         //设置P6端口为输出
    lcdinit();
    //TBCCTL0＝0;                        //捕获源为P4.0,即CCI0A(也是CCI0B)
    TBCCTL0|＝CM_1＋SCS＋CAP＋CCIE;      //上升沿捕获,同步捕获,工作在捕获模式
                                          ＋中断允许
    TBCTL|＝TBSSEL_2＋MC_2＋TBIE;        //选择时钟SMCLK＋连续计数模式＋中
                                          断允许
    write_com(0x80);                      //显示第一行字
    for(num＝0;num＜10;num＋＋)
        write_data(table1[num]);
    write_com(0x80＋0x40);                //显示第二行字
    for(num＝0;num＜5;num＋＋)
        write_data(table2[num]);
    _EINT();
while(1)
    {
        data＝0;
        for(k1＝0;k1＜M1;k1＋＋)
        data＋＝diff[k1];
        data＝data/M1;
        data＝1000000/data;
        if(index＝＝0)
        {
            data_to_buf(data);           //数据送显示缓冲区
            write_com(0x80＋0x0a);        //第一行显示瞬时流量
            for(num＝0;num＜6;num＋＋)
                write_data(buf[5-num]);
            data_to_buf2(data1);         //数据送显示缓冲区
            write_com(0x80＋0x40＋0x06);  //第二行显示总流量
            for(num＝0;num＜10;num＋＋)
                write_data(buf2[9-num]);
        }
    }
}

＃pragma vector＝TIMERB0_VECTOR
__interrupt void TimerB0(void)        //定时器TB的CCR0的中断:用于检测脉冲上升
{   new_cap＝TBCCR0;
    diff[index]＝65536 * N1＋new_cap-old_cap;   //计算周期值
    index＋＋;data1＋＋;
    if (index ＝＝M1) index＝0;
    old_cap＝new_cap;                    //保存捕获值
```

```
        N1=0;                                          //溢出次数清零
    }

//Timer_B7 Interrupt Vector (TBIV) handler
#pragma vector=TIMERB1_VECTOR
__interrupt void Timer_B(void)
{
    switch( TBIV )
    {
        case 14: N1++; break;                          //溢出
    }
}


/* 定时器脉冲捕捉程序设计 TB_inc.c */
#include<msp430f249.h>
unsigned int new_cap=0;
unsigned int old_cap=0;
unsigned int cap_diff=0;
unsigned int cap1,N1;
unsigned int width[10]={0,0,0,0,0,0,0,0,0,0};
unsigned int m=0;

//—————定时器 TB 的 CCR0 的中断:用于检测脉冲上升与下降沿————
#pragma vector=TIMERB0_VECTOR
__interrupt void TimerB0(void)
{
    if(TBCCTL0&CM1)                                    //捕获到下降沿
    {
        width[m++]=N1*65536+TBCCR0-cap1;    //记录下结束时间
        //width[m++]=TBCCR0-cap1;
        N1=0;
        TBCCTL0=CM_1+SCS+CAP+CCIE;
            //改为上升沿捕获:CM1 置 0,CM0 置 1
        P1OUT ^= 0x01;                                 //P1.0 取反
        if(m==10) m=0;
    }
    else if(TBCCTL0&CM0)                               //捕获到上升沿
    { cap1=TBCCR0;
        //width[m++]=TBCCR0;                           //记录下结束时间
      TBCCTL0=CM_2+SCS+CAP+CCIE;
            //改为下降沿捕获:CM0 置 0,CM1 置 1
        //P1OUT ^= 0x02;
    }
}


//Timer_B7 Interrupt Vector (TBIV) handler
#pragma vector=TIMERB1_VECTOR
__interrupt void Timer_B(void)
{
 switch( TBIV )
 {
    case 2: break;                                     //CCR1 not used
```

```
    case 4: break;                        //CCR2 not used
    case 14: N1++;P1OUT ^= 0x02;          //overflow
            break;
  }
}
```

```
/* 液晶显示驱动程序 lcd.c */
#include<msp430f249.h>
#define lcdrs_0 P6OUT&=~BIT0;             //P6.0=0 命令
#define lcdrs_1 P6OUT|=BIT0;              //P6.0=1 数据
#define lcden_0 P6OUT&=~BIT2;             //P6.2=0 关闭 LCD 使能
#define lcden_1 P6OUT|=BIT2;              //P6.2=1 打开 LCD 使能

void delay(unsigned int z)
{
unsigned int i,j;
for(i=z;i>0;i--)
for(j=110;j>0;j--);
}
void write_com(char com)                  //写入
{
lcdrs_0;                                  //LCD 选择输入命令
P5OUT=com;                                //向 P0 端口输入命令
delay(5);                                 //延时
lcden_1;                                  //打开 LCD 使能
delay(5);                                 //一个高脉冲
lcden_0;                                  //关闭 LCD 使能
}
void write_data(char dataout)
{
lcdrs_1;                                  //设置为输入数据
P5OUT=dataout;                            //将数据赋给 P0 端口
delay(5);                                 //延时
lcden_1;                                  //置高
delay(5);                                 //高脉冲
lcden_0;                                  //置低 完成高脉冲
}
void lcdinit()
{
lcden_0;
write_com(0x38);                          //设置 16×2 显示 5×7 点阵,8 位数据接口
write_com(0x0c);                          //设置开始显示 不显示光标
write_com(0x06);                          //写一个字符后地址指针加 1
write_com(0x01);                          //显示清零 数据指针清零
}
```

3) 仿真结果与分析

实例 9.4 的仿真效果如图 9.10 所示。

9.5　简 易 计 算 器

简易计算器包括矩阵式按键输入、输入数据的处理(数字键的处理、功能键的处

理)、字符液晶显示和一定难度的单片机程序设计。如果读者能够独立完成该例程序的设计与仿真,说明读者已经达到单片机入门学习的基本要求了。

实例 9.5　简易计算器的设计

任务要求:以 MSP430F149 单片机为核心实现一个简单计算器。其中,输入设备用矩阵键盘,共有“0～9”“+”“−”“∗”“/”“=”“ON/C”16 个按钮;输出设备采用 LCD1602 显示器。该计算器的功能是通过键盘输入一行有两个正数和一个运算符组成的字符串,字符串在 LCD1602 液晶的第一行显示,当输入“=”时,计算并在液晶上显示表达式运算结果。如果数据超过了 16 个字符长度,或者在除法运算中除数为 0,则显示 ERROR。按下“ON/C”键时,计算器重新开始输入。

1) 硬件电路设计

计算器系统原理如图 9.11 所示。其中,单片机采用 MSP430F149 单片机,键盘为 4×4 矩阵键盘,通过单片机的 I/O 端口实现键盘扫描处理,显示器采用 LCD1602 液晶,电源部分为 5V 外部电源输入,供给液晶显示器,5V 电源经过低压差稳压芯片产生 3.3V 作为单片机的供电电源。硬件电路设计如图 9.12 所示。

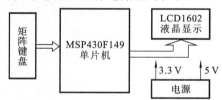

图 9.11　简易计算器原理框图

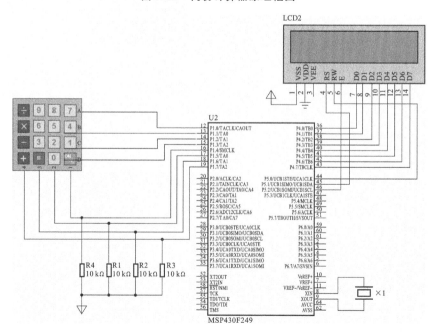

图 9.12　简易计算器硬件电路设计图

图 9.12 中,单片机的 P1.0～P1.3 端口作为矩阵键盘输出端口,P1.4～P1.7 端

口作为键盘输入端口,并用 10 kΩ 电阻上拉到电源。时钟源采用外部 32.768 kHz 时钟晶振。

2) 程序设计

系统的软件主要由键盘扫描模块、液晶驱动模块、计算器处理模块组成。根据项目定义的需求,软件设计的关键在计算器处理模块,计算器的输入是键盘编码,需要按照输入的数字和运算符的次序将键盘编码序列转换成十进制数字,同时要对输入的键盘编码进行合法性校验。下面介绍各具体模块。

(1) 液晶显示模块程序设计。

根据前面的章节所述的 LCD1602 液晶显示器的驱动程序,为进一步提高程序的可移植性,程序设计中对端口的控制采用了多个宏定义如下。

```
/ * * * * * * * * * * * *命令/数据控制位 * * * * * * * * * * * * * * * * /
#define LCD_RS_SET P5OUT |= BIT1        //P5.1端口输出 1 表示写数据
#define LCD_RS_RESET P5OUT &= ~BIT1     //P5.1端口输出 0 表示写命令
/ * * * * * * * * * * * *读/写控制位 * * * * * * * * * * * * * * * /
#define LCD_READ P5OUT |= BIT0          //P5.0端口输出 1 从 LCD 读
#define LCD_WRITE P5OUT &= ~BIT0        //P5.0端口输出 0 向 LCD 写
#define LCD_EN P5OUT |= BIT2            //P5.2端口输出 1 使能液晶
#define LCD_DISEN P5OUT &= ~BIT2        //P5.2端口输出 0 液晶禁止
/ * * * * * * * * * * * *输出/输入数据 * * * * * * * * * * * * * /
#define LCD_CONTROL P5OUT               //选择 P5 为命令控制输出端口
#define LCD_DATA_OUT P4OUT              //选择 P4 为数据输出端口
#define LCD_DATA_IN P4IN                //选择 P4 为数据输入端口
#define LCD_BUSY 0x80                   //忙标志
/ * * * * * * * * * * *I/O端口方向选择 * * * * * * * * * * * /
#define LCD_DATA_DIR P4DIR              //数据输入/输出方向选择
#define LCD_CMD_DIR P5DIR               //命令输入/输出方向选择
```

这种编程的方式可以适应不同的端口配置和单片机类型,液晶模块驱动程序设计如下。

```
void LCD_check_busy()                   //检测 LCD 忙状态
{
 while(1)
 {
  LCD_DISEN;                            //关使能
  LCD_RS_RESET;                         //表示输入命令
  LCD_READ;                             //从 LCD 读
  LCD_DATA_OUT=0xFF;                    //先向 P4 端口写 1 再读
  LCD_DATA_DIR= 0x7F ;                  //P4.7端口设置为输入
  LCD_EN;                               //液晶输入使能
  if(! (LCD_DATA_IN&LCD_BUSY))break;
                   //等待数据位最高位为 0 跳出且证明 1602 可以接受新数据了
 }
 LCD_DATA_DIR=0XFF;                     //数据输出方向变为输出
 LCD_DISEN;
}

void LCD_clr()                          //LCD 清屏
```

```
{
  LCD_check_busy();
  LCD_RS_RESET;                        //命令
  LCD_WRITE;                           //写
  LCD_DATA_OUT=0x01;
  LCD_EN;                              //液晶输入使能
  LCD_DISEN;                           //入
}

void LCD_write_command(unsigned char LCD_command)    //写指令到LCD
{
  LCD_check_busy();
  LCD_RS_RESET;                        //写命令
  LCD_WRITE;
  LCD_DATA_OUT=LCD_command;
  LCD_EN;
  LCD_DISEN;
}

void LCD_write_data(unsigned char LCD_data)  //输出一个字节数据到LCD
{
  LCD_check_busy();
  LCD_RS_SET;                          //写数据
  LCD_WRITE;
  LCD_DATA_OUT=LCD_data;
  LCD_EN;
  LCD_DISEN;
}

void LCD_set_position(unsigned char x)        //数据写入的地址
{
  LCD_write_command(0x80+x);
}
void LCD_go_home(void)                        //LCD光标归位
{
  LCD_write_instruction(LCD_GO_HOME);
}
*/

void LCD_printc(unsigned char lcd_data)       //输出一个字符或一个8位数到LCD
{
  LCD_write_data(lcd_data);
}

void LCD_prints(unsigned char * lcd_string)   //输出一个字符串到LCD
{
  unsigned char i=0;
  while(lcd_string[i]! =0x00)     //字符串最尾的数后为0x00但空格不为0
  {
    LCD_write_data(lcd_string[i]);
    i++;
  }
```

```
    }

    void LCD_initial()                         //初始化 LCD
    {
        LCD_DATA_DIR=0XFF;                     //初始化数据口输出
        LCD_CMD_DIR=0X07;                      //控制端口设置为输出
        LCD_write_command(0x38);       //指定为 8 位数据、显示 2 行、5×7 点阵方式
        LCD_write_command(0x0f);               //开显示。有光标且闪烁
        LCD_write_command(0x06);               //写入新数据后光标右移
        LCD_clr();
    }
```

（2）键盘扫描模块程序设计。

在之前介绍的键盘扫描程序中，是利用单片机软件延迟完成去抖处理，即在主程序中扫描键盘输入端口，一旦检测到按键输入端口为低电平时，便调用软件延时程序延时一段时间，一般为 10 ms 左右；然后再次检测按键输入端口，如果还是低电平则表示按键按下，转入执行按键处理程序。如果第二次检测按键输入端口为高电平，则放弃本次按键的检测，重新开始一次按键检测过程。这种方式实现的按键输入接口，作为基础学习和在一些简单的系统中可以采用，但在多数实际产品设计中，这种按键输入软件的实现方法有很大的缺陷和不足。

这种简单的按键检测处理方法，由于采用了软件延时，浪费了大量宝贵的单片机计算时间，使得单片机的运行效率降低。另外，在用户按键时间超过一定的范围时，这种程序设计会导致扫描到重复的键盘编码。如果在程序中要判断键盘弹起而用户按键时间较长时，会造成单片机长时间等待键盘弹起，使得单片机不能处理其他的事件。这种软件的设计思想实际上是一种轮询机制，通过单片机周而复始的对外部设备的状态进行查询，不容易同系统中其他功能模块协调工作。用于处理时间要求比较高的系统时，经常会导致处理的时间不确定。还有，由于不同的产品系统对按键功能的定义和使用方式要求不同，加上在测试和处理按键的同时，单片机还要同时处理其他的任务（如显示、计算、计时等），因此，编写键盘和按键接口的处理程序需要掌握有效的分析方法，具备一定的软件设计能力和程序编写技巧。

这里介绍一种软件设计中很重要的设计方法，即有限状态机。有限状态机由有限的状态和相互之间的转移构成，系统在任何时候只能处于给定数目的状态中的一个。当接收到一个输入事件时，状态机产生一个输出，同时也可能伴随着状态的转移。状态机可归纳为 4 个要素，即现态、条件、动作、次态。这样的归纳，主要是出于对状态机的内在因果关系的考虑。"现态"和"条件"是因，"动作"和"次态"是果。详解如下：

① 现态是指当前所处的状态；

② 条件又称为"事件"，当一个条件被满足，将会触发一个动作，或者执行一次状态的迁移；

③ 动作是条件满足后执行的动作，动作执行完毕后，可以迁移到新的状态，也可以仍旧保持原状态；动作不是必需的，当条件满足后，也可以不执行任何动作，直接迁移到新状态；

④ 次态是条件满足后要迁往的新状态。"次态"是相对于"现态"而言的，"次态"一旦被激活，就转变成新的"现态"了。

通常有两种方法来建立有限状态机,一种是"状态转移图",另一种是"状态转移表",分别用图形方式和表格方式建立有限状态机。实时系统经常会应用在比较大型的系统中,这时采用图形或表格方式对理解复杂的系统具有很大的帮助。下面利用状态机来实现键盘的接口程序,并和前面章节中的键盘接口程序进行对比。

在单片机系统中,用户对按键的操作是随机进行的,不能预设用户对按键的操作时间和顺序,因此程序必须对按键需要一直循环查询。由于按键的检测过程需要进行去抖处理,因此在 10 ms 左右时间调用一次键盘处理状态机程序,这样可以避免采用软件延迟消除按键抖动的影响,同时也远小于按键 0.3 s~0.5 s 的稳定闭合期,不会将按键操作过程丢失。

图 9.13 所示的是一个简单按键状态机的状态转换图。在图中,将一次完整的按键操作过程分解为三个状态,每隔 10 ms 检测一次按键的输入信号,并输出一次按键的确认信号,同时按键的状态也发生一次转换,程序每 10 ms 完成一次状态机的转换处理。下面对该专题图做进一步的分析和说明,并根据状态图给出软件的实现方法。

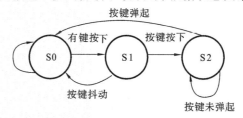

图 9.13 键盘状态机转换图

图中 S0 为按键的初始状态,当按键无输入时,下一状态依旧为 S0。当按键有输入时,由于还没有经过去抖处理,不能确认按键是否真正按下,下一状态进入 S1。S1 为按键闭合确认状态,它表示在 10 ms 前按键为闭合的,因此当再次检测到按键输入时,可以确认经过 10 ms 的去抖按键被按下了,下一状态进入 S2。而当再次检测到按键无输入时,表示按键可能处在抖动干扰状态,下一状态返回到"S0"。这样,利用 S1,实现了按键的去抖处理。S2 为等待按键释放状态,因为只有等按键释放了,一次完整的按键操作过程才算完成。将状态机从 S2 转移到 S0,开始新的键盘扫描过程。分析中可以知道,一次按键操作的整个过程,按键的状态是从 S0→S1→S2,最后返回到 S0 的。并且在整个过程中,按键的输出信号仅在 S2 时给出了唯一的一次确认有效按键产生信号,其他状态均输出无效键值。所以上面状态机所表示的按键系统,不仅克服了按键抖动的问题,同时也确保在一次按键的整个过程中,系统只输出一次按键闭合信号。换句话讲,不管按键被按下的时间保持多长,在整个按键过程中都只给出了一次确认的输出,它是一个最简单和基本的按键。当有了正确的状态转换图,就可以根据状态转换图编写软件了。下面是利用状态图基于状态机方式编写的矩阵按键接口函数 read_key()。

```
#include <msp430f249.h>
#include "keypad.h"
#include "1602.h"
#define key_state_idle 0          //空闲状态
#define key_state_press 1         //有键按下状态
#define key_state_bounce 2        //等待按键弹起状态
```

```
char keycodes[16]={'7','8','9','/','4','5','6',' * ','1'
                   ,'2','3','-','C','0','=','+'};
/ * 键盘端口初始化 * /
void keypad_init()
{
  P1SEL=0;
  P1DIR=BIT0+BIT1+ BIT2+ BIT3; //P1.0~P1.3 作为输出端口,其他为输入端口
}
/ * 扫描键盘,得到有效键值返回,否则返回 0xFF * /
char read_key(void)
{
  char row,col;                   //按键行列编号
  char mask;
  char idx;                       //按键索引
  char maskrow=1;
  char key=0xFF ;                 //无效按键值
  P1OUT=0x00;                     //行线输出低电平
  switch (key_state)
  {
    case key_state_idle:          //按键初始态
       maskrow=1;
      if ((P1IN&0xF0) ! = 0xF0)
        key_state=key_state_press; //键被按下,状态转换到键确认态
      break;
    case key_state_press:         //按键确认态
      if ((P1IN&0xF0) ! = 0xF0)   //按键仍按下,计算出键盘所处的位置
    { //逐行输出低电平
      for (row=0; row < KEYP_NUM_ROWS; row++, maskrow += maskrow)
      {
        P1OUT=~maskrow;
        mask=1;                    //逐列搜索按键的列值
        for (col=0; col < KEYP_NUM_COLS; ++col, mask += mask)
          if ((~((P1IN&0xF0)>>4) & mask) ! = 0)
          {
            idx=(row * KEYP_NUM_COLS)+col; //根据行和列的位置计算键编号
            key=keycodes[idx];     //查表的键盘编码
            goto DONE;
          }
      }
      DONE:
        key_state=key_state_bounce;   //状态转换到键释放态
    }
    else
      key_state=key_state_idle;    //按键已抬起说明是键盘抖动,转换到按键初
                                   始态
    break;
    case key_state_bounce:         //等待按键已释放,转换到初始态
    P1OUT=0x00;
    if ((P1IN&0xF0) == 0xF0)
      key_state=key_state_idle;
    break;
  }
```

```
        return key;
    }
```

该矩阵按键接口函数 read_key()在整个系统程序中应每隔 10ms 调用执行一次,每次执行时,先将行线输出全为 0,然后进入用 switch 结构构成的状态机。switch 结构中的 case 语句分别实现了三个不同状态的处理判别过程,在每个状态中将根据状态的不同,以及读取与按键连接的 I/O 的电平确定按键输出值 key 和下一次按键的状态值(key_state)。函数 read_key()的返回参数提供上层程序使用。返回值为 0xFF 时,表示无有效按键;而返回其他值表示有一次按键闭合动作,需要进入按键处理程序进行相应的键处理。在函数 read_key()中定义了两个局部变量,其中 key 为局部变量,每次函数执行时 key 为函数的返回值,总是先初始化为 0,只有在状态 1 中重新设置为键盘编码,作为表示按键确认的标志返回。变量 key_state 非常重要,它保存着按键的状态值,该变量的值在函数调用结束后不能消失,必须保留原值,因此在程序中定义为"局部静态变量",用 static 声明。

(3)定时器程序。

定时器采用单片机内部的定时器 A,工作在定时/计数模式,按照前面章节的说明,定时器 A 初始化和中断服务程序如下。

```
        void Init_Timer_A(void)
        {
            CCTL0＝CCIE;                         //使能 CCR0 中断
            TAR＝0xFC18;                         //计数装入初值
            TACTL＝TASSEL_2＋MC_2＋TAIE＋ID_3;
                                                 //设置时钟源和计数模式,SMCLK/8 ＝1Mhz
            _EINT();                             //开中断
        }

        ＃pragma vector＝TIMERA0_VECTOR        //定时器 A 中断服务程序
        __ interrupt void Timer_a(void)
        {
          switch(TAIV)                           //TAIV 表示中断向量号
          {
          case 2:break;
          case 4:break;
          case 10:                               //TAIV＝10 表示中断计数器溢出中断
          TAR＝55536;                            //10ms 定时器中断
          key_val＝read_key();                   //得到按键值
          break;
          }
        }
```

定时器时钟采用慢速时钟,工作频率为 1 MHz,周期为 1 μs,如果要得到 10 ms 定时中断,TAR 的初始值应该为 $65536-10 \text{ ms}/1 \mu s=55536$。其中 key_val 为一个全局变量,当通过定时器中断读取按键的键值时会修改 key_val 的值,这个值用在后面的计算器处理程序中。

(4)计算器模块程序。

按照计算器的需求,通过键盘输入一组字符串,其中包含两个参与运算的数据和

一个运算符,当键盘输入字符串时,显示器要实时显示当前输入的字符。当键盘输入
"="时,将结果计算出并显示在液晶的第二行。计算器程序包括几个问题要处理,首
先,要将参与运算的操作数从字符串中提取出来,并将字符串转换为对应的十进制数
据;其次,在键盘输入时,要根据前面输入的字符,避免错误表达式的产生,比如输入的
第一个字符和最后一个字符不能是操作数,当输入了一个运算符后,不能再次输入一
个运算符等;最后,运算结果为十进制数字,还需要考虑其正负号,并转化为字符串供
液晶驱动程序处理。图 9.14 所示的是一个基本的计算器程序的流程图,按照这个流
程图介绍程序的实现过程。

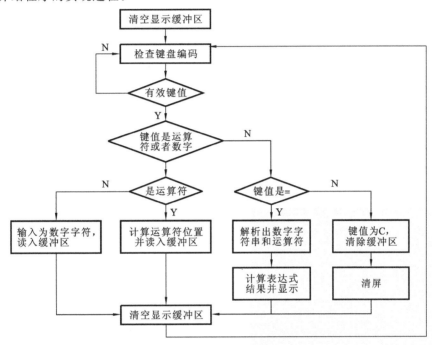

图 9.14 计算器流程图

计算器核心程序如下。

```
void calculator()
{
    char i;
    char expression[MAX_DISPLAY_CHAR];    //运算表达式
    char operator_num=0;                  //运算符在表达式中出现的次数
    char operator_pos=0;                  //运算符在表达式中所在位置
    char char_pos=0;                      //输入字符所在位置
    char str1[MAX_DISPLAY_CHAR],str2[MAX_DISPLAY_CHAR];
                                          //输入的数字字符缓冲区
    char status;                          //运算结果状态
    //清除输入表达式缓冲区
    for(i=0; i<= MAX_DISPLAY_CHAR; i++)
    {
        expression[i]=0x00;
        str1[i]=0x00;
        str2[i]=0x00;
    }
```

```
for (;;)
{
    if(key_val ! = 0xFF)                          //按键输入有效
    {
        if (key_val ! = '=' && key_val ! = 'C')
                                                  //如果输入的不是'='字符,继续输入
        {
            if(is_operator(key_val) && operator_num == 0)
                                                  //运算符是第一次出现
            {
                if(char_pos ! = 0 && char_pos ! = MAX_DISPLAY_CHAR-1)
                                                  //不能在第一个字符 最后一个字符
                {
                    expression[char_pos]=key_val;//输入运算符
                    operator_num++;
                    operator_pos=char_pos;
                    char_pos++;
                    calc_display(expression);     //更新显示
                }
            }
            else                                  //输入的是数字
            {
                if(char_pos ! = MAX_DISPLAY_CHAR - 1)
                {
                    expression[char_pos]=key_val;
                    char_pos++;
                    calc_display(expression);     //更新显示
                }
            }
        }
        else if(key_val == '=')                   //如果是'='计算表达式结果
        {
            if(char_pos - operator_pos >0)        //运算符不能是表达式最后一个字符
            {
                strncpy(str1,expression,(operator_pos));
                                                  //分离参与运算的数字
                strncpy(str2,&(expression[operator_pos+1]),(char_pos - operator_
                pos));
                num1=string_to_long(str1);        //转换字符串为整数
                num2=string_to_long(str2);
                status=calc_operation(expression[operator_pos]);
                                                  //计算表达式结果
                for (i=0;i <= MAX_DISPLAY_CHAR;i++)
                                                  //清空显示缓冲区
                {
                    disp_buff[i]=0x00;
                }
                LCD_clr();
                calc_disp(status);
            }
            else                                  //显示错误
            {
```

```
                LCD_clr();
                calc_disp(ERROR);
            }
        }
        else if(key_val == 'C')            //按下清除键,清空输入缓冲区和显示缓冲区
        {
            operator_num=0;
            operator_pos=0;
            char_pos=0;
            for (i=0;i <= MAX_DISPLAY_CHAR;i++)
            {
                disp_buff[i]=0x00;
                expression[i]=0x00;
                str1[i]=0x00;
                str2[i]=0x00;
            }
            LCD_clr();
        }
    }
    key_val=0xFF;
    }
}
```

　　程序首先将输入表达式缓冲区 expression 和数字缓冲区 str1、str2 清零,这三个缓冲区大小定义为 MAX_DISPLAY_CHAR,这个宏定义为 16,其大小是按照 LCD1602 液晶每行最多显示为 16 个英文字符确定的。随后程序进入无限循环读取从键盘输入的字符。

　　首先判断字符是否为"="或者"C",在前面部分已经说明,当输入字符为"="时,计算表达式结果;如果为"C",清除显示重新输入。当不是这两个字符时,输入的字符必定为数字或者运算符。程序调用 is_operator()函数判断是否为运算符,如果是运算符,则还要判断运算符的位置是否是表达式的第一个或者最后一个字符,并判断表达式中是否已经出现过运算符,以上条件不满足则丢弃这个键盘输入。当运算符输入是首次出现并且其位置合法时,读入表达式缓冲区并更新显示。如果是数字,则直接读入到表达式缓冲区中并更新显示。

　　当输入字符为"=",则进行表达式计算。第一步将参与运算的数字字符串解析出来,通过调用字符串复制函数 strncpy 将数字字符串分别复制到 str1 和 str2 中,字符的个数和位置通过变量 operator_pos 和 char_pos 计算出来,这两个变量分别是运算符在表达式中的位置和当前字符的位置。第二步是调用 string_to_long()函数将字符串转换为数字。函数如下:

```
long string_to_long (char * buffer)
{
    long value;
    long digit;
    value=0;
    while ( * buffer ! = 0x00)
    {
        digit= * buffer - '0';
```

```
                value=value * 10+digit;
                buffer++;
        }
        return value;
    }
```

在计算器程序开始时已经将 str1 和 str2 清零,因此在复制数字字符后,这两个缓冲区都必然有"0"结尾的字符。string_to_long 函数通过循环读取字符并判断是否为零,如果为"0"则转换程序结束返回,否则就将每个数字字符 ASCII 编码减去字符"0"得到当前字符的数字,并通过将之前的数字乘 10 和当前数字相加得到所需的十进制数。

当获取参与运算的数字后,程序调用 calc_operation( )来完成整数的加减乘除运算,程序如下。

```
char calc_operation (char token)
{
    char result;
    switch(token)
    {
        case '+':
            num1 += num2;
            result=OK;
            break;
        case '-':
            num1 -= num2;
            result=OK;
            break;
        case '*':
            num1 *= num2;
            if((num1 >= -9999999) && (num1 <= 9999999))
                result=OK;
            else
                result=ERROR;
            break;
        case '/':
            if(num2 != 0)
            {
                result=OK;
                num1 /= num2;
            }
            else
                result=ERROR;
            break;
        default:
            result=ERROR;
    }
    return result;
```

该程序对运算结果做了限制,结果大小在 -9999999 和 9999999 之间,如果是除法运算,还需要限制除数不能为零,否则结果无效。最后调用显示程序 calc_disp( )完成结果的显示,程序如下。

```
void calc_disp (int status)
{
    switch (status)
    {
        case OK :
            calc_display(num_to_string (num1));
            break;
        case ERROR:
            calc_display("ERROR");
            break;
        default:
            calc_display("ERROR");
            break;
    }
}
```

其中 num_to_string()函数将整数转换为字符串,如果为负数,还需要在字符串前面增加一个'-',num_to_string()程序如下。

```
char * num_to_string (long num)
{
    long temp=num;
    char * ptr=&disp_buff[MAX_DISPLAY_CHAR -1];
    long divisor=10;
    long result;
    char remainder,asciival;
    char i;
    char cnt=0;                  //计算结果的十进制位数
    char minus_flag=0;          //负数标志
    if (! temp)                 //如果结果为 0,输出'0'字符
    {
        disp_buff[0]='0';
        goto done;
    }
    if (num < 0)                //如果结果为负数,输出'-'字符
    {
        minus_flag=1;
        temp -= 2 * temp;       //转换为正数后显示
    }
    for (i=0 ; i < sizeof(disp_buff) ; i++)
    {
        remainder=temp % divisor;
        result=temp / divisor;
        if ((( ! remainder) && ( ! result))
        {
            * ptr=0x00;
        }
        else
        {
            asciival=remainder+'0';
            * ptr=asciival;
```

```
            cnt++；
        }
        temp /= 10；
        if (ptr ！ = &disp_buff[1])
            ptr--；
    }
    for (i=0；i < cnt；i++)        //显示缓冲区字符向前移位
        disp_buff[i+minus_flag]=disp_buff[MAX_DISPLAY_CHAR-cnt+i]；
    if(minus_flag)
        disp_buff[0]='-'；
    done：
        return disp_buff；
}
```

程序首先判断数字是否为 0,如果是零直接返回;然后判断是否为负数,如果是在显示缓冲区增加一个“—”,并变换成正整数。正整数变换成字符串的方式是通过对正整数取 10 的余数,以整数 255 为例,255％10＝5,将数字 5 加上字符“0”得到字符“5”,再对正整数取 10 的商 255/10＝25,继续循环直至商为 0 结束转换,并将显示缓冲区中的字符向前移位,即可利用 LCD1602 液晶的显示代码实现结果的显示。

(5) 主程序。

最后介绍主程序,主程序对硬件进行所需的初始化,并调用 calculator(),主程序如下。

```
void main()
{
    WDTCTL＝WDTPW＋WDTHOLD；         //停止看门狗定时器
    Init_Timer_A()；               //定时器初始化
    keypad_init()；                //键盘初始化
    LCD_initial()；                //液晶初始化
    calculator()；
}
```

以上程序还只能完成正整数的四则运算,程序结构也不够简洁,如果需要实现浮点数的输入和运算处理,应该采用状态机的方式来控制程序的流程,并进一步提高程序容错能力。

附　　录

Proteus 元件库元件名称如表附-1 所示。

表附-1　Proteus 元件库元件名称

元 件 名 称	中 文 名	说　明
7SEG	数码管	7 段码 LED
AND	与门	
ANTENNA	天线	
BATTERY	电池	直流电源
BELL	铃	
BRIDEG	整流桥	
BUFFER	缓冲器	
BUTTON	按钮	按键
BUZZER	蜂鸣器	声卡输出,有声音
CAP	电容	
CAP-POL	有极性电容	电解电容
CAP-VAR	可调电容	
CRYSTAL	晶体振荡器	晶振
DIODE	二极管	
DIODE-SC	稳压二极管	
DISPLAY	LED\LCD 显示器	各种显示器
FUSE	熔断器	
INDUCTOR	电感	
JFET	场效应管	N 沟道 P 沟道场效应管
LAMP	灯泡	
LCD	液晶显示器	
LED	发光二极管	
MOTOR	直流电动机	
MOTOR SERVO	伺服电动机	舵机
NAND	与非门	
NOR	或非门	
NOT	非门	
NPN	NPN 三极管	

续表

元件名称	中文名	说明
OPTO	LED\LCD\光耦\发光管	各种发光器件
OR	或门	
PNP	三极管	
POT	电位器	可调电阻
RELAY	继电器	
RES	电阻	
RESPACK	排阻	9 脚,有公共端
RX8	排阻	16 脚,无公共端
SCR	晶闸管	
SPEAKER	扬声器	喇叭
SW	多路开关	
SWITCH	开关	
TRANSFORMER	变压器	
TRIAC	三端双向可控硅	
ZENER	齐纳二极管	稳压管

TTL 74 series

TTL 74ALS series

TTL 74AS series

TTL 74F series

TTL 74HC series

TTL 74HCT series

TTL 74LS series

TTL 74S series

Device. lib　包括电阻、电容、二极管、三极管和 PCB 的连接器符号

ACTIVE. LIB　包括虚拟仪器和有源器件

DIODE. LIB　包括二极管和整流桥

BIPOLAR. LIB　包括三极管

FET. LIB　包括场效应管

ASIMMDLS. LIB　包括模拟元器件

VALVES . LIB　包括电子管

ANALOG. LIB　包括电源调节器、运放和数据采样 IC

CAPACITORS. LIB　包括电容

COMS. LIB　包括 4000 系列

ECL. LIB　包括 ECL10000 系列

MICRO. LIB　包括通用微处理器

OPAMP. LIB　包括运算放大器

RESISTORS. LIB　包括电阻

FAIRCHLD . LIB　包括 FAIRCHLD 半导体公司的分立器件

LINTEC. LIB　包括 LINTEC 公司的运算放大器

NATDAC. LIB　包括国家半导体公司的数字采样器件

NATOA. LIB　包括国家半导体公司的运算放大器

TECOOR. LIB　包括 TECOOR 公司的 SCR 和 TRIAC

TEXOAC. LIB　包括德州仪器公司的运算放大器和比较器

ZETEX . LIB　包括 ZETEX 公司的分立器件

参 考 文 献

［1］ MSP430x2xx Family User's Guide. TEXAS INSTRUMENTS. 2010.

［2］ MSP430x24x. pdf. TEXAS INSTRUMENTS. 2007.

［3］ 曹磊. MSP430 单片机 C 程序设计与实践[M]. 北京:北京航空航天大学出版社. 2007.

［4］ 谢楷,赵建. MSP430 系列单片机系统工程设计与实践[M]. 北京:机械工业出版社. 2012.

［5］ 陈忠平. 基于 Proteus 的 AVR 单片机 C 语言程序设计与仿真[M]. 北京:电子工业出版社. 2011.

［6］ 谢兴红,林凡强,吴雄英. MSP430 单片机基础与实践[M]. 北京:北京航空航天大学出版社. 2008.

［7］ 郭天祥. 新概念 51 单片机 C 语言教程——入门、提高、开发、拓展[M]. 北京:电子工业出版社. 2009.